河出文庫

古代文明と気候大変動

人類の運命を変えた二万年史

B・フェイガン
東郷えりか 訳

河出書房新社

アナスタシアへ
愛を込めて。
頼むよ——猫の名前はデュアンではなくて、コペルニクスなんだ！
それから考古学のことも？　ぶつ……ぶつ……ぶつ

海水は深い海のなかで、日の出のほうへ向かっては、日の入りのほうへ進む。海面の波は昼間に昇り、底のうねりは真夜中にそびえる。多くは暗い海の底の流れであり、紫色の大海原の海面下で川は流れている。

ヴャチェスラフ・イワーノフ『メランプスの夢』（一九〇七年）

古代文明と気候大変動　目次

第10章　ケルト人とローマ人　紀元前一二〇〇年～前九〇〇年　294

第11章　大干ばつ　西暦一年～一二〇〇年　330

第12章　壮大な遺跡　西暦一年～一二〇〇年　351

凡例

（　）は原注、［　］は引用文中の著者による補足、〔　〕は訳注をそれぞれあらわす。

古代文明と気候大変動——人類の運命を変えた二万年史

はじめに

そう言うと、彼は両手で三叉の矛をつかんで雲を突き通し、波をかきたてて混沌とさせ、あらゆる方角から強風をあおり、陸も海もみな入道雲でおおいつくした。夜の闇が空から迫ってくると、東風と南風がぶつかり、猛り狂う西風と北風が空から湧き起こり、白波を大きくうねらせた。

ホメロス『オデュッセイア』第五歌

私が古代の気候学と初めて出会ったのは、大学一年の考古学の授業でだった。指導に当たった大先生は、第一次世界大戦前にたずさわったのを最後に、現場の調査活動にはかかわったことのない人で、考え方もそれ以来ほとんど変わっていなかった。先生はこのとき、オーストリアの地質学者アルブレヒト・ペンクとエデュアルド・ブリュックナーの古典となった野外研究について説明した。一九〇九年に書かれた彼らの名著『氷河時代のアルプス』によれば、アルプス山脈は少なくとも四度の氷期をくぐり抜けていた。先生はそこで講堂の床の上を行きつ戻りつし、氷床の前進と後退を視覚的に表現しながら、大氷河時代について簡潔に説明した。「ギュンツ」と、先生は大きく前に踏みだして、最も古い氷期の名称を告げた。それから、あとずさりし、温暖な間氷期があったことを示した。後退と前進は繰り返され、「ミンデル」、「リス」、そして最後に「ウルム」へとつづいた。この四度にわたる氷河時代を形成し、それがほとんどの人類史の背景になっていた。氷河時代のあとは温暖化し、そのころブリテン島は、海面水位の上昇にともなってヨーロッパ大陸から切り離され、以後、栄華を極めることになった。ヨーロッパ各地には森林が広がった。一九五〇年代末の新米考古学者にとって、氷河時代は遠い昔に長期にわたって極端な気候がつづいた単純な現象のように思われた。その時代が終わったとき、人類は近代に近い気候にやすやすと適応していたのだ、と。

氷河時代がこれほど単純であればいいのだが！　今日では、われわれの祖先は過去七八万年のあいだに、少なくとも九回の長い氷期をくぐり抜けてきたことが判明している。それぞれの氷期は、短い温暖な時期によって区切られていた。この時代の四分の三は、世界の気候は寒冷な時代から温暖な時代へ、そしてまた寒い時代へと移り変わっていた。こうした複雑な変動に関するわれわれの知識は、近年の研究から得られたものだ。カリブ海や太平洋の海底から掘削された深海コア〔柱状試料〕、南極大陸やグリーンランドの氷床を掘削したコア、あるいはアンデス山脈の高所にある氷河からの試料を使った研究などだ。南極大陸のヴォストーク基地からの氷床コアには、過去四二万年間の出来事が記録されている。その間も四度にわたる氷期が、温暖な短い時代によって隔てられながら、ほぼ一〇万年ごとに繰り返されていた。ベネズエラ沖にあるカリブ海南東部のカリアコ海盆から採取されたきめ細かい深海コアは、最終の氷河時代のあと一万五〇〇〇年にわたって気候が急激な変化を繰り返し、乾燥した温暖な時代がたびたび訪れたことを示している。これらは一つには、赤道近くの熱帯収束帯が南北に移動したために引き起こされた。こうした急速な変化はあったものの、ヴォストークのコアを見れば、長期にわたる地球温暖化時代となった過去一万五〇〇〇年間は、過去四〇万年間で気候的に最も安定した時代だったことがわかる。

「地球温暖化」という言葉は、それを口にするやいなや、地球の気温の上昇に人類が関与したのかという議論に結びつく。現在の温暖化は、地球の気候変動のはてしない自然のサイクルの一部なのだと主張する人もいる。だが、ほとんどの科学者は、人間の活動による地球温暖化は現実に起こっていることだと確信している。過去一五〇年間の地球温暖化は、過去一〇〇〇年間におけるどの温暖化の時代よりも長期にわたっており、それは一部にはわれわれ人類の活動ゆえに引き起こされたものだ、と私は考える。無差別な土地の開拓、工業並みの規模の農業、石炭、石油などの化石燃料の使用といったことが大気中の温室効果ガスの濃度を記録的な数値にまで上げ、温暖化をうながしたのだ。あまりの暖かさに、フィジーでは海面水位が過去九〇年間に年平均一・五ミリずつ上昇し、干ばつに見舞われたメキシコの森林では、一九九八年に森林火災で五〇万ヘクタールが失われ、二〇〇二年にはオーストラリアでさらに大規模な火災が起きた。こうした時代には、過去一万五〇〇〇年間の気候の大変動は、確かに遠い日々のことのように思われる。しかし、この四半世紀に気候学の分野で見られたいちじるしい進歩のおかげで、われわれはいま初めて、今日の前代未聞の地球温暖化を理解し、将来の不確かな気候を予測するための歴史的な背景がわかるようになったのである。

過去の気候変動を再現するのは困難な作業だ。計器で測定した信憑性の高い記録は数世紀前からのものしかなく、それもヨーロッパと北米に存在するだけだ。世界の他の地域に関しては、かろうじて一世紀前くらいまでしかわからない。当時の修道士や地方の教区牧師、あるいは古代アッシリアの書記による観測記録なども、ある程度は信頼できるが、過去一万五〇〇〇年間の気候変動に関するわれわれの知識は、すべて代用記録と呼ばれるものから得たものである。それらは樹木年輪、古代の沼地や湿原からの花粉の微粒子、あるいは氷河や湖底、海底から掘削したコアから再現されたものだ。最近まで、そうした記録はいかにも正確さに欠け、長期の気候変動が人類の生活におよぼした影響を見極めるうえで限られた使い道しかなかった。三〇年ほど前まで、気候学者は若干の樹木年輪の試料と、遠く離れた場所の植生変化を断片的に記した花粉ダイアグラムを頼りに、氷河堆積物と川砂利を丹念に調査することによって研究していた。こうしたばらばらな記録も、現在では、あらゆる時間の尺度から見た変化や気候現象が網羅された複雑なタペストリーとなっており、そこには驚くほど多様な情報が織り込まれている。われわれはいまようやく、文明の気候記録を手にし、こうした気候変動が人類の歴史におよぼしてきた影響を評価しうるようになったのだ。

実際、これらの気候現象は、石器時代の暮らしや初期の農耕社会、あるいは文明そのものをどれだけ左右してきたのだろうか？　考古学者の多くは、人間社会の変化に気候がはたした役割については懐疑的であり、それにはもっともな理由がある。環境決定論、つまり気候変動が農耕や文明など、人類の主要な発展をうながした主たる要因だとする概念は、長年、学問の世界では異端視されていた。確かに、気候が直接の原因となって歴史を動かし、主要な変革を起こさせたとか、文明全体を滅ぼしたと主張するわけにはいかない。しかし、だからと言って、かつて多くの学者が述べたように、気候変動など無視してもかまわないと主張することもできない。自給農業の発達の歴史に、われわれは関心を向けざるをえない。およそ一万二〇〇〇年前に農耕が始まって以来、人びとは寒冷で湿潤な気候と、温暖で乾燥した気候が周期的に変わるなかで、それに振り回されながら暮らしてきた。彼らが生き延びられるかどうかは、作物の収穫と翌年の播種分を充分に確保しえたか否かに左右された。短期間の干ばつや一連の激しい暴風雨に見舞われるだけでも、飢えるか飽食になるかの違いがでた。食糧が充分にあるのか不足しているのか、それが一つの谷だけの問題なのか、その地方全体に影響がでているのかといった問題は、人間の行動をうながす強力な誘因となり、その結果は数十年、ときには数百年におよんで展開された。二億を超える人びとが生産力の低い土地で耕作し、牧畜を営んでいる今日の世界でも、同じ真理は当てはまる。気候はこれまでもつねにそうだったように、いまなお人間の歴史における強力な促進剤なのであり、池に投じられた小石のように、その波紋は経済、政治、および社会のあらゆる変化を引き起こしてきた。

本書で私が論ずるのは、人間と自然環境および短期の気候変動との関係は、つねに流動的なものだったということである。気候を無視することは、人類が経験してきた動的な背景の一つに目をつぶることなのだ。過去一万五〇〇〇年間には、気候変動が歴史の主要な担い手となった例も多数見られる。南西アジアの大干ばつが野生の植物を栽培する試みをうながし、サハラの砂漠化の進行が、独特な指導者観をもつ牧畜民をナイル流域へと向かわせ、中世温暖期の波及効果がヨーロッパとアメリカにまるで異なった影響をもたらしたことなどは、そのごく一部にすぎない。

また、人類が長期および短期の気候変動にいっそう脆弱(ぜいじゃく)になったことについても、ここで論じたい。そうした変動への対応は、これまで以上に困難で費用のかかるものになっているからだ。何万年ものあいだ、人口は取るに足らない数にすぎず、誰(だれ)もが狩猟や植物の採集によって生活していた。生き残れるかどうかは、移動の能力と機に乗ずる能力、および気候による打撃をうまくかわせる日々の生活の柔軟性にかかっていた――ときには移住したり、家族を分離させ新しい領域に向かわせたり、粗末な食糧で食いつないだりすることによって。紀元前一万年ごろ農耕が始まり、村人が永久に農地につなぎとめられるようになると、それまで移動することで可能になっていた選択肢が狭まりはじめた。養うべき口が増え、村の人口密度も上がった。危険は高まり、とりわけ共同体が土地の限界まで広がった場合や、家畜がその一帯を食い荒らした場合には危機的な状況になった。唯一の解決策は移動することだった。伐採されていない森や肥沃な土地が豊富にあり、近くに隣人がいなかった時代にはそれは容易だった。人口密度が高くなり、かつての野草の自生地が人間によってすでに耕作されている地域では、飢えと死は避けられないものとなった。

　危険がいっそう高まったのは、農耕民が川の氾濫や不定期の降雨、灌漑設備を頼りに、それまで耕作不能だった土地を緑化しはじめたときだった。メソポタミアで取られた解決方法は、ティグリス川またはユーフラテス川から水を引ける便利な灌漑用水路の近くに都市を築くことだった。だが、そうした対策ですら、異常なエルニーニョ現象や、熱帯収束帯（ＩＴＣＺ）の南への移動の前には太刀打ちできなかった。初めのうち、人びとは近隣の集落や同族を頼った。配給量が減らされた。まもなく死者がではじめ、飢えた人びとが食べ物を求めて町から後背地へと四散するにつれて、法も秩序も崩れた。人類はある限界を超えて脆弱な世界へと足を踏み入れたのであり、そこでは気候の変動に対処するコストは限りなく高いものになった。

　人口の増加、都市化、そして産業革命の世界的な広まりとともに、この脆弱性は増す一方だった。十九世紀には、熱帯地方で二〇〇〇万人以上の農民が干ばつ関連の問題で死亡した。さらに人口が増え、温暖化した今日の世界では、惨事が起こる可能性は無限にある。エルニーニョによって一〇〇年分の雨が一気にもたらされ、ペルーの海岸に近い谷間は水が氾濫し、ものの数時間で都市の近郊全体が押し流された。サイクロンとハリケーンは、バングラデシュとフロリダに上陸して何十億ドルもの損害を与えた。ミシシッピ川の記録的な洪水は都市化などの環境破壊によって悪化し、洪水調節用の巨大な建造物をも脅かしている。潜在的な大惨事のリストは、以前とくらべてはるかに長くなっているのである。

何が起こったのだろうか？　近代の海運業や農業、あるいは近代の工業は、われわれに安全な緩衝材を与えてくれたのではないのか？　世の中にかつてないほど多くの人と金があふれるようになると、自然災害による死傷者は必然的に前代未聞の数になるということなのか？　そうではない。過去一万五〇〇〇年にわたる気候と歴史のかかわりを見れば、その間ほぼずっと別のプロセスが進んでいたことがわかる。頻繁に起こる小規模な気候の脅威から身を守ろうとして、われわれはむしろ稀（まれ）にしか起こらない大きな災害にたいして、いっそう無防備になりつづけているのである。文明のたどってきた道筋全体（むろん、それ以外にも多くの意味はあるにせよ）は、脆弱さの規模を取引してきたプロセスなのかもしれない。

こうした観点から見れば、現在の地球温暖化の問題は、近年の資本主義が母なる地球に産業力を振るって危害を与えようとしている証拠でもなければ、反企業活動家が世界にいだかせている妄想でもない。それは単にわれわれの脆弱さの規模を反映したものであり、それについていま考え、行動しなければならないものなのだ。時代がわれわれに要求しているのは、世界の気候の気まぐれについて学び、その機嫌を研究し、また上空が過度の温室効果ガスでおおわれないように心がけることなのだ。それはちょうど、五〇〇〇年前に、メソポタミアの農耕民がユーフラテス川の機嫌を学び、用水路に泥土が詰まらないように管理しなければならなかったのと同じ理由にもとづき、同じくらい不断の努力を要するものなのだ。そうしなければ、神々が怒ったのだ。あるいは現代的な言い方をすれば、遅かれ早かれ不運に見舞われ、用水路が泥土でふさがれて収穫が落ちたり、屈辱を味わったり、惨事がもたらされたりしたのである。

実際、メソポタミアの民にはいずれにせよ、早晩、不幸が訪れ、その状況に適応せざるをえなくなった。本書は、人類がこうして積み重ねてきた数々の適応例の物語である。気候が変動をつづけ、人類がそれに対応するなかで、それらは一つひとつ築きあげられたものであり、その努力は今日もつづいている。

著者注

本書の執筆に当たり、慣例と語法に関して以下のとおり独断で決めさせていただいた。
本書の度量衡はすべて科学の国際的な慣行にしたがい、メートル単位で表示した。
地名は最も一般的な呼称であらわした。考古学遺跡や史跡の名称は、この本を書くために使用した文献で、最も頻繁に用いられていたものを採用した。

放射性炭素年代は、一九九八年に学術雑誌『ラジオカーボン』に掲載された表を利用して較正した。より問題のある紀元前九三〇〇年ごろより前の年代については、バルバドス諸島のサンゴの成長輪を使って較正し、一方、のちの年代測定には樹木の年輪を使用した。博識な考古学者の同僚と議論を重ねた結果、こうした較正は採用するだけの価値があると判断した。もっとも、そのためにいくつかの重要な発展（たとえば農耕の始まりなど）の年代を、さらに一〇〇〇年昔の出来事と考えなければならなかったのだが。本書で使われた古い年代は、ここでの中心的な議論に何ら影響をおよぼすものではない。紀元前七〇〇〇年以前の較正については、新たな研究によって今後、変更される可能性があり、せいぜい一時的に較正したにすぎないことを強調しておく。

一万五〇〇〇年前（BP〔before the present の略。放射性炭素年代測定法による年代〕）以降の年代については、紀元後・西暦（AD）、紀元前・前（BC）の用語も使用した。ここで言う「現在〔present〕」とは、国際的に西暦一九五〇年であると定められている。

本書では、「狩猟採集者（ハンター・ギャザラー）」と「フォレジャー」〔糧食徴発者の意味。訳語では採集者、あるいは採集民とした〕は同義で使用している。

第1章　もろくて弱い世界に足を踏み入れて

ミシシッピ川を知る者なら、声にだしては言わなくても心のなかで、すぐさまこう断言するだろう。川を管理する委員会が一万あっても……その手に負えない流れを手なずけることも、制御することも、制限することもできないし、川に向かって「こっちへ行け」とか「あっちへ行け」と命ずるわけにもいかない。川をしたがわせることも……障害物を設けて行く手をさえぎることもできない。そんなことをすれば、川はその障害物を破壊するどころか、その上で踊り、あざ笑うだろう、と。

マーク・トウェイン『ミシシッピの生活』（一八七九年）

風力9と言えば大強風であり、ヨットの索具に容赦なく悲鳴をあげさせるほどの風だ。私はキャビンを風除けにして身体（からだ）を縮め、命綱をしっかりと結んで、操縦席で足を支えた。私たちはビスケー湾で船首を風上に向け、主帆（メーンスル）をできるかぎり縮帆し、小さい荒天用の三角帆（ストームジブ）だけを揚げて船を泊めており、その状態がすでに二四時間つづいていた。私たちの小型船は巨大なうねりに軽々ともちあげられては、突き落とされた。豪雨と水しぶきが混じったものが、横殴りに甲板へ吹きつけた――海と空が一体となった灰色の世界のなかで、手ごたえのある唯一のものに。こんな状況でも、洋上の暮らしはそれなりに快適だった。南西の風が私たちをスペイン北部の海岸から引き離していた。漂流しても心配ないくらい操船余地は充分にあったし、コルクのように上下したところで、荒海は脅威ではなかった。心配すべきものは、そばを通る船だけだった。南のスペインへ向かって嵐のなかを次々と突き進んでいくのは、ロッテルダムからのスーパータンカーや、巨大な箱のようなコンテナ船、天然ガスのタンカーなどだ。大型タンカーが平然と迫りくる大波を砕きながら進む様子を私は眺めた。突きだした船首の頭上高く、滝のような水しぶきがあがる。巨大船は嵐などほとんど気にも留めず、余裕たっぷりに進んでおり、人影はまるでなく、恐れ知らずのようだった。

一陣の風がヨットの支索をかき鳴らした途端、船体が急に一方へ傾いた。身をかがめると、水しぶきが背中で散弾銃のような音を立てた。タンカーが一瞬、闇のなかに消えた。不意に日が射し、黒々とした長い船体が光り輝いた。巨大な船は突風にも動じなかった。私たちのクルーズ船のように、船首から船尾まで一二メートルしかないような船にとって、ビスケー湾は危険な場所だ。北大西洋のうねりがヨーロッパの大陸棚の上に押し寄せるにつれて、突然どこからともなく嵐と高波が現われる。船首を風上に向けて船を泊めれば容易に切り抜けられるが、それ以外に打つ手はなく、半日はその場にとどまらざるをえない。

船上の長い当直番は、物思いにふける時間をたっぷり与えてくれる。水平線の彼方へ大型船が苦もなく航行していくあいだ、私は頭のなかでその航路をたどった。フィニステレ岬沖を通り、ヨーロッパ大陸をあとにして南へ向かい、モロッコを過ぎてセネガルの出っ張りをまわり、さらにアフリカの南端へと進む。真冬の喜望峰は荒天のつづく場所であり、高波がときには二五メートルにもなることで知られている。水の壁がそれほどの勢いでそびえると、スーパータンカーの船体ですら、卵の殻のように亀裂が入る。そこでエンジンや電気系統が故障すれば、巨大船はなすすべもなく風下に漂流し、強風を受けて大きく船体が傾き、大波が岸壁のようなその側面に打ちつけるようになる。サルベージ船が曳航してくれるか、奇跡的に船の機関士がエンジンを復活させないかぎり、巨大船は南アフリカの岩だらけの岸壁に激突するだろう。波にもまれて船体がすっかりもろくなり、真っ二つに割れることすらある。そんな状況になれば、私たちの小型船のほうがタンカーよりも有利になる。タンカーを破壊する巨大波は、私たちの下を通り抜けてしまい、高さ九メートルの波ほどの影響もおよぼさない。生存できるかどうかは、しばしば規模の問題なのである。

古代都市ウルの悲劇

船だけでなく、文明も同様だ。

ウルはバグダッドからペルシャ湾へ向かうほぼ中間地点にあり、現代のユーフラテス川の流れから二四キロほど西に位置している。かつての壮大な都市は荒涼とした景観のなかにたたずみ、塚の集合体と化している。そのうちの一つ、テル・アルムカイヤルは瀝青の丘と呼ばれ、古代メソポタミア最大級の聖堂があった場所だ。修復されたジッグラト（塚状の神殿）に登ってみると、東の彼方にユーフラテス川の土手沿いに並ぶヤシの木が見える。それ以外はどこを見ても、平坦な地平線まで砂の荒地がつづいている（私はサダム・フセインが近くに空軍基地を建設する前に、この地を訪れた）。南西の彼方に見える灰色の小尖塔は、エリドゥ市にそびえていたジッグラトで残っている唯一のものだ。シュメール人はエリドゥを地上最古の都市と考えていたが、彼らの考えはさほど間違っていない。

イギリスの考古学者レオナード・ウーリーは、かつてこの景観についてこう書いた。「広大な平原の単調さを破るものは何もない。頭上では熱気がゆらめきながら踊り、蜃気楼が偽りの穏やかな水面を映しだしている」。これほど荒涼とした砂漠に、世界最古の文明の一つが存続していたというのは、信じがたいことだ。

紀元前二三〇〇年に、ウルナンムという名のシュメールの支配者がウル第三王朝を創始した。当時、ウルはすでに古代都市であり、一〇〇〇年以上にわたって人が住み、文明そのものと同じくらい古くから信仰と通商の地となっていた。第三王朝は四代のあいだ、都市国家をはるかに超えた領域を支配した。ウルナンムはもともと、さらに古い都市ウルクの支配下でこの地を統治しはじめたが、のちに支配者にたいして反乱を起こし、外交と征服によって自らの王国を築いた。まもなくウルナンムと後継者らは広大な領地を治めるようになり、その影響力はシリアの砂漠を越えて、東地中海地方にまでおよんだ。彼らは都市の周囲に日干し煉瓦の防壁をめぐらした。その土台部分は二三メートルの厚みがあり、高さは八メートルに達した。内側には、壁面が傾斜した巨大なジッグラトが建設され、レオナード・ウーリーはそれを「神の山」と呼んだ。高さ二一メートル、基底部は縦四五メートル、横六〇メートルという巨大な煉瓦の建築物の表面は、二・四メートルの厚さで焼成煉瓦が積まれ、瀝青で固められていた。頂上には、ウルの守護神である月の神ナンナの小さな聖堂があった。ジッグラトの各基壇は山の草木さながら鬱蒼と植物でおおわれていた。贅をつくしたこの大神殿は土台部分に聖所があり、舗装された広い中庭の周囲には事務室と貯蔵庫があった。

　この神殿で発見された石灰岩の石碑は、ウルナンムの敬虔な行為と征服の成果を後世に伝える。ある場面には、王が祈りの姿勢で立ち、頭上から天使のようなものが舞い降りて、地面に壺の水を注いでいる光景が描かれている。碑文にはウルの近くに王の命令で運河が掘られたことが記されている。灌漑用水路はウルナンムの功績とされているが、王は土地に恵みをもたらす水を授けてくれた神々をたたえている。シュメール人の考えでは、支配者は守護神ナンナの地上における代理人であり、いわば小作農のような存在だった。そして、国の本当の支配者は神だと考えられていた。巨大な農場であるウルは厳しい環境下にあり、注意と手入れを怠ることはできなかった。

　聖域には王の住まいがあり、重要な公共の儀式と神々をたたえる行列が行なわれる場所としても使われていた。城壁の外には人口の密集した地域が広がり、日干し煉瓦の家が建てられ、人が住み、やがて都市の再開発とともに何度となく建て直された。ウルナンムが支配した時代、こうした周辺地域はすでに圧縮された瓦礫が壇状になった上に広がっていた。密集した住居のあいだには曲がりくねった未舗装の細い路地があり、荷車が通るには道幅が狭すぎたものの、通行人やどこにでもいるロバなら充分に通れた。ウル市内の通りは人波であふれかえることも、人気がなくなることもあった。衛兵と書記に囲まれた高官や、水をたたえた壺をかかえる女たち、穀物の袋を背負わされ、主人に棒で突かれて大声でいななくロバが通りを行き交った。通り沿いには開口部のない家々の壁が並んでおり、壁の角は乗り手や積荷が傷つかないように丸く削られている。レオナード・ウーリーは、こうした中庭のある二階建ての住居を何棟か発掘している。ウルナンムの時代、ウルは日除けのある通りと市場を備えたにぎやかな都市であり、陶工や金物細工師など、職人にはそれぞれの区画が設けられていた。暑い季節には、路地の上に吊るされた布が焼けつくような日差しをさえぎる役目をはたした。あたりの空気には、薪を燃やす煙と動物の糞のにおいが混じっていた。ジッグラトには五〇〇〇人以上の人びとが居住しており、それは世界にそれまで登場したなかで最大規模の共同体と言えるものだった。

　ウルの君主は世界最強であり、それに並ぶ者といえばエジプトのファラオだけだった。君主の支配権は（少なくとも名目上は）メソポタミア南部と上流域のほとんどにおよんだ。ウルは巡礼地を支配し、ロバのキャラバン隊と遠隔地からきた船の集まる中心地もその統治下にあった。ウルはユーフラテス川と運河で結ばれており、さらにペルシャ湾にも通じていた。最盛期には、この古代都市は網目のような運河と緑地の中心に位置していた。砂漠を切り開いてつくられ、大河の氾濫（はんらん）によって肥沃（ひよく）になった耕作地である。人も物もすべてが、水と治水に頼っていた。年間の降水量が二〇〇ミリを超えることがめったにない砂漠の真ん中では、水は生活をうるおしうる唯一の有用品だった。

ウルで人びとが代々暮らしつづけたことに、私はいつも驚きを覚える。エリドゥをはじめとする南部の都市と同様、ウルも小さい農村から始まった。ウルの近くでそのような村が最初に出現したのは、雨が多く、大洪水に見舞われた紀元前六〇〇〇年の昔だった。それらの村は、細い灌漑用水路の近くに集まった葦（あし）の小屋の集落にすぎなかった。毎年、春になると、農民は素足で水路に入り、沈泥をかきだし、夏の洪水の水が流れてくるように手入れをするのだった。これらの集落の灌漑設備は単純なものだったが、うまく機能していた。何世紀ものあいだ、川の豊かな水と降雨は豊作をもたらし、人口を増加させた。それぞれの集落は灌漑された土地のなかで急速に拡大し、町となった。土地も水も充分に行き渡るだけあった。小さい町ですら、数年つづきの不作を難なく生き延びることができた。

やがて、前三八〇〇年ごろ、インド洋のモンスーンの進路が南方へ移動し、降雨のパターンが変わった。このころには冬の雨季が遅く始まり、早く終わるようになったため、農耕民は作物が成熟する時期に、川から引いた水だけに頼らざるをえなくなった。そのうえ、川の氾濫が収穫のあとに起こるようになった。つまり、農耕に使える水量がはるかに少なくなったのだ。

雨が降らず、作物が畑で干からびるようになれば、どんな混乱が生じたかは想像できるだろう。村人は発育の悪い作物を刈り入れ、その数週間後の、もう手遅れとなった時期に、ようやく川が氾濫して水路に水があふれるのを眺めることになった。数年もたたないうちに、彼らは播種(はしゅ)の時期をずらし、丹念に手入れした用水路をティグリス川とユーフラテス川が満たすころに、小麦と大麦が実るように工夫しはじめた。同時に、彼らは分別と知恵をはたらかせ、支流運河で貴重な水を周囲の砂漠まで引ける場所の近くに移動し、より大きな町や都市を築いた。ウルのような成長都市は人びとの暮らしの中心になり、その周囲は耕作地ですっかりおおわれ、近郊の共同体は城壁から一〇キロ先までつづくこともあった。前三一〇〇年には、メソポタミア南部は拮抗(きっこう)し合う都市国家がひしめく地域になった。水利権と灌漑された土地が戦争と平和の決め手となる世界のなかで、どの都市も用水路につなぎとめられ、油断なく見張るようになった。都市が生き延びるための手段になるにつれて、過度の都市化が進んだ。前二八〇〇年ごろには、シュメール人全体の八〇パーセントが町か都市に住むようになった。

都市はメソポタミア文明の特色となり、神々の怒りによってもたらされる予期せぬ干ばつや衝撃から、人びとを守るようになった。彼らは冷淡な神々のために神殿をつくり、怒りを鎮めた。神殿の倉庫は、不作の年に備えてしっかりと蓄えられた穀類であふれかえっていた。それが飢饉と、必然的に引き起こされる社会不安にたいする保険となったのだ。人びとは一年中、土地を耕し、運河を掘り、老朽化した箇所からは泥を取り除いた。それらはすべて、川が氾濫する夏の数週間に備えての作業だった。君主も商人も庶民も、誰一人、飢餓の脅威をあなどる人はいなかった。聖堂と貯蔵所のある都市は、少なくとも、なんらかの保護策を提供していたのだ。この時代、ウルはまだ小型船だった。通常の嵐であれば、ウルはこの都市のせいで廃れた近隣の小さい農村よりもうまく乗りきることができた。

前二二〇〇年ごろ、どこか北方で大規模な火山の噴火があり、大気中に細かい灰が大量に噴出した。過去に噴火した火山の例から類推すると、火山灰は何ヵ月ものあいだずっと太陽をおおい隠し、季節はずれの寒さをもたらしたことだろう。ウルの君主にとっては不幸なことに、噴火と同時に二七八年にわたる干ばつが始まり、東地中海の広大な地域に影響をおよぼしはじめた。この噴火の痕跡は、グリーンランドの氷床やアンデスの高山の雪氷コアにも明らかに見られる。地中海の湿った偏西風は、恐ろしいほどぱったりと止んだ。冬季の雨量は激減した。ユーフラテス川とティグリス川も、水源である遠方のアナトリア高原に雨と雪が降らないために、氾濫しなくなった。

干ばつは、かつては肥沃だったユーフラテス川沿いの北部のハブール平原を、砂漠に近い状態に変えた。何世紀ものあいだ、アモリ族の牧畜民はたまり水の豊富な広々とした土地で家畜を放牧していた。だが、この時代になると彼らも川のそばから離れなくなり、川沿いに南下して、下流の農耕地にやってきた。一部の遊牧民は以前からずっと定住地を侵略していたが、このころには彼らの数そのものが、耕作されつくした南部の都市近郊を圧倒するようになっていた。それも、これらの都市が深刻な水不足に悩まされているときにである。侵略者は軍隊だけでは抑止しきれなかった。ウルの支配者は「アモリ族撃退壁」と大げさに名づけられた、全長一八〇キロにわたる日干し煉瓦の防壁の建設に力を注いだ。だが、それも徒労に終わった。日照りのつづいた数世代のあいだに、ウルの人口は三倍以上に膨れあがっていたのだ。農民は農地に流れ込む水の量を増やそうと、懸命に用水路の手入れをした。楔文字の刻まれた銘板によれば、市の当局は配給する穀物をテーブルスプーンで計るようになった。当初、人びとは親類を頼って貴重な穀類を分けてもらい、割当分の食糧を補って食いつないだ。やがて、彼らは無法な手段に訴えるようになり、食糧探しに血眼になりながら奥地へ移動していった。いずれも役には立たなかった。ウルの農業経済は揺らぎ、やがて崩壊した。前二〇〇〇年には、まだ都市で暮らしているシュメール人の数は、半数以下に減少した。

それから一世紀後、雨がまた降るようになり、遊牧民はハブール平原へ戻っていき、第三王朝が衰退したあとに、新しい王国が勃興した。だが、ウルを襲った突然の崩壊は人類史の転換期となった。環境がもたらした大災害によって、このとき初めて都市が丸ごとそっくり崩壊したのだ。外洋向けの小型船も、激しい嵐に遭遇して転覆したのである。ウルの住民は、干ばつがつづいた数世代のうちに政治機構が消滅するにつれて、小さな共同体に分散するか、高台へ逃れるか、あるいはただ死んでいくかだった。雨が再び降るようになると、新しい都市が誕生した。そのなかには、かつての大都市の幻影であり、あまり実体のないウルも存在した。しかし、このとき人類はある一線を越え、環境にたいして脆弱（ぜいじゃく）さをさらけだすようになっていた。都市の人口と、容易に手に入る食糧、および気候からの打撃に対応しうる柔軟な経済、政治、社会のあいだにかつて存在した複雑な平衡状態が、決定的に変化してしまったのだ。

生存できるか否かは、往々にして規模の問題となる。石器時代の小規模な集団（バンド）なら、新しい狩猟場へと移動し、必要なかぎりそこにとどまることによって干ばつに対応することができた。農耕集団も近隣の同族から非常用の穀類をもらうか、商人から伝え聞いた水利のいい土地へ単純に移り住めた。だが、ウルのような大都市が干ばつによる波及効果を容赦なく受けた場合は、前代未聞の規模で移住と大飢饉が生じ、適応も復興も容易には望めなくなり、ただ崩壊していった。小規模の災害にたいする万全の対策として興隆した都市は、より大きな災害にはますます脆弱になっていたのだ。

ウルが小型の商船だったとすれば、工業文明はスーパータンカーだ。古代の都市は、今日の基準からすればただの町にすぎず、面積も限られ、住民数も数千人程度である。ウルはのちの産業化以前の都市、たとえば西暦六〇〇年にメキシコの高地に存在し、およそ二〇万人の人口を誇ったテオティワカンとくらべても、はるかに小さい。ウルが自然災害に極限まで対応したとすれば、テオティワカンがさらにどれだけ多くの努力を重ねたかを考えてみてほしい。それでもやはり、干ばつを機に、この都市も急激に崩壊していった。今日では、環境にたいする脆弱さの規模は、考えるのも恐ろしいほどはるかに大きくなっている。

ミシシッピ川の洪水との闘い

一七一八年に、フランス人入植者がミシシッピ川を見下ろす土手にニューオリンズを築いた。ミシシッピの三角洲（さんかくす）は、土着の民が何千年ものあいだ狩りや漁をしてきた場所だった。洪水が起こるたびに、先住民は高台へすみやかに移動していた。川は単調な景色のつづく三角洲の泥土のなかを蛇行しており、人びとはその流れに合わせて住居を移動してきた。しかし、フランス人はいっさい川にたいして妥協せず、自然にできた土手のうえに定住地を築いて、そこから移動するつもりはなかった。数ヵ月後、大洪水が発生して町の土台が水浸しになると、彼らは川筋を管理しなければならないと結論した。一七二四年には法律が定められ、家の所有者は住宅の土台部分を高くすることが義務づけられた。もっとも、その結果、築かれた堤防の高さは一メートルしかなかったので、法律に効果はなかった。幸い、ニューオリンズの対岸には自然の堤防がなく、そのためミシシッピ川は邪魔されることなく、外側へ流れるようになった。

一七三五年と一七八五年に、ニューオリンズ市は再び浸水被害にあった。洪水がどんなものか、住民がちょうど忘れたころに災害は起こった。一八一二年ごろには、一部の流域では三〇〇キロ以上にわたって人工の堤防がつづいていた。それらはおもに大農園の土地を保護するためにつくられたものだった。サトウキビ農園はどんどん数を増していたので、一八二八年には堤防が三角洲の最上流まで達するようになった。大農園の所有者のなかには予防対策として、付近にある唯一の高台――インディアンの埋葬塚――に家を建てる者もいた。堤防が延長されるにつれ、決壊によって引き起こされる被害も急増した。堤防が突如として破れると、地元の人びとが「クレバス」と呼ぶ裂け目から水が滝となってあふれ、ダムの決壊のように、目の前にあるすべてのものを押し流すことになる。十九世紀半ばには、ほとんどの堤防が二メートルの高さになった。その後の洪水がそれ以上の高さになることは、あらゆる前兆から示されていた。

ミシシッピ川にはニューヨーク州、モンタナ州、カナダなどの遠隔地や、下流の広大な地域からの水が注ぎ込む。川の流域はアマゾン川、コンゴ川に次いで世界で三番目に広く、巨大な漏斗状になっており、アメリカの三一の州とカナダの二つの州の一部、もしくは全域にわたっている。アメリカ合衆国の大陸領土の四一パーセントの水がこの川に集まっているのだ。場所によっては氾濫時の川幅は一六〇キロを超え、外洋のように見える。まるで海がメキシコ湾へとつづいているような光景だ。三角洲が始まるオールド・リヴァーでは、川はいくつもの入江や沼地や湿原になって広がっている。かつては、これらが上げ潮のときの自然の貯水池となっていた。ルイジアナ州はほとんどがミシシッピ川によって形成された土地だが、それはこの川が一つの川床を流れつづけずに、幅三〇〇キロ以上にわたって弧を描き、川筋をあちこちに変えることによってつくられたものだ。環境専門の著述家ジョン・マクフィは、この川の動きを「片手で演奏するピアニスト」にたとえ、「しばしば急激に流れを変え、左岸から右岸まで波のように押し寄せて、まったく新たな方向へ去っていく」と描写する。川はいつも海までの最短距離を探し、それを見つけるが、やがてその川筋に泥土がたまると、一〇〇〇年に一度くらいの割合で片側へあふれだす。こうした変化は、ミシシッピ川の土手沿いで移動しながら暮らしていた、半定住の狩猟採集民にとってはほとんど問題にならなかった。だが、三角洲にニューオリンズが建設されてからは、きわめて重大な問題となった。蒸気船が本流を航行しはじめ、湿原は干拓されて農地に変わった。堤防が決壊すると、人命が失われた。一八五〇年の大災害の年には、堤防の三分の二が破れて何百人もの死者がでた。一八七九年に、連邦政府はミシシッピ川委員会を発足させた。当時は、本流の川床がかつてないほど高くなっていたため、川に注ぎ込むおもな支流の流れが土堰堤(どえんてい)によってせき止められていた。ミシシッピ川の洪水調節は、そのころよりずっと陸軍工兵隊の指揮下にある。

一八八二年、十九世紀最大の洪水が起こり、二八〇ヵ所で堤防が決壊した。氾濫した水は一一〇キロ以上先まで広がった。川の本流は、工兵隊が川から流木などを除去してからはとくに、アチャファラヤ川に合流しそうだった。工兵隊の指導者は長年、堤防を築いて川を管理する方針に執着していたが、一九二七年に大洪水が起こり、二〇〇人以上の死者がでたうえに、何千頭もの動物が犠牲になり、農場と町が九万三〇〇〇平方キロにわたって浸水するにいたって状況は変わった。このころには堤防は、かつての二メートルの堤より六倍は高くそびえていたが、それは川の本流を巨大な送水路に変えたにすぎなかった。議会は一九二八年に洪水管理法を可決して、大規模な協調対策を行なうための資金を承認し、堤防の整備から川床の再調整、大洪水のさいに開くことのできる余水路や水門の建設まで、あらゆる対策がとられることになった。治水工事は川の両岸の堤防が、万里の長城に匹敵するどころか、それ以上の高さと幅を誇る建造物になるまでつづけられた。これほどの防壁ですら万全ではなかった。なにしろ上流では、道路が舗装され、駐車場やショッピング・センターがつくられ、宅地化が進むことによって景観が大変貌(へんぼう)をとげており、そのすべてが表面流去水を増加させ、通常の氾濫の水位をも上げていたからだ。工兵隊はとりわけ、ミシシッピ川がアチャファラヤ川へ必然的に移動しようとするのを食い止めなければならなかった。アチャファラヤ川の川床は毎年深くなっていた。川が移動すれば、州都のバトンルージュは存在しなくなり、ニューオリンズはもはや港ではなくなり、本流沿いに密集した重工業はみな文字どおり干上がってしまう。小さい支流沿いの工場や精錬所は、廃業に追い込まれる。そこで、工兵隊は巨大なダムをつくって、アチャファラヤ川に注ぐオールド・リヴァーの蛇行域をせき止め、さらに閘門(ロック)システムを建設して、一〇メートルも水位の異なる場所を船が通過できるようにし、河口から四八〇キロさかのぼった難所でも、船が下流へ航行できるようにはからった。こうして工兵隊は川の流れを管理するようになった。ニューオリンズ付近を流れる水の量を決め、アチャファラヤ川にはどれだけ放水し、湿原にはどの程度あふれさせるかを決定したのだ。

だが本当にそうだろうか？　河川を管理する闘いは決して終わることがない。上流域はいつでも氾濫しうるし、洪水の恐ろしい力はどこででも発揮されかねない。工兵隊は、いまのところ川は制御されたと考えている。だが、大雪と通常よりも多い降雨がちょうど重なれば、ミシシッピ川が自らの意志にしたがって川筋を変え、アチャファラヤ川と合流する可能性は大いにある。川がそうしたがっているのは明らかだ。ここでもまた、われわれは脆弱さを解消することなく、ただ規模のうえで妥協をはかった。シュメール文明のウルの場合なら、考えられる最大規模の洪水でも、奪われたのは数千人の命だろう。水が引けばすぐに、生き残った者たちは畑に再び種をまき、壁を修復する作業にとりかかっただろう。ところが今日では、人口一〇〇万人の都市と何十億ドルもの社会基盤の運命が、大陸の半分を流れ、ますます油断のならない河川の水をわれわれがどう管理するかにかかっている。ニューオリンズは一〇〇年ごとに訪れる洪水にたいしては安全になったが、一〇〇〇年、あるいは一万年に一度の規模の洪水に関しては、無事を祈るばかりである。

本書はこうした増大する脆弱性に関して述べたものだ。それは、人類が一万五〇〇〇年間に、予測不能な気候変動とかかわるなかで、いかにたびたびもろくて弱い世界の入口に達し、ためらいもせずそれを乗り越えてしまったかについての物語なのである。

第1部　ポンプとベルトコンベヤー

ベールがはがされるたびに、何枚もの別のベールが現われる。それらはたがいに関連し、依存し合っている謎であり、気象学におけるDNAの二重らせんに等しい。

アレグザンダー・フレイター『モンスーンを追って』（一九九一年）

（西暦年）	気候現象植生帯	人間社会の出来事	気候上の誘因
前 9000			
	プレ・ボレアル期 （再温暖化）	南西アジアで農耕が急速に伝播 アブ・フレイラⅡとエリコ	湿潤な気候（循環が再開）
前 10000		東南アジアで農耕始まる	東南アジア干ばつ ヨーロッパは寒冷
	ヤンガー・ドライアス期 （寒冷）	アブ・フレイラⅠ	大西洋循環停止
前 11000	アガシー湖の水あふれる	北米でクローヴィス文化	
		モンテ・ベルデ／メドウクロフト	
前 12000		アメリカ大陸に最初の定住地	ヨーロッパで森林が拡大
	ベーリング／アレード期 （急速な温暖化）	フランスのニオーの洞窟壁画	急速な温暖化
前 13000			
	ハインリッヒ・イベント終了	シベリア北東部に最初の定住地	
前 14000		ヨーロッパで最後の氷河時代文化	海面水位の急上昇
前 15000		ユーラシアで気候が改善	
	若干の温暖化 不安定な気温		氷床の急速な後退
		ヨーロッパにクロマニョン人	
前 16000	**氷河時代末期** （寒冷）		

表1　気候上および歴史上のおもな出来事

第2章　氷河時代末期のオーケストラ　一万八〇〇〇年～一万五五〇〇年前

死人は誰も起き上がって、われわれの質問に答えてはくれない。だが、彼らが残したあらゆるものから、その朽ちはてない装具や、ゆっくりと分解する所持品から、ことによると彼らの声が聞けるかもしれない。リンネの言葉を借りれば、「それらは、すべてのものが沈黙したいま、ささやくことしかできない」のだが。

ビョルン・クルテン『マンモスを急速冷凍する方法』（一九八六年）

その光景は、幸運にも自分の目で見ることができた者にとって、忘れられないものとなる。南フランスのニオー洞窟の荒削りの壁で、アセチレン・ランプのちらつく明かりのなか、バイソン、マンモス、トナカイが跳びはねているのだ。壁に描かれた絵は、かつてそこに描かれていた絵などお構いなしに、次々に上から大胆なイメージが重ねられていったものだ。ところどころに、開いた手形がきわだっている。指と掌は白く塗られ、それを何千年も昔に壁に吹きつけられた赤や黒の顔料が縁取っている。

ここでどれだけの時間が経過したのか把握するのは難しい。これらの絵は数年や数十年単位ではなく、数千年の歳月を経てつくりあげられた。何百世代ものクロマニョン人の狩猟者たちがこの地を訪れ、岩のなかに住む動物の霊に力を授けてもらったのだ。

この壮大な動物壁画は、ちらつく明かりのなかで絶えず動いているように見える。クロマニョン人もちょうどこんなふうに、獣脂ランプの揺らめく薄暗い明かりのもとで、これらの絵を見ていただろう。いくつかの壁画は、数十人は入れるような広い部屋に描かれている。それ以外の絵は外界からすっかり遮断された狭い坑道の奥にひっそりと描かれており、その真っ暗闇のなかで、かつてシャーマンが孤独のうちに霊界との交わりを求めていた。この地球の奥底では、死者と生者、および人間と動物の世界が、地上では決して体験しえない強烈な象徴の世界のなかで出合っていたのである。

これらの多数の動物、不思議な記号、手形などの壁画は超自然界と結びついていたが、それについてはほとんど何もわかっていない。洞穴の外では氷河時代末期の厳しい世界が待っており、気温は一年のほとんどが零度に近いか、氷点下だった。クロマニョン人が住んでいた深い渓谷では、丘の斜面に高いマツの木がひっそりと立ち並び、寒い冬のあいだ聞えるものと言えば、ときおり枝から地面にドサッと雪が落ちる音だけだった。晴れた日には、薄い青空に浮かぶ綿雲が、凍てつくような冷たい北風に吹き飛ばされていた。しかし、渓谷のなかは風もなく、谷底付近にはうっすらと霞がかかり、夏になれば青々と茂る湿地牧野を雪の大きな吹きだまりがおおっていた。

そんな冬のある日、よく注意して見れば、黒ずんだ木々のあいだで、乾いた草を探して雪をかきわけている巨大なオーロックス——原始時代の野生の牛——の姿が見られたかもしれない。あるいは、二本の長い牙をもったマンモスが、長い体毛を雪の上に垂らしながら身じろぎもせずに立っており、凍てついた空気のなかでその吐息が凍っている光景が見られただろう。厳冬期には人の気配はほとんど感じられず、ただ谷の南斜面の麓から、薪の白い煙がたなびいているのが見えるくらいだった。手の込んだ衣服の製法や高度な技術を身につけてはいたものの、氷河時代の冬のさなかには、狩猟民ですら住居内にとどまるしかなかった。

狩猟集団

一万八〇〇〇年前のクロマニョン人の世界は、私たちの世界とは想像もつかないほど異なっていた。それぞれの狩猟集団は、はっきりと定められた境界線内の狭い狩猟場を利用していた。九ヵ月にわたる冬の期間、人びとはフランス西南部のドルドーニュ地方にあるヴェゼール渓谷のような場所で、大きな洞窟や岩窟住居に住み、その近くにひそむ大小さまざまの動物を狩猟して暮らした。毎年、春になると、南部にある奥まった渓谷や平原から、トナカイの大群が北へ向かう。移動する動物の群れは険しい谷間の岩溝に押し寄せ、何百頭もが急流を渡っていった。何週間かたつと、群れはまったく異なった世界にでて、そこで四散する。大西洋岸からヨーロッパを横断し、はるか彼方のシベリアへとつづく樹木のない広大な平原である。

暖かくなると北へ、秋には南へ向かうこのトナカイの移動は、凍てついたヨーロッパの世界で振り子のように季節を告げていた。かつて中緯度地域に広がっていたステップ・ツンドラはポンプの役目をはたしており、春になるとトナカイとそれを狙う捕食者を吸い込み、秋に初霜が降りるとそれらを吐きだすのだった。移動経路は年ごとに大きく変わりうるが、トナカイはかならずやってきた。そして当然のことながら、人間という捕食者がそれを待ち受けていた。

狩りの名手はみなそうだが、クロマニョン人も自らの縄張りに精通していた。いつキイチゴ類が実り、野草はいつ収穫すればいいのか心得ていたのである。トナカイがいつごろやってきて、渓谷をどう通過するかも予測できた。狩人（かりゅうど）たちは近づいてくる群れを追い、渡河地点や、狭い山道の両端で待ち伏せた。彼らは軽量で、きわめて効率のよい道具一式をもち歩いていた。鋭利な枝角製の穂先のついた木の槍（やり）や、先端に逆とげのついた投槍（なげやり）、および勢いをつけて正確に槍を飛ばす枝角製または木製の投槍器（とうそうき）などである。

現代のカリブー狩りから判断すると、クロマニョン人はトナカイの群れのリーダーには手をつけずにそのまま川を渡らせ、後続のトナカイに襲いかかって、次々と苦もなく獲物を捕獲したのだろう。トナカイは恐怖のあまり棒立ちになり、いななきながら右往左往する。死んだトナカイが下流へ流されていくと、狩猟集団の仲間が浅瀬まで行って死体を引き上げた。群れの多くは向こう岸まで逃げ、再び集団になって過酷な行軍をつづける。だが、狩人らは何十頭、ときには何百頭ものトナカイを間引き、川岸で手早く死骸（しがい）を屠（ほふ）った。四肢や胴体の大きな部分は住居へもちかえり、ゆっくりと食べたり、細かく解体したりした。獲物をばらばらにしながら、集団内の人びとは切断して肉をはがした骨を住居の土間に落とした。骨はそこで灰や生活堆積物（たいせきぶつ）のなかにすぐに埋もれ、一万何千年ものちに考古学者に発見されることになった。

トナカイは単なる獲物以上のものだった。クロマニョン人が信じていた象徴重視の豊かな世界では、トナカイは主要な役目をはたしていた。クロマニョン人の暮らしでは、季節ごとのリズムはトナカイの移動と、ヴェゼールの急流や近くの川にさかのぼってくる大量のサケを中心にまわっていた。春と秋にはこの付近にいる狩猟集団が集まってトナカイを狩り、大量のサケを獲（と）った。獲物を殺し、保存用に肉を乾燥させるのにかかる手間以外に、彼らの狩りを妨げるものはなかった。つかの間の暖かい夏には蚊が発生したが、木の実やキイチゴ類など、食べられる植物も手に入った。現代の狩猟採集民の社会がなんらかの手がかりになるとすれば、この季節に狩猟集団は集まって交易や狩りをし、主要な儀式も執り行なった。縁組みがなされ、争いは解決され、昔からの伝説と神話が語られた。生者の世界と超自然界が出合う地底では、洞窟の壁の上で動物たちが踊り、跳ねまわっていた。それらは同じ場所に何度も上から重ねて描かれ、周囲には複雑な模様や、人間の手形などがちりばめられた。

一万八〇〇〇年前には、秋の訪れは早かった。九月になっても日中はまだしばらく気温が高かったが、夜間には霜が降りるようになった。青々とした牧草は枯れ、数少ない落葉樹の葉は風に吹き飛ばされた。そうなると、狩猟集団はそれぞれ別行動をとるようになり、大きな岩窟住居に、拡大家族ごとに住むようになった。開口部にはぼろぼろの獣皮のカーテンがかかっており、内部の大きな炉の熱を逃がさないようになっていた。まもなく気温は急激に下がり、雪が降った。それぞれの狩猟集団は、何ヵ月間もほとんど孤立状態で暮らした。近くにほかの集団がいることはわかっていたものの、交流し合うことはめったになかった。

クロマニョン人の生活範囲は、深い渓谷と大きな獲物の動きに制限されて、狭い世界にとどまらざるをえず、その先へはごくたまに足を延ばすだけだった。地平線の向こうに別の種族がいることは、彼らにもわかっていた。道具をつくるための堅固な石や、珍しい貝でつくったネックレスなどを、そうした種族から入手していたからだ。北方には、はてしなくつづいて見える平原があり、トナカイが夏のあいだそこで草を食(は)んでいることも、彼らは知っていた。

氷河時代のステップ・ツンドラ

今日、フランス中部の上空を飛ぶと、眼下には緑の畑や森林、丹念に手入れされた生垣、青々とした湿地牧野からなるパッチワークのような光景が広がる。一万八〇〇〇年前、この場所は亜北極の荒野だった。樹木はなく、崖や深い渓谷もなく、低木でおおわれた土地だ。降水量はわずかで、草や丈の低い植物の生育期間は、一年のうち二ヵ月に

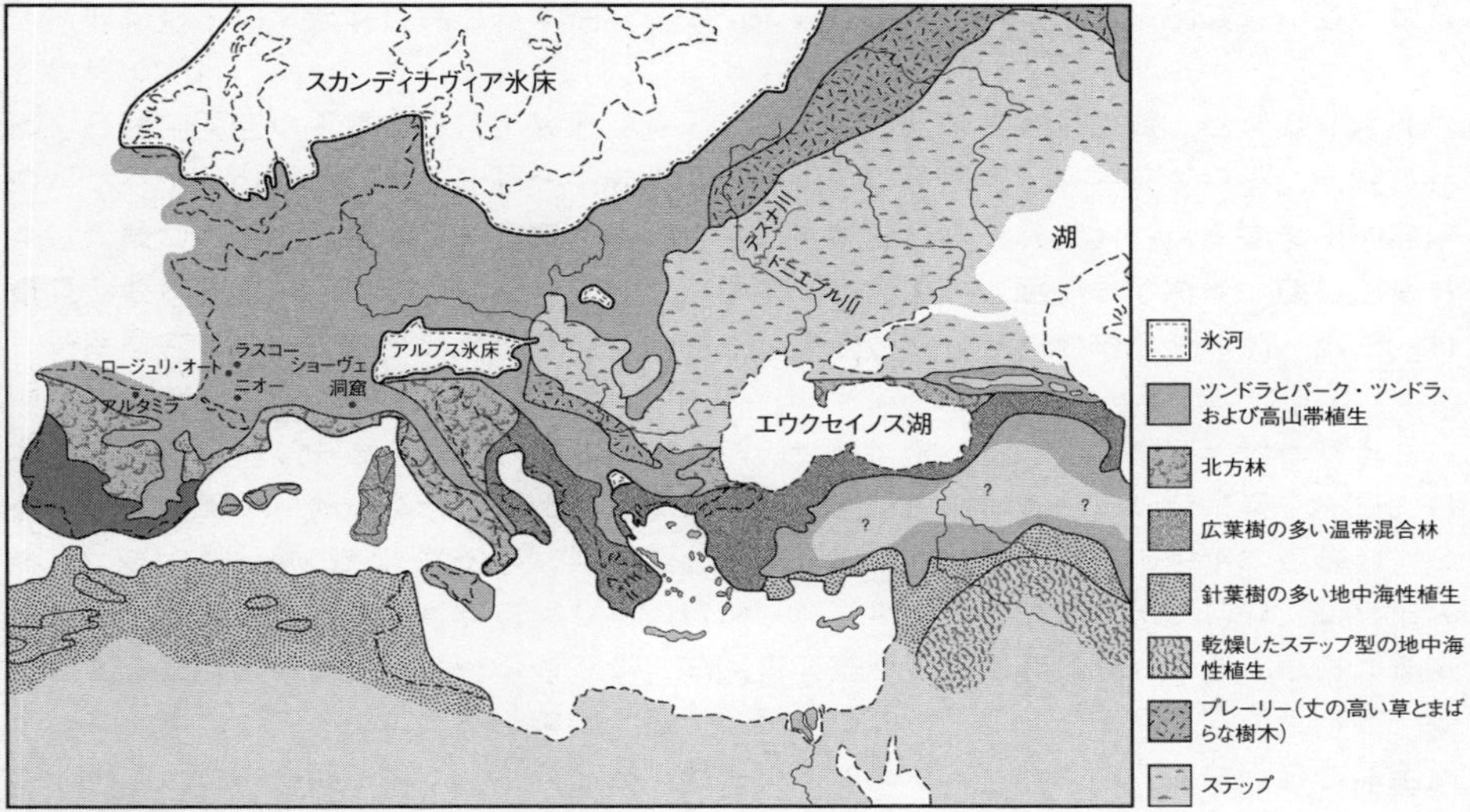

スカンディナヴィア氷床

湖

デスナ川

ドニエプル川

ラスコー

ロージュリ・オート

ショーヴェ洞窟

ニオー

アルタミラ

アルプス氷床

エウクセイノス湖

氷河

ツンドラとパーク・ツンドラ、およびフ高山帯植生

北方林

広葉樹の多い温帯混合林

針葉樹の多い地中海性植生

乾燥したステップ型の地中海性植生

プレーリー(丈の高い草とまばらな樹木)

ステップ

氷河時代末期のヨーロッパ地図

すぎない。夏でも、身を切るような容赦ない風が北方からひっきりなしに吹きつけ、人びとを骨の髄まで凍らせた。それでも風が凪ぐこともあり、そうなれば気温は数時間で一気に上昇した。くる日もくる日も、細かい塵からなる厚い雲があたりに立ちこめ、遠くの地平線は霞んでよく見えなかった。足元には細かい氷河性のダストが何層にも堆積し、何千年ものちに農民の役に立つことになった。ステップ・ツンドラには、マンモスをはじめとする寒冷な気候を好む哺乳類がすみつき、とりわけなだらかな谷間など、いくらかでも風をさえぎるものがある場所に多くの動物が集まった。なかには一年中、これらの荒涼とした土地に生息する動物もいた。だが、多くの動物は季節とともにやってきては、去っていった。

氷河時代のステップ・ツンドラは、変化のない過酷な土地だと思いがちだ。だが、ここはつねに呼吸していたのであり、暖かい時期には動物と人間を吸い込み、環境があまりにも厳しくなり、極地にすむ最も寒さに強い哺乳類のほかは、どんな生物も生き延びられなくなると、その他の生物を吐きだしてきた。この不断のサイクルこそ、人類の北方への定住時期を決めるのに、ステップ・ツンドラの大平原が一役買ったメカニズムなのである。

ステップ・ツンドラの北端より先は、石だらけの礫漠になり、その先は厚さ四キロにおよぶ広大な氷床が現われた。氷はスカンディナヴィアとスコットランドのすべてをおおい、イングランド北部と現在のオランダ周辺にあたる低地帯、北ドイツにまでおよんでいた。この氷床が絶え間なく吹きつづける風の原因であり、氷床の温度勾配に沿って風は一気に吹き降ろした。巨大な氷河は膨大な量の水を吸収し、地殻に余分の重みをたっぷりとかけていたため、海面水位は現在のレベルより九〇メートル以上も低かった。ステップ・ツンドラは海底が露出した北海南部にまで延びていた。バルト海は存在しなかった。イングランドからフランスまでは歩いて渡れたし、しっかり防寒具を着込んだ屈強な人間なら、ユーラシア大陸を抜けて北東端にあるシベリアへ進み、さらに南北アメリカ大陸まで渡るか、南東へ向かって東南アジア沖の大陸棚まで到達することもできた。

氷河時代末期のヨーロッパは、過酷な環境にある未開の土地だった。そこには四万人ほどの石器時代の狩人たちが暮らしており、機を逃さず、処世術を駆使し、つねに柔軟な対応をすることによって、このの ち驚くような変化をとげる世界で、生き延びていた。

クロマニョン人が生き延びた理由

一万八〇〇〇年前、地球上に人類は一種類しか存在しなかった〔本書の原著は二〇〇三年に書かれているので、二〇〇四年に発表された別の人類「ホモ・フロレシエンシス」の存在については触れられていない〕。ホモ・サピエンス・サピエンス、つまり読者のみなさんや私のようなヒトである。われわれはもともと一五万年以上昔に、アフリカの熱帯地方に出現した。われわれはごく少数しかいなかった原始人の一派であり、一〇万年前には水の豊かな土地だったサハラに進出してきた。彼らは小さな狩猟集団をつくって浅い淡水湖のそばで野宿し、緩やかに起伏する半乾燥気候の草地で獲物を追った。サハラもまた、巨大なポンプだった。約一〇万年前、北方で気候が寒冷化するにつれて北アフリカは乾燥し、そこにすむ動物と人間を周辺部に追いやり、北は地中海岸まで、東はナイル流域まで移動させた。その後すぐに、現世人類が南西アジアの洞窟に定住するようになり、彼らはそこで別の人類であるネアンデルタール人とともに、五万年のあいだ暮らすことになった。

理由はまだ判明していないが、われわれは南西アジアにしばらくとどまった。スタンフォード大学の人類学者リチャード・クラインをはじめとする一部の専門家は、この時期はホモ・サピエンス・サピエンスが完全な認識能力を獲得した時期だと考えている。彼らの説は正しいのではないかと、私は考える。そうだとすれば、ヨーロッパにやってきたクロマニョン人は複雑な思考をし、あらかじめ計画を立て、完全に明瞭な言語を話していたことになる。彼らと世界とのかかわりは、さまざまな暮らしの技術と同じくらい、複雑な象徴主義によっても定義づけられていた。南西アジアから外の世界へ進出していった人びとは、芸術家およびシャーマンの超捕食者であり、地上のどんな気候にも対処できる人びとだった。

四万五〇〇〇年前には、人類はもっと寒い土地に移動していた。おそらく、いくらか気候が温暖だった時期に移住していったのだろう。五〇〇〇年後、われわれ新人は西ヨーロッパの渓谷に定住し、以後一万年のあいだ、徐々に数を減らしていくネアンデルタール人とその地で共存しつづけた。ネアンデルタール人は腕っ節の強い敏捷な狩人であり、大型の猛獣を捕獲する能力のある人びとだった。だが、彼らには新たにやってきた人類がもつ知性と、性能を増す一方の道具と、変わりゆく気象条件に適応する優れた能力が欠けていた。クロマニョン人はネアンデルタール人をどんどん僻地へ追いやり、しまいに絶滅させた。三万年前以降になると、クロマニョン人がヨーロッパの支配者になった。

クロマニョン人の支配地域に住んでいたネアンデルタール人は、数千人にすぎなかった。彼らはおおむね自然の猛威から守られた場所に定住しており、短い夏の期間にのみ、開けたステップ・ツンドラまで遠出した。一方、新しくやってきたクロマニョン人たちは真冬でも開けた平原で狩りをし、暮らしていくだけの技術と社会組織を備えていた。彼らの精巧かつ万能な道具には、目に見えない武器も含まれていた。それはネアンデルタール人の想像を超えた、超自然界のものだった。

クロマニョン人を研究した昔の学者は、彼らの壁画は「狩猟による共感呪術」であると述べ、画家が獲物を注意深く観察して、外界から遮断された洞窟の壁に描いたり、彫ったりしたものだと考えていた。今日では、多くの専門家がクロマニョン人の芸術は、シャーマンの複雑な儀式の一部だったと考えており、こうした壁画は往々にして、昼の光から遠く離れた真っ暗闇のなかで、意識変容状態から抜けだしたばかりのシャーマンによって描かれたものだとされている。正しい解釈が何であれ、壁画が超自然の宇宙の勢力と生者のあいだにある密接な精神的関係を反映していることは、誰も疑わない。狩人兼画家は、そこに描く獲物を感情のある生きた存在として扱っていた。動物たちの精神は壁の向こう側に宿っており、祈願する人は岩に描かれた動物から精神的な力を得ることができた。顔料で縁取られたシャーマンの手形は、神聖な行為を記録する。人間の生活においてこのとき初めて、超自然の力が日々の暮らしのなかで中心的な役割をはたすようになったのだ――人間というものを強制し、奨励し、その意味を明確にしながら。

超自然界は、老若男女も、健康な者も病弱な者もおしなべて、社会のあらゆるメンバーに影響を与えた。どの狩猟集団にもシャーマン、つまり権威ある人間が存在し、生存を脅かしもすれば、可能にもする恐ろしい勢力と生者のあいだをとりなしていた。シャーマンは、口承あるいは身近な物語を詠唱し歌うことによって、人間としての存在の意味を明らかにした。強力な幻覚剤のおかげで、シャーマンはトランス状態になって超自然界を動きまわることができた。シャーマンは尊敬され、恐れられていた。彼らは病人を治療し、若者に成人の儀をほどこした。彼らはとりわけ社会秩序を定義し、維持してきた。それらは現行の生活様式を維持しながら、世界が根底から変わっていくなかで、霊がそう望むときには、環境に適応させうる秩序だった。

氷河時代末期はわれわれの時代とあまりにかけ離れているので、科学者もまだ、この時代の気候の変化に関しては、漠然としたイメージしかいだいていない。三万年から一万五〇〇〇年前のヨーロッパを思い浮かべるとき、われわれはえてして何千年ものあいだ変わることなくつづいた極寒の世界だと考えがちだ。だが、当時も現代と同様、気候は年ごとに、世紀ごとに、寒冷な時期と温暖な時期がはてしなく繰り返されていた。動物の個体数は気候の変動とともに上下し、温暖な時代には増え、寒い時代には減少した。氷河時代末期のヨーロッパも、やはり呼吸する大陸だったと考えることができる。暖かい時代には人と動物を引き寄せ、寒い時代にはそれらを吐きだし、再び吸い込むようになるのは、何千年ものちのことなのだ。人間がこの大陸から完全に姿を消したことはないが、人口は、彼らが依存してきた動物の個体数と同様に、増減を繰り返した。

クロマニョン人がこうした変化に気づいていたわけではない。気温と降水量を計測し、記録できるようになる以前は、人はみな代々受け継がれてきた気候の記憶とともに生きてきた。雪が長期間、深く積もった年のことは覚えていただろうし、北の平原から身を切るような冷たい風が吹きやまず、食べられる木の実も木の上で枯れた夏や、トナカイが移動のルートを変えるか、いつもよりもはるかに小さな集団で移動してきた年も記憶していたろう。収穫の少ない年には、小型の獲物など、その他の食糧に頼ることもできた。こうした安全策は、人口が増えつづけ、近くにある未開の地へ容易に移住できなくなった世界のなかで、クロマニョン人が見せた臨機応変な対応の一つだった。厳しい寒さや飢えに苦しめられ、本当に深く記憶に残る若干の年だけは伝説と化し、世代から世代へと語りつがれた。だが、人びとはいつもこうした年は例外であって、季節は巡りつづけ、より豊かな年をもたらすことを知っていた。結局のところ、生存できるかどうかは狩りの獲物の量と、超自然界の力と、親類縁者に頼れるか否かにかかっているのだと、彼らは信じていたのである。

一万八〇〇〇年前以降になると、ポンプのリズムは変化しやすくなり、気候変動はときには驚くほど唐突なものになった。年によっては、九月になってもまだ夏日がつづくこともあった。短かった生育期間は、数週間から数ヵ月に延長された。三月なのに、ホッキョクギツネの毛皮をとる猟師が、毛皮付きの防寒具を着ずに戸外で仕事ができる年もあった。かたや、夏至が過ぎてもまだ冬の寒さがつづく年もあった。

こうした予測不能の変化に関しては、ドルドーニュの岩窟住居に厚く堆積した生活痕跡のある文化層から学ぶことができる。一万八〇〇〇年の層準より上層では、トナカイの数は少なく、アカシカ、オーロックス、バイソン、シャモアなどほかの動物がより重要になっている。食糧はそれこそ裏庭で仕留めることができた。ヴェゼール渓谷のロージュリ・オートにある大きな岩窟住居は、川の浅瀬近くに位置していた。ここには、毎年秋になると、狩人たちが待ち受けるなか、トナカイの大群が渓谷を渡るために詰めかける。トナカイが川を渡りはじめると、狩猟集団が近づいていって大量に仕留める。岩穴の前の平らな場所は獲物を大量に殺すにはもってこいの場所であり、長年、住居として使われた岩の張り出しと川のあいだで、今日でもトナカイの骨が見つかる。

気候が温暖になり、移動してくるトナカイの数が減ると、クロマニョン人は長くなる一方の夏の期間はずっと、木の実など食べられる植物に難なく食糧を切り替えた。さまざまな獲物を追う狩人たちの姿は想像できるだろう。オーロックスのひそむ谷間の森で、彼らは木から木へと移動しながら、雪で足音がかき消される冬に狩りをした。クロマニヨン人は木立のなかの空き地の端まで静かに移動し、猛獣が深い雪を前足でかいて草を探しているところへ近づき、丈夫な網に追い込むこともあれば、鋭く削った枝角の穂先をつけた槍を頑丈な投槍器を使って投げて、獲物を仕留めることもあった。氷河時代の最後の数千年間に、クロマニヨン人の社会は極寒の時代には考えられないほど精巧で洗練されたものに変わった。暗い洞窟の内部では儀式がさかんに行なわれ、その岩壁ではバイソンが跳びはねていた。

やがて、一万五〇〇〇年ほど前になると、突如として温暖化が急速に進み、儀式は廃れていった。マンモスやバイソン、ホッキョクギツネ、トナカイなど、氷河時代の古代動物は後退するツンドラとともに北方へ移動していった。カバノキをはじめ、落葉樹の森が深い谷間に急速に広がった。一部の狩猟集団は獲物を追って北へ移住した。その他の人びとは岩窟住居を離れてもっと小さな集団に分裂し、群れをなさない鹿など、森のなかの動物を獲って生き延び、ますます多くの植物性食物に頼るようになった。人びとがクロマニヨン人の住居を利用するのはときたまになり、それもほんの数日間、忘れられた祖先が残した生活堆積物の分厚い層の上で寝泊りするだけとなる。地中深くにある洞窟を訪れる者はいない。孤独のなかで霊界との交わりを求め、闇を見通すシャーマンはもはや存在しなかった。壁の上で躍るバイソンとトナカイは、徐々に形成された石筍の陰で消えていった。一万二〇〇〇年前になると、氷河時代末期のクロマニョン人の狩猟社会は、自然による地球温暖化のために消滅し、それが再び考古学者によって発見されるのは一八六〇年代のことだった。

世界の気候はつねに変化した

こうした急速な温暖化は目新しい出来事ではなかったが、クロマニョン人にはそれを知るすべはなかったろう。現代科学の発展によって、地球の気象記録がこれまでになくさまざまな形態で入手可能になった。深海の堆積物や泥炭層などの湖の堆積物、グリーンランドの氷床や山頂の氷冠を深く掘削して得た雪氷コア、樹木年輪などは、そのごく一部にすぎない。これらの試料から、われわれは氷河時代が一五〇万年以上前に、地球の気候が徐々に寒冷化するにつれて始まったことを知っている。太平洋からの深海コアは、過去七八万年ほどのあいだに少なくとも九回、厳しい氷期が訪れたことを記している。いずれも、徐々に寒冷化が進み、その後、急速に温暖化したあと、再び氷河作用が始まってそれが中断したことを示している。過去七八万年間のうち少なくとも五〇万年間は、世界の気候は暖かくなっては寒くなり、またもとに戻るかその逆順をたどってきた。氷期は暖かい間氷期よりもずっと長くつづいた。

一九八〇年代にグリーンランドで採取された深層の氷床コアが、氷河時代に関するわれわれの知識に大変革をもたらす第一歩となった。グリーンランドのコアは、二度の氷期と間氷期のサイクルを経て、現代から一五万年ほど前まで時代をさかのぼるものだった。この同じコアは、一万五〇〇〇年から一万年前のあいだに地球が急速に温暖化したことも、それ以降に起こった多数の小さい変化も記録に留めていた。

二〇〇〇年に、国際的な科学者のチームがこれまでで最も深い層から氷床コアを掘削することに成功した。南極にあるロシアのヴォストーク基地の氷床を、三六二三メートルの深さまで掘り下げたのだ。掘削調査隊は氷河の下にある広大な湖を掘削用の液体で汚染しないために、湖の一二〇メートル手前で掘るのを止めた。

ヴォストークの氷床コアは、氷期から温暖期へ四度の移行を経ながら、約四二万年前の世界へとわれわれをいざなった。こうした変化はおよそ一〇万年ごとの間隔でやってきた。最初の変化は約三三万五〇〇〇年前に起こり、その後、二四万五〇〇〇年前、一三万五〇〇〇年前、そして一万八〇〇〇年前と、周期的なリズムで繰り返された。そこには二つの周期性が見られるようだ。ほぼ一〇万年ごとの主要な周期と、四万一〇〇〇年ごとのもう一つの弱い周期である。双方が一緒になって、長年、主張されてきた理論、つまり地球の軌道パラメーター——離心率、黄道傾斜、および歳差運動——に見られる変化が太陽放射の強さと届く範囲を変えるという説を裏づける。こうした変化が、今度は自然による気候の大規模な変動を引き起こす。一万五〇〇〇年前の地球温暖化は、これらの主要な大変化の影響を受けた最近の例であり、その影響は氷河時代以後、現在までつづく完新世に最高潮に達した。

グリーンランドとヴォストークの氷床コアは、大気中の二酸化炭素とメタン――最も影響力のある温室効果ガス――の濃度が大きく変化したことも記録している。ヴォストークでは氷期から温暖期に四度移行するたびに、大気中の二酸化炭素の濃度は約一八〇ppmから三〇〇ppmに増加している（人間の活動によって温暖化した世界の現在のレベルは、およそ三六五ppmである）。同時に、大気中のメタンは約三二〇ないし三五〇ppbだったものが、六五〇ないし七七〇ppbに増えている。これらの四度の移行期間に二酸化炭素の濃度がなぜこれほど急増したのかは、まだわかっていないが、南氷洋の海面水温が大気の変化を引き起こすうえで重要な役割をはたした、と多くの専門家は考えている。グリーンランドの氷床コアは、メタンの濃度変化が北半球における急激かつ主要な気温の変化と連動していることを、明らかに示している。

これらの関連が確実であれば、完新世の初めだけでなく、過去の気候変動においても一連の出来事が展開していたことがわかってくる。まず、地球の軌道パラメーターに変化が起きて、氷期が終わるきっかけができる。つづいて、温室効果ガスが増加して、弱い軌道変更信号を増幅させる。移行が進むにつれて、北半球で巨大な氷床が急速に溶けてアルベド（日射の反射率）が減少し、それが地球温暖化の割合を増大させたのだ。

ヴォストークのコアは、過去四二万年間に訪れたすべての氷期の始まりと終わりに関する詳細な記録を提供しており、それによってこの四二万年間に世界の気候がつねに変

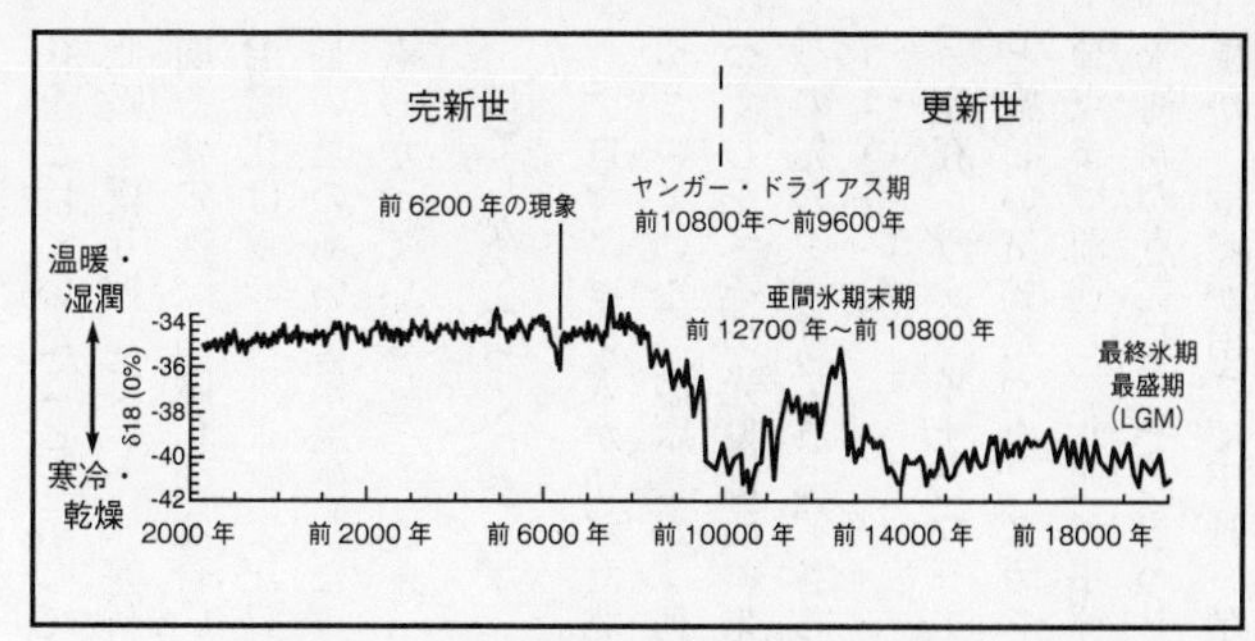

グリーンランドの氷床コアから得た最終氷期最盛期（LGM）までさかのぼる気候記録

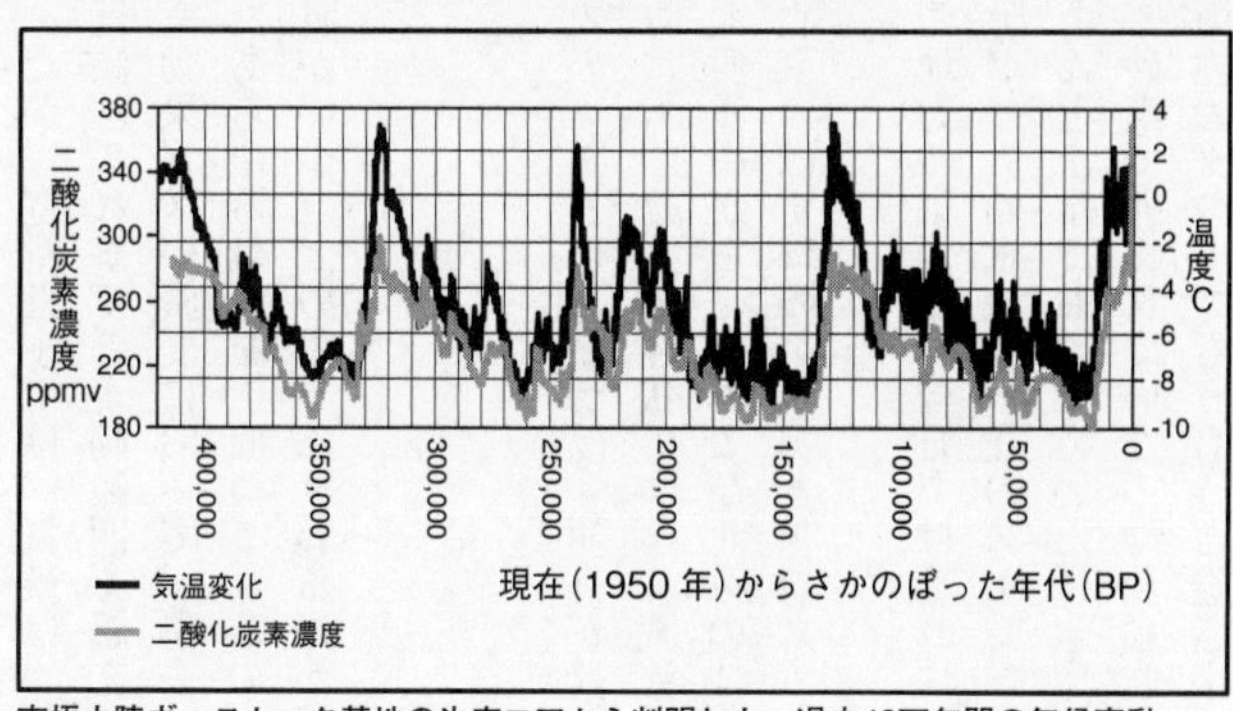

南極大陸ヴォストーク基地の氷床コアから判明した、過去42万年間の気候変動

化をとげていたことを示している。だが、完新世までは、気候はつねに振り子のように寒暖を繰り返していた。完新世の気候はこれまでの変動範囲を超えている。その継続期間や安定性、温暖化の度合い、温室効果ガスの濃度において、過去一万五〇〇〇年間の温暖化はヴォストークで記録されたあらゆる数値を上回っているのだ。文明は驚くほど長い夏のあいだに誕生した。その夏がいつ、どのように終わるのか、われわれはまだ何もわかっていない。

はてしなくつづくステップ・ツンドラ

クロマニョン人が訪れた北方のステップ・ツンドラは、朝日が昇る方向にはてしなくつづいていた。砂塵雲（さじんうん）が、何千キロにもわたって起伏のつづく荒涼とした景観をおおいつくした。その光景は西の果ての大西洋岸から、東および北東のユーラシアへ、そしてその先のシベリアまで、さらには北東のはずれのアジアとアラスカを結ぶ低い陸橋までつづいていた。

現在、ウクライナとロシアがある地方の気候は、今日ではそれに類するものがないほど厳しい気候だった。スカンディナヴィアの氷河は現在のスモレンスク市から数キロの地点まで前進し、北西の平原のほとんどを氷でおおっていた。氷床の周囲には、大きな氷河湖が点在し、そのまわりは極寒砂漠で囲まれていた。つねに吹きつづける北寄りの風が、はるか南まで平野一帯に氷河性のダストをもうもうと巻き上げる。このあたりの冬の気温は、たびたび氷点下三〇度以下になった。氷河時代末期のこの世界は乾燥しており、たいがいの場所は樹木もなく、想像もできないような寒さだった。

氷河と隣り合うステップ・ツンドラは、最も温暖な季節ですら過酷な場所だった。平野には広い砂丘地帯が点在し、ときおり低地やなだらかな谷間に変わる場所もある。そんな場所では、草地と矮小なヤナギが、草を食む動物に餌を提供していた。広大な土地の大半は、風が絶えず吹く半乾燥地帯の荒地だ。それでも、そこには寒さを好む哺乳類の群れに引き寄せられた数千人の人間が居住していた。これらの動物は、巨大な氷床からかなり南に下った川の流域付近にすみついていた。

こうした動物のなかでも有名なのはマンモスつまり、マンムトゥス・プリミゲニウスである。肩高三メートルないし四メートルの比較的小型の象で、現代のアフリカゾウなら肩高四メートル以上はある。マンモスは頭頂部が高い巨大な頭をしており、カーブした長い牙と、短い脚、それに積雪地にうまく適応したクッション付きの足の持ち主だった。身体中が体毛でびっしりとおおわれており、その毛を地面に引きずっていた。分厚い下毛の層は厳しい寒さにも耐えるよう断熱材の役目をはたしている。この地にはそのほかに、サイガというレイヨウも群れをなしていた。これは最高時速六四キロで走れる駿足の動物で、雪を掘るための大きな蹄と、砂塵を吸い込むのを防ぐ鼻をもっていた。ステップ・バイソン、野生馬、トナカイ、ジャコウウシ、ホッキョクギツネなど、ステップ・ツンドラで見られた哺乳類群集は、現代のツンドラのそれより二倍は多くの種がそろっていた。

この荒涼とした環境は人類の創意を極限まで試すものとなった。その環境はじつに厳しく、五万年前、ネアンデルタール人の狩猟集団がこの平原に足を踏み入れることはまずなかった。夏の盛りは別としても、彼らにはそれほど過酷な土地で生き延びるだけの衣服も技術もなかったのだ。たとえ真夏でも、ごく一握りの狩猟集団がこの地でほんの数週間、狩りをしただけで、その後は南へ戻っていった。だが、ネアンデルタール人がめったに近寄らなかったこの土地で、ホモ・サピエンス・サピエンスは勢力範囲を広げていった。新参者たちは、創意工夫を凝らして危険な環境に挑んだのである。ここでは平原にも谷間にも樹木がなく、木材は手に入らなかったので、彼らは地面に目立たない半地下の家を掘り、マンモスの骨で枠組みをつくり、皮と芝で屋根をふいた。薪やそだの代わりに、彼らはマンモスの骨を大きな炉の燃料にし、住居の近くの永久凍土層に大きな穴を深く掘って骨を貯蔵した。植物性の食物はめったに手に入らなかったので、食糧はほぼすべて肉類に頼らざるをえなかった。それもつねに移動しつづける獲物の肉である。川の流れる谷間に住む集団のなかには、魚と水鳥を食糧にしている人びともいた。狩猟用の道具はもち運びやすい軽量のもので、枝角や骨でできた槍先は、近距離ならば致命傷を負わせられた。だが、こうした技術革新も、過小評価されているある単純な発明がなければ、価値のないものになっただろう。それは今日もまだ使用されているもの——針と糸である。

　このごく単純な人工品を誰が最初につくったのかはわからない。この小さな道具が、極寒の環境のなかで生き延びる人間の能力に大変革をもたらした。針と糸によって、人類は北方の地特有の極端な気温の変化にも対処しうるようになったのだ。これらの地域では、氷のような風がものの数分で肌を凍らせるかと思えば、急に気候が温暖化して、それが何年もつづくこともあった。何万年ものあいだ、獣皮のマントと大雑把に縫い合わせた衣服で、人間は氷河時代の冬を生きつづけてきた。めどのある針が発明されると、それぞれの体型に合った衣服をつくるだけでなく、複数の動物の毛皮を組み合わせることも可能になった。そうすることで、それぞれの毛皮の特性を生かせるようになったのだ。現代のイヌイットは、伝統衣装をつくるさいに、驚くほど多様な毛皮を用いる。たとえば、防寒具のフードの開口部はイタチ科の大型肉食獣クズリの毛皮だけを使って頭が凍傷になるのを防ぐが、膝丈（ひざたけ）のブーツの上部には北米のトナカイ、カリブーの脚の毛皮しか使わない。

　針が使用されだすと、衣服に関する別の工夫も生まれた。重ね着である。バックパッカーやスキーヤーや船乗りなら、重ね着の利点をみな熟知している。身体にぴったりした下着をつけ、保温力を増して風除けにもなる中間着を重ね、その上に風除けの防寒着とズボンを着用するのだ。われわれの祖先が重ね着を考えだしたのは、少なくとも三万年前のことであり、ひょっとするとそれ以上昔かもしれない。それもみな、小さな針のおかげなのだ。

ステップ・ツンドラの人びとは、驚くほど効果的にそうした重ね着を利用し、気温が変わるたびに服を着たり脱いだりした。仕立て技術が向上したおかげで、彼らは氷点下の気温でも狩りをし、夏の暑い時期に住居の枠組みづくりをし、凍えるような川で魚を獲ることができるようになった。何よりも、彼らには急速な気温の変化を生き抜くための保護策があり、それは短期の変化だけでなく、長期にわたる温暖化や寒冷化にも対処できるものだった。氷河時代が終わりに近づくにつれ、そうした長期の変化は、移動を重ねる彼らの生活のなかで重大な意味をもつようになった。とはいえ、これだけ技術的に工夫を凝らしても、ステップ・ツンドラの狩人たちは氷河時代末期の極端な気候には対応できなかった。ロシアとウクライナの考古学者が長年行なってきた発掘作業から、多数の人類がこの地に居住していた時期が二度あったことが判明している。一度目は二万四〇〇〇年から二万年前にかけてだった。やがて、二、三千年間、極端に乾燥した寒冷な時期が訪れ、万全の装備を整えた石器時代の狩人にも厳しすぎる環境となった。生存を左右するのはいつの時代も移動力と柔軟性だった。したがって、明らかにとるべき道は南へ移動し、風をよけられる土地を探すことだった。これこそ平原にまばらに住んでいた人びとが行なったことにちがいない。

およそ一万七〇〇〇年前、気温は再び大幅に上昇した。ほぼ同時に、ステップ・ツンドラのなだらかな谷間に狩猟者の定住地が再び出現した。その因果関係は、何千年も昔にサハラがはたした役割とそっくりだった。巨大なポンプである。寒くなると、人びとは南方へ押しやられ、暖かくなるとそれまで人の住めなかった土地に吸い込まれた。一万六〇〇〇年前には、この自然の巨大なポンプはステップ・ツンドラに再び人類を住みつかせていた。

人類が戻ってきたころ、気候はまだきわめて寒冷で、土地には樹木もなく、人びとの生活様式は以前の時代とさほど変わらなかった。ドニエプル川とドン川が流れる谷間では、人びとは円形または楕円形の住居を建て、大きなマンモスの骨を複雑に組んで屋根をつくった。おもだった居住地には、そうした住居が少なくとも四棟はあった。これらの精巧な建造物は、地上最古の遺跡と呼ばれることもある。それ以前の時代に、これほどみごとに建設された骨造りの住居が出現したことはなかった。その前の極寒の数千年間は、人間がマンモスの死骸をあされる環境ではなかったと、考古学者のジョン・ホッフェカーは推測する。そのため、骨や牙がそこらじゅうに転がっており、小さい谷間や峡谷にはそれが蓄積され、この時代になると手ごろな建材の供給源となったのだ。こうした定住地に誰が住んでいたかは、わからない。だが、おそらくこれらは拡大家族の基地であって、同じ場所が何度も再利用されたのだろう。

ステップ・ツンドラは植物がほとんど生育しないので、氷河時代末期の人間は食糧をほぼ肉だけに頼っていた。そのため移動をつづける生き方を余儀なくされ、広大な狩猟域が必要となった。それぞれの集団は一年の大半を別々に行動しており、ごくたまに近くにいる同じような小集団と交流し合う程度だった。しかし、これらの人びとが、より大きな社会ネットワークの一部をなしていたこともわかっている。彼らの住居からは、抽象的な模様が彫られたり描かれたりした多数の骨や象牙(ぞうげ)をはじめ、ビーズやペンダントなどが見つかっている。なかには遠隔地からきた珍しい素材でつくられたものもある。道具をつくるための硬質のフリント石は、少なくとも一五〇キロは離れた場所からドン川流域まで運ばれてきた。琥珀(こはく)はのちの時代にその不思議な性質ゆえに珍重されたが、これらはデスナ川流域の定住地まで、少なくとも二二〇キロは離れた場所から運ばれたものだ。海の貝殻の化石は、黒海付近（当時は汽水湖だった）から六〇〇キロ以上を旅して、ドニエプルおよびデスナの流域へやってきた。こうした物資が運ばれた距離は、北極地方に住む近代の狩人たちが走破してきた距離にほぼ等しい。当時の世界は、細々とした暮らしと広範な社会ネットワーク、それに複数の狩猟集団がときおり寄り集まることで成り立っていたが、それは何よりも移動しつづける世界であり、きわめて過酷な環境条件のなかで、小さい集団が広大な領域に分布することによって生き延びた世界だった。

もっとも、氷河時代末期の人びとが受けた最大の挑戦は、シベリアの北東端におけるものだった。

シベリア北東部へ

数千年にわたって極寒の時代がつづいた二万年前、北東の広大なステップ・ツンドラには、人類はほとんど住んでいなかったようだ。シベリアの奥深く、バイカル湖およびその東まで広がる一帯である。バイカル地域には、古くは三万五〇〇〇年前から人類が住んでいた痕跡があり、最後に急激な寒さが襲った直前の二万一〇〇〇年前には、バイカル湖の南端にかなりの数の人が住んでいた。したがって、狩猟採集民の共同体はどこにでも存在したことがわかる。

北東には荒涼とした北東アジアの異質の土地があり、ここでは最も風に吹きさらされない場所ですら、耐えがたいほど寒かった。ヴェルホヤンスク山脈より先はあまりにも乾燥と寒さが厳しく、温暖化がある程度進むまで、その地を訪れる人はいなかった。乾燥し、風の強いステップ・ツンドラとなだらかな流域は太平洋岸までつづいており、その先には当時シベリアとアラスカをつないでいた低地帯があった。これが地質学者の言う、消えた大陸ベーリンジアである。その大半は現代では水位の上がったベーリング海峡の底に沈んでいる（本書七五ページの地図参照）。

ひたすら前進する狩猟採集民

シベリアの北東部は今日もなお人を寄せつけない環境であり、ここは北極とともに、考古学的な調査が最も困難な地域の一つとなっている。発掘調査が可能な季節は二、三カ月しかない。永久凍土ということは、通常の層位学的な地層――考古学者の生計の資（もと）――が形成される機会はまずないことを意味する。そこにある物質は長年、埋まることなく表面にとどまり、保存状態はきわめて悪く、異なった時代のものがいっしょくたになり混乱をまねく。この地で発見されるものはほとんど石ばかりだ。それより柔軟なものは、たいがい消滅してしまうからだ。

この遠隔地に人類の初期の定住地があったことを示す痕跡は、ごくわずかしかない。一九六〇年代に、ロシアの考古学者ユーリ・モチャノフが、ヴェルホヤンスク山脈のすぐ西にあるアルダン川流域で、ディウクタイ洞窟を発掘した。そこで彼は人類が活動した痕跡を見つけ、放射性炭素による年代測定をしたところ一万八〇〇〇年前ごろのものと判明した。これは凍結した文化層から収集したサンプルから測定された年代であり、加速器質量分析計（AMS）が開発され、樹木年輪年代を較正することによって放射性炭素年代がはるかに正確なものになる以前に分析されたものだ。モチャノフによれば、この地には狩人が一時的に生活しており、小さい鋭利な石の植刃（考古学では細石刃という）を埋め込んだ石の穂先付きの槍を使っていた。

当初、ディウクタイの遺跡は、シベリア北東部に人類がいた最初の証拠であるかのように見えた。ところが、数年後、別の考古学者のニコライ・ディコフが、カムチャッカ半島のウシュキ湖畔で小さい遺跡を発掘した。やはりAMS法を使用せずに、この一時的な野営地の放射性炭素年代を測定したところ、再び一万七〇〇〇年前ごろのものという結果がでた。

ディウクタイ洞窟とウシュキ湖はいずれも、二万一〇〇〇年から一万七〇〇〇年前ごろまでの氷河時代末期の寒い時代に、人類が住んでいたように思われた。科学的にやりがいのある調査だったが、政治的な事情ゆえに、この北東端の地では一握りの地元の考古学者しか作業にたずさわれなかった。そこで、誰もがモチャノフとディコフの測定した年代を正しいものと見なし、氷河時代末期、アメリカ大陸への玄関口だった禁断の地に、少数とはいえ人類が生存したと信じていた。

近年になり、ロシアの学者とともに調査に加わる国外の考古学者が増えると、より高度な発掘方法とAMS法を用いて、発掘ずみの遺跡と新たに発見された遺跡の双方が分析されるようになった。ウシュキ湖畔における新たな発掘では、当初ディコフが考えた年代より、ずっとのちの放射性炭素年代がAMS法によって測定された。それによると、この遺跡は一万三〇〇〇年前のもので、氷河時代よりずっと後世のものだったのだ〔一般に最終の氷河時代は二〇〇万年から一万年前までの更新世を指すが、本書では一万五〇〇〇年前ごろを氷河時代の終わりとしている。なお、氷河時代（ice age）と氷期（glacial period）の双方を意味する言葉として「氷河期」という言葉がよく使われるが、紛らわしいので本書では使用を避けた〕。ディウクタイの遺跡はまだ謎のままだが、シベリアの考古学者は、アルダン渓谷の居住地も、モチャノフの言う一万八〇〇〇年前よりずっとのちの時代のものではないかと疑いはじめている。なぜそうした疑問が浮かぶのか？

それは単に、ヴェルホヤンスク山脈以東のシベリア北東部において、丹念に調査がつづけられているにもかかわらず、約一万五〇〇〇年前以前に人類が定住していた痕跡が見つかっていないからだ。

最近の説が正しければ、氷河時代末期の極寒の数千年間は、アジアの北東端に人類は住んでいなかったことになる。約一万五五〇〇年前、急速に温暖化が進むと、ようやくこれらの厳寒の地にもごく少数の狩人の集団が移住してきた。この地域もまた、ポンプの役割を担っていたのだ。二万年から一万七〇〇〇年前の極寒の時代には、荒地に近いこの広大な極地の周辺部にのみ、人類は定住地を築くことができた。ジョン・ホッフェカーの説によれば、氷河時代末期のシベリア人は、今日のイヌイットのような寒さに強い北方民族より、手足の長い種族だった。彼らはまだ、クロマニョン人と同様、アフリカの祖先のように温暖な気候に適した形態特徴を備えていた。このことは極寒の環境で快適に暮らすうえでは不利にはたらいていた。彼らにそれだけの技術があったとしても、困難であったことは間違いない。ホッフェカーが引用するのは米軍による調査で、それによると、そうした形態特徴の見られるアフリカ系アメリカ兵は、極地の気候で凍傷にかかる割合が高い。おそらく、北東端に最初の定住地ができたのは、新人の身体が厳しい寒さに適応するにつれて、四肢が短くなったのちのことだろう。二万年前に西ヨーロッパで始まっていたと思われる現象である(興味深いことに、現代の北極地方に住む小柄な民族ユカギール族は、石器時代末期のような技術をもち、シベリア――ヴェルホヤンスク市の近くのいわゆる寒冷極――でうまく暮らしている。このあたりの気温は、今日でも氷河時代末期のベーリンジアの気温より低い)。

やがて、急激に温暖化が始まり、それによって暮らしは楽になった。ポンプはシベリア北東部にも少数の人びとを吸い寄せ、その地で彼らはかつて祖先が周辺部で生き延びたように、獲物とわずかな植物性の食物で食いつないだ。なかには、氷に閉ざされた太平洋岸沿いで、魚と海獣を食べて暮らした人びともいただろう。

シベリアの民族の初期の生活様式に関しては、バイカル湖や中国北部に住んでいた同時代の人びとから推測するしかない。彼らが流浪の民であり、渓谷や湖畔など、獲物が集まる場所に居留していたのは確かだ。穂先に細石刃をはめた槍を使って、高い殺傷能力をもっていた彼らは、腕のいい猟師だったにちがいない。ホッキョクギツネなど毛皮のとれる動物を罠(わな)で仕留めて、重ね着のできる服を仕立てる技術も身につけており、半地下の住居をつくり、始終吹きつける風の抵抗を少なくするドーム型の屋根をつくるのも得意だった。ステップ・ツンドラの自然のポンプ効果によって、彼らは人類未踏の地へ呼び寄せられ、さらに容赦なくアメリカ大陸へと導かれた。

暖かくなると降水量は増え、生育期間が長くなり、群れをなす動物の餌も豊富になったが、夏と冬の気温の差はきわめて大きかった。気温が上がり、湿度も高くなると、樹木も生長するようになった。炉にくべる燃料をつねに必要としていた人間にとって、これは重要なことだった。だが、たとえこれだけ気候が変動しても、この土地で暮らすのは決して容易ではなく、人口が増えることはなかった。生き残れるかどうかは、効率のよい技術しだい、つまり氷点下の屋外で活動し、大小さまざまな動物を殺す腕前にかかっている。また、移動や惨事に備えた社会的な取り決めがなされていることも重要だった。つねに移動をつづける小さい狩猟集団の世界では、狩猟中に集団内の男性が全員事故死するとか、グループ内の女性がお産で命を落とすといった危険は絶えず存在する。飢えにしばしば襲われ、事故が頻発し、氷点下の長い冬のあいだ、狭い住居のなかに閉じ込められる環境下では、仲間同士の緊張は絶えなかった。どの狩猟集団も拡大しては、縮小した。人びとは争いを避けるために移動し、他の集団に加わった。結婚によって、他集団との絆は強まった。寡婦は隣家の世話になった。社会生活を柔軟に変化させられることが、一歩間違えば命とりとなる環境では強固な武器となったのだ。

こうした状況下で数千年にわたって温暖化がつづくと、社会にさらに多くの柔軟性がもたらされた。長年の狩猟生活による、それとは相反する傾向も相変わらず見られ、いくらか温暖化が進み、気候的に予測のつかない時代になれば、むしろ激しさを増しただろう。息子の一家が父親の狩猟集団から分離して近隣の谷間へ移住したり、単にトナカイやサイガ、あるいはマンモスの移動を追って、さらに北や東の人類未踏の地へ向かったりすることもあったろう。

こうして、アジアの周辺部にいた最も初期の人類は、ひたすら前進させられることになった。どこまでも広がるステップ・ツンドラを横切り、なだらかな流域を抜け、中国北部の乾燥地帯や森林地帯から北方に進み、アムール川を越えてカムチャッカ半島へ、さらに北東端の当時まだ氷に閉ざされていた海岸まで移動したのだ。遅くとも一万五五〇〇年前には、流浪するこれらの狩猟採集民の一部が、今日では消滅した土地、セントラル・ベーリンジアの中心部にたどりついた。

今日、シベリアの海岸となっている場所から東を望んだ彼らには、風が吹き砂塵が舞うステップが見えただろう。これまでも彼らの世界の特徴だった、見慣れた低木でおおわれた土地だ。そんなあるとき、ファンファーレもなく、自らの旅の重大性を意識することもなく、ごく少数の狩人がなだらかに起伏する平原へと移動した。その北側と南側は流氷と灰色の海で囲まれていた。

わずか数世代のあいだに、こうした狩猟集団のうち少数がこの平原を渡りきり、東にある高地へと移動した。彼らは処女大陸に渡ったのだ。

第3章　処女大陸

一万五〇〇〇年～一万三〇〇〇年前

アメリカを発見したあと、知識人や独創的な人びとの精神はもっぱら、
この大陸に生息する人間と動物を明らかにすることに向けられた。
サミュエル・ヘイヴン『アメリカの考古学』
（一八五六年）

一万五〇〇〇年前、今日のシベリアの北東端に立ったとすれば、そこから見えるのは海ではなく、低木におおわれた平坦な土地が東の彼方(かなた)までつづいている光景だっただろう。晴れた日には、地平線上に雪をかぶった山の頂が見えたかもしれない。だが、ほとんどの日は、絶え間なく吹く北寄りの風で細かい砂塵(さじん)が巻き上がり、高地の景色は霞(かす)んで見えなかった。一万五〇〇〇年前、シベリアとアラスカは風の吹きすさぶ平原でつながっていた。なだらかな流域が数ヵ所ある以外、そこは単調な光景がつづく場所だった。南北両側の荒涼とした海岸には灰色の大波が打ち寄せ、一年の大半は流氷におおわれていた。

これがセントラル・ベーリンジアだった。人類がまだ足を踏み入れたことのない広大な大陸とシベリアとを結ぶ陸橋だ。この陸橋が形成されたのは、一〇万年ほど前に最終

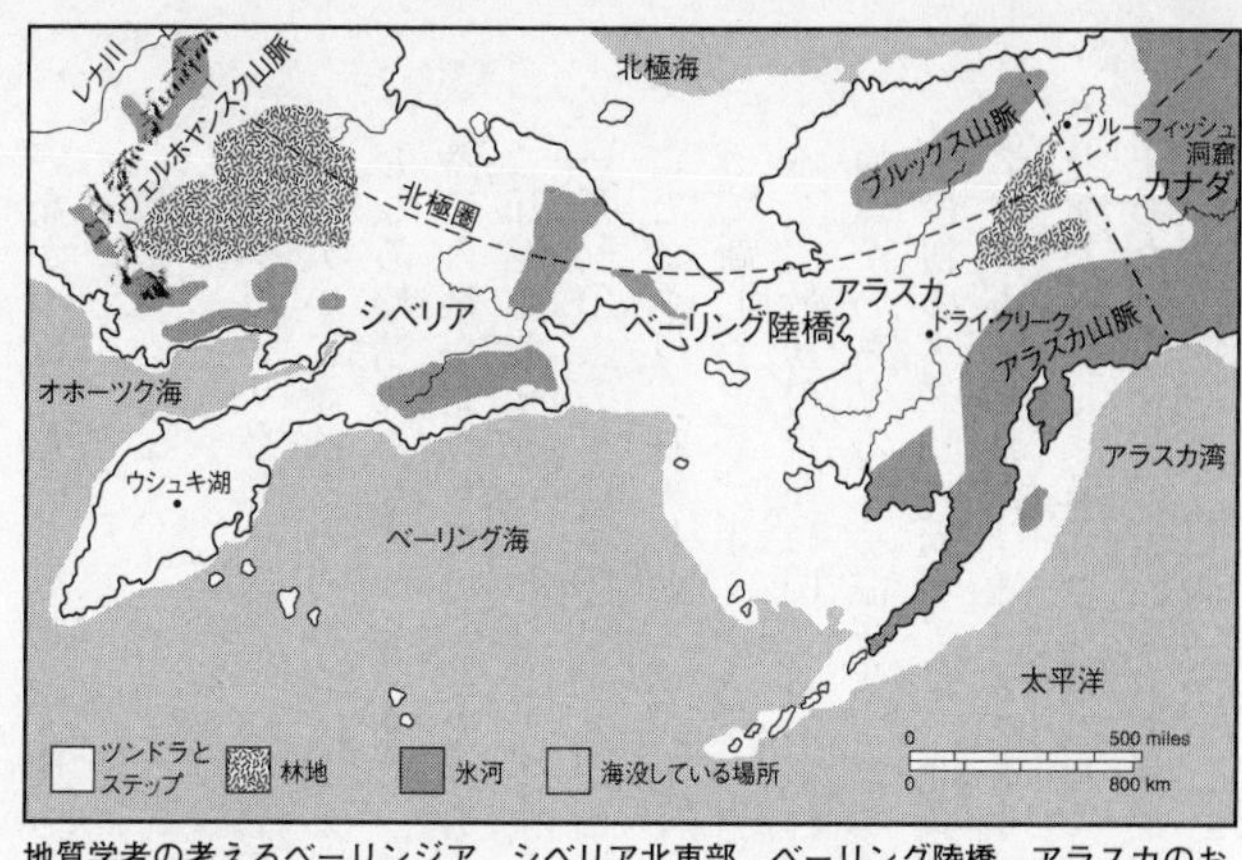

地質学者の考えるベーリンジア。シベリア北東部、ベーリング陸橋、アラスカのおもな考古学遺跡の地図

氷期が始まり、世界の海面が九〇メートル以上も下がった時代だった。この最後の氷河作用のあいだに、海面水位はいくらか上下したものの、この時代、二つの大陸は乾いた陸地によってつねに結ばれていた。一万八〇〇〇年前に最後の急激な寒波が襲うと、陸地は最大規模に達した。

　大規模な温暖化が始まるにつれて、陸橋は両端からせばまってきた。上昇してくる海が陸地を浸食した。海面水位がときおり思いだしたように上昇するにつれて、海水は不規則に浸食しては、引いていった。シベリアの北東部の殺風景な土地に、人類が最初にまばらに住みついたころ、人はまだ北アメリカまで陸伝いに渡ることができた。人類はおそらくこのように自然のポンプの最後の活動にうながされて、アメリカ大陸に初めて定住したのだろう。ポンプの働きが、それまで知られていなかった土地へ、動物も人間も惹きつけたのだ。

最初のアメリカ人

アメリカ大陸に人類がいつ、どのルートを通って最初に定住したのかは、考古学の世界で大いに議論される問題である。この論争が注目されるのは、その証拠ゆえではなく、むしろ感情的な理由からであり、控えめに言ってもくだらないものだ。一部の人は新大陸に人類が到達したのは四万年も昔のことだと考え、一方、それは氷河時代のさなかの、二万年前より昔のことだと主張する人もいる。大半の人は最初に定住しはじめたのは、一万五〇〇〇年前以降のことだと確信している。こうした議論はほぼいずれも理論上のことであり、往々にして甚だしく不充分なデータにもとづいていた。しかし、近年になって新しい気候データが入手できるようになり、シベリアで考古学的な新発見がなされると、最初の定住に関する信憑性の高いシナリオができあがった。氷河時代の終わりに、地球がいちじるしく温暖化したことが、主要な役割を担ったとするものである。

最初のアメリカ人がアジア北東部からきたという説には、ほぼ誰もが同意する。遺伝学、言語学、および考古学による証拠はいずれも、その方向を示している。ミトコンドリアＤＮＡによる新たな研究は、アメリカ先住民のルーツがシベリアにあることを突き止めた。先住民の言語を言語学的に分類する試みは多くの論議を呼んだが、彼らの言葉のルーツがアジア北部にあることに関しては意見が一致している。考古学者はベーリング海峡の両端で、シベリアの石器時代の社会と新大陸の社会とのあいだに文化的なつながりがあることを認めている。アメリカ先住民の歯の複雑な形態特徴ですら、彼らをアジアの祖先と結びつけているのだ。

また誰もが正しいと考えるのは、最初の入植者が小さい集団に分かれて、シベリアからベーリング陸橋を越え、もしくはその周辺伝いに、狩猟採集をつづけながらやってきたという点だ。大量の人びとが定住地をつくろうとして意図的に移住したことは、一度もなかったのだ。最初の定住は散発的でまとまりのないプロセスだったのであり、きわめて過酷な環境のなかで狩猟採集者の生活が自然に発達した一環として、何世代ものあいだつづいた。ステップ・ツンドラでは一平方キロ当たりに生息できる動物の数はごく限られていた。それはつまり、ベーリンジアの人びとが季節ごとに狩猟場をめぐりながら、長距離を移動していたことを意味する。人のいないこの地域では、すでに縄張りが宣言された土地を侵略しなくても、新たな狩猟集団がもとの集団から分離し、近隣の谷間や見込みのありそうな土地へ移ることができた。こうして、彼らは世代を重ねるたびに、広大な土地に侵入することになった。

こうした移動そのものは、残念ながら、考古学的に痕跡（こんせき）をとどめていないに等しい。残っていたものも大半は海の底に沈んでいる。カナダの考古学者リチャード・モーランがかつて述べたように、古代のベーリンジア人とアラスカにいる血縁者を探す作業は、「干草の山から針を探すようなものであり、それも凍った干草なのである」。われわれは存在するかどうかもわからない手がかりを求めているのであり、それは散乱した石の人工遺物や動物の骨でしかない。

これらの点以外となると、全般的な意見の一致も憶測と化して雲散霧消する。

最初の定住に関しては、説得力のありそうな説ですら総意は得られない。論争は二つの根本的な疑問をめぐって起こっている。人類が最初にやってきたのはいつなのか、また彼らはどのルートを利用したのか、である。氷河時代の終わりにおける気候の大変動が、双方の疑問への答えを明確にすると私は考えている。

「クローヴィス尖頭器」が語ること

最初のアメリカ人は大きな獲物だけを狙う狩猟民だった、とかつて考古学者は考えていた。一九〇八年にジョージ・マクジャンキンという名のカウボーイが、ニューメキシコ州フォールサム近くの水の涸れた岩溝で、大型動物の骨と尖った石のかけらを掘りだした。それらは牧場の家にもち帰られたあと、一七年間、忘れられていた。一九二五年、この発見物はコロラド大学自然史博物館の館長のジェス・フィギンズの机の上に届いた。フィギンズはすぐに、その骨がとうの昔に絶滅した大型の草原バイソンのものだと気づいた。一九二六年から二八年まで、彼はフォールサムの現場で発掘をつづけた。作業を始めてまもなく、彼は大昔のバイソンの断片と一緒になった石の槍先を見つけた。フォールサムでの発見を機に、大昔に絶滅した動物がまだ存在していたころから、アメリカには人類がいたことがはっきりと証明されたのだ。フィギンズは、フォールサムの狩猟現場は少なくとも一万年前のものと推測した。それまで考えられていた、たかだか二〇〇〇年という説より、はるかに時代をさかのぼったものだった。

四年後の一九三二年、ニューメキシコ州クローヴィスで、二人のアマチュア収集家が大昔に干上がった湖の岸辺で、それとはかなり異なる石の槍先を、絶滅した哺乳類(ほにゅうるい)の骨とともに見つけた。精巧につくられたその穂先は、根元の部分が薄くなっていた。こうした槍先型の尖頭器(ポイント)の一部はマンモスの折れたあばら骨のあいだで見つかったが、それらがどのくらい古いものかは、誰にもわからなかった。第二次世界大戦後にさらに発掘が行なわれ、これらの初期の「クローヴィス」尖頭器は、同じ場所にのちに形成された「フォールサム」層の下にあったことが判明した。長年のあいだに、クローヴィス人は最初のアメリカ人を象徴するようになった。

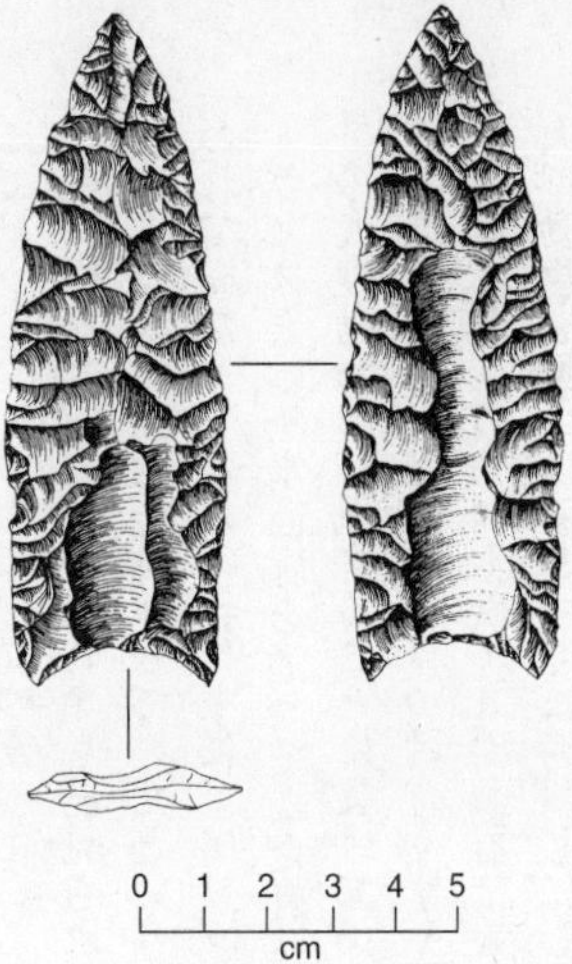

クローヴィス尖頭器。カリフォルニア州ションチン・ビュート。資料提供：マイケル・モラト博士

当初、クローヴィス文化の遺跡はロッキー山脈東方の大草原、グレートプレーンズでのみ発見された。こ

こではバイソンが大量に見つかっているほか、ときおりマンモスやマストドン、ラクダ科の動物など、大型の哺乳類も発見されている。これらの初期の発見物から、クローヴィス人は大型動物を狩猟していたという考えが生まれ、しかも強欲な人びとだったと思われていた。一九六〇年代末に、アリゾナ大学の考古学者ポール・マーティンは、クローヴィス人は無氷回廊を通ってなだれ込んできた人びとで、「マンモスなど、ユーラシアの大型動物を狩猟することに長けていた」と発表した。彼らは大草原に押し寄せ、そこで群居する大型動物を見つけ、やすやすと仕留めた。新たにやってきた人びとは発明されたばかりのクローヴィス尖頭器で武装し、貪欲な狩人たちを率いて猛攻撃をかけ、大型動物を見つけるとすぐに皆殺しにした。五〇〇年余りのあいだに、彼らは南北アメリカ大陸全域に勢力範囲を広げ、南はマジェラン海峡にまで達した。彼らはまた、体重四五キロ以上の動物はほとんどすべて絶滅の危機に追いやった、という説である。

　マーティンの過剰殺戮論は、最初から物議をかもしていた。彼の理論は、生態学と狩猟採集社会の双方について科学で解明されてきた多くのことと矛盾していた。マーティンの主張によれば、クローヴィス人は食肉に事欠かなかったので、年に三パーセントから四パーセントという驚異的な割合で、急速に子孫を増やしたという。この割合は、歴史上の狩猟採集民の平均人口増加率である〇・五パーセントを大幅に上回っていた。考古学者のジェームズ・アドヴァジオが記すように、「これを達成するには性交マシンと化す必要があり」、乳児死亡率も狩猟採集民の平均値よりはるかに低く抑えなければならない。

考古学者も、過剰殺戮論に疑問を呈する。クローヴィス人は確かに大型動物を狩猟したが、マンモス狩りの現場と思われるものを考古学者が発見したのはわずか一二ヵ所で、それもアリゾナ州に偏っていた。それ以外にも十数ヵ所、マンモス狩りの場だったかもしれない場所はあり、そのうち一つはミシガン州のような東の地にある。これらの人びとが日常的に大型動物を狩猟していたにしては、彼らは驚くほどわずかな痕跡しか残さなかった。そのような狩りは、せいぜいときおり行なわれたにすぎなかったのだ。クローヴィスの研究者ジェームズ・ジャッジがかつて述べたとおり、「クローヴィス人は世代ごとにおそらく一頭のマンモスを仕留め、それから残りの生涯をその話をしながら過ごしたのだろう」。

大型動物の狩猟者という固定観念は、疑問視されて久しいにもかかわらず、科学的文献のなかでいまなお人びとの心をくすぐる。だが実際には、クローヴィス人はあらゆる種類の獣と、考えうるかぎりの植物性食物を巧みに利用していた。今日では、クローヴィス尖頭器はアラスカを除くアメリカ本土の四八州すべてとカナダの一部で出土している。最も集中しているのは合衆国の南東部で、大草原よりも格段に樹木の多い地域である。魚や軟体動物、種子、小型の動物の骨などの発見物は、変化に富んだ北米の環境に彼らがうまく順応していたことをあらわしている。同時代に中米や南米にいた人びとも、やはりさまざまな形態の高地および低地の環境を利用することに長けていた。

尖頭器はきわめて特徴的だが、クローヴィス人の存在は今日もなおおぼろげだ。アメリカの西部では、クローヴィス人はきわめて変化に富む広大な地域に住みついた。このころの西部は今日よりもいくらか降雨量が多く、地球の大規模な温暖化とともに多数の多雨湖が形成されており、なかにはかなり大きいものもあった。ほとんどの狩猟採集集団はおそらく平均的な生涯のあいだに、めったに外部の人間に出会うこともなく、たいがいは野草や木の実など植物性の食物に頼りながら暮らしていた。小型の動物は常食とされ、ウサギはどこにでもいたためとりわけ重要だった。ウサギ狩りに関する昔の記述によれば、年長者が条件のいい山道に網を仕掛けるのだった。それから、男も女も子供も総出で、逃げるウサギを何十羽も網のなかへ追いたてた。こうした狩りが日常的に行なわれていた原因は、一つには、西部で暮らす集団はみな、ウサギがその土地の植物を食いつくし、人間の食用分も食べてしまうことをよく知っていたからだ。こうした狩りが大昔にも行なわれていたことは間違いない。一方、クローヴィス人の居住していた地域ではおおむねどこでも、大型の獲物を首尾よく仕留めることは生涯に一度の出来事だったのかもしれない。

どの地方でも、クローヴィス人は狩猟と採集の双方に熟達していなければならなかった。彼らは食べられる植物を中心に、多様な食物をとって暮らしていた。急速な温暖化と深刻な乾燥化のなかで生き延びるには、幅広い食物とそれにともなってあちこちへ移動する生活から与えられる柔軟性が必要だったろう。こうした柔軟性は、最も初期の住民とともに、南北アメリカ大陸にもたらされたものだったにちがいない。

アメリカ大陸定住へのシナリオ

最初のアメリカ人はクローヴィス人だったのだろうか？　長年、多くの人がそう考えてきた。そして、彼らは氷河時代のあとアラスカから南へ移動した北極地方の人びとの子孫だったと思われてきた。このシナリオでは、彼らが最初に定住したのは前一万一二〇〇年ごろとされていた。つまりクローヴィスの遺跡で知られている最古の年代である。その年代が、いわゆるクローヴィスの障壁となった。これは科学ジャーナリストによって広められた架空の年代的限界であり、それ以前に人類が存在したと主張するのはタブーとなった。むろん、そんな障壁に関する議論は無意味だ。最初の定住が整然とした侵略ではなく、何世紀にもわたって展開した過程だったことを考えても、それはわかるだろう。

狩猟採集社会の発達史上、最初の定住はほとんど雑然としたものにならざるをえなかった。人間が氷床の南に定住した時期を決定づける瞬間が何かあったわけではない。狩猟生活を送る集団がその規模を拡大することなく、柔軟な社会組織を保ち、急速に変化する環境条件に適応したおかげで生き延びていた世界では、アメリカ大陸にも人類が何十回となく住みついては離れていっただろうし、定住地が消滅したこともあったにちがいない。氷河時代末期の不規則で急速な温暖化は、シベリア北東部の荒涼とした地から細動する心臓のごとく、人を吸い寄せては吐きだしていたのだろう。

したがって、クローヴィス人より何百年、いや、おそらくは何千年も前から、アメリカ大陸には少数の人が足を踏み入れていたのである。だが、彼らはどんな人間であり、のちの人びととは、どんな関係にあったのだろうか？　残念ながら、彼らの旅の経路を示す考古学的な痕跡は皆無に等しく、最初の定住に関してはさまざまなシナリオから最も一般的なものを寄せ集めるしかない。このシナリオは三幕構成で展開する。いずれも、一万五〇〇〇年前に始まった広範囲にわたる急速な地球温暖化によって促進されたものだ。

シベリア北東部より

第一幕は古代アメリカ人の最初の故郷で始まる。前章で見てきたように、氷河時代末期のシベリア北東部はきわめて悲惨な土地だった。なかでも二万年前から一万八〇〇〇年前にかけて、寒さは最高潮に達した。この地域がポンプだったとすれば、この時代には空気を吐きだしていたのだ。強風と乾燥状態、それに極度の寒さが人間を南へと押しやり、ツンドラのなかでも温暖な周辺部へと移動させた。

二万年前よりもさらに古い時代、シベリアの気候がいくらか温暖だったころ、シベリア北東部のヴェルホヤンスクより東に人類が住んでいたかどうかはわからない。むろん、そうした人びとの痕跡はまだ誰も発見していない。もっとも、氷河時代末期の人びとは、古くは二万一〇〇〇年前から西にあるバイカル湖畔近くに住んでいたし、ことによるとそれよりずっと昔からいただろう。おそらく、シベリア北東部のあまりに厳しい環境と、人類の身体的な形態特徴ゆえに、一万五〇〇〇年ほど前までこの地に人類が住むのは不可能だっただろう。そのころ氷河時代が終わり、一挙に温暖化が進んだ。

それ以降の時代になると、気候は急速に温暖化して夏の気温も大幅に上がり、季節はより明確になり、冬の厳しさは和らいだ。ユーラシア西部と同様、自然のポンプは当時もなお近づきがたいこの地へ動物と人間を吸い寄せるようになった。この事実は、北東部の中心にある若干の考古学遺跡、すなわちこの地域で最古の狩猟採集の痕跡が、前一万三五〇〇年から前一万一〇〇〇年のあいだのものであることから判明している。痕跡と言っても、鋭い石刃が散乱していたとか、丁寧に薄片をはがしてつくった尖頭器がいくつか出土した程度だが、それでも以前に誰も訪れたことのない土地に人類が存在したことを証明するには充分である。

これらの定住者がどこからやってきたかは誰にもわからない。たぶんヴェルホヤンスク山脈の西方か、シベリアと中国東北部を隔てている南方のアムール川の向こう岸からきたのだろう。南方では、氷河時代末期の狩猟採集者が何千年も昔から暮らしていたので、ほとんどの人はこちらからきたと私は考える。あるいは、彼らが陸地で狩りをする人びとだったのか、それとも魚や軟体動物や海獣を獲(と)って沿岸で暮らす集団だったのかもわからない。私の推測では、彼らはその両方だったのだろう。まわりにあるどんな食糧資源も利用した人びとである。

一〇〇〇年のあいだに、いや、もしかしたらわずか数世紀のあいだに、これらの狩猟集団の一部は狩猟をしながら、今日ベーリング海峡があるロシアの海岸沿いに北進したのち東進し、さらにその先にある陸橋を渡った。その後まもなく、やはり数世紀のあいだに、いくつかの狩猟集団がアラスカの高地へと移動していき、または陸橋の沿岸を皮張りの小舟をはじめとする単純な造りの舟で渡っていった。アメリカ大陸への最初の定住は、前一万三五〇〇年ごろにシベリア北東部で気候の窓が開き、大々的な温暖化が始まったあとにつづいた。三〇年かそこらのあいだに、狩猟採集民の生活が発達していく過程で、シベリア北東部の一部の民族が東方のアラスカへ移動する光景が見られたにちがいない。

ベーリング陸橋の東側

第二幕は前一万三五〇〇年ごろ、陸橋の東側で始まった。ここには、いくらか信頼に足る考古学的な根拠がある。当時、アラスカは、アラスカ山脈とブルックス山脈以外は氷河でおおわれておらず、ユーラシアのステップ・ツンドラの最果てにある乾燥したオアシスだった。この地に住みついた少数の狩猟集団は、東と南を広大な氷床に囲まれ、変化に富んだ土地で暮らしていた。セントラル・ベーリンジアからは、アラスカの南東岸に沿って大陸棚が延びていた。

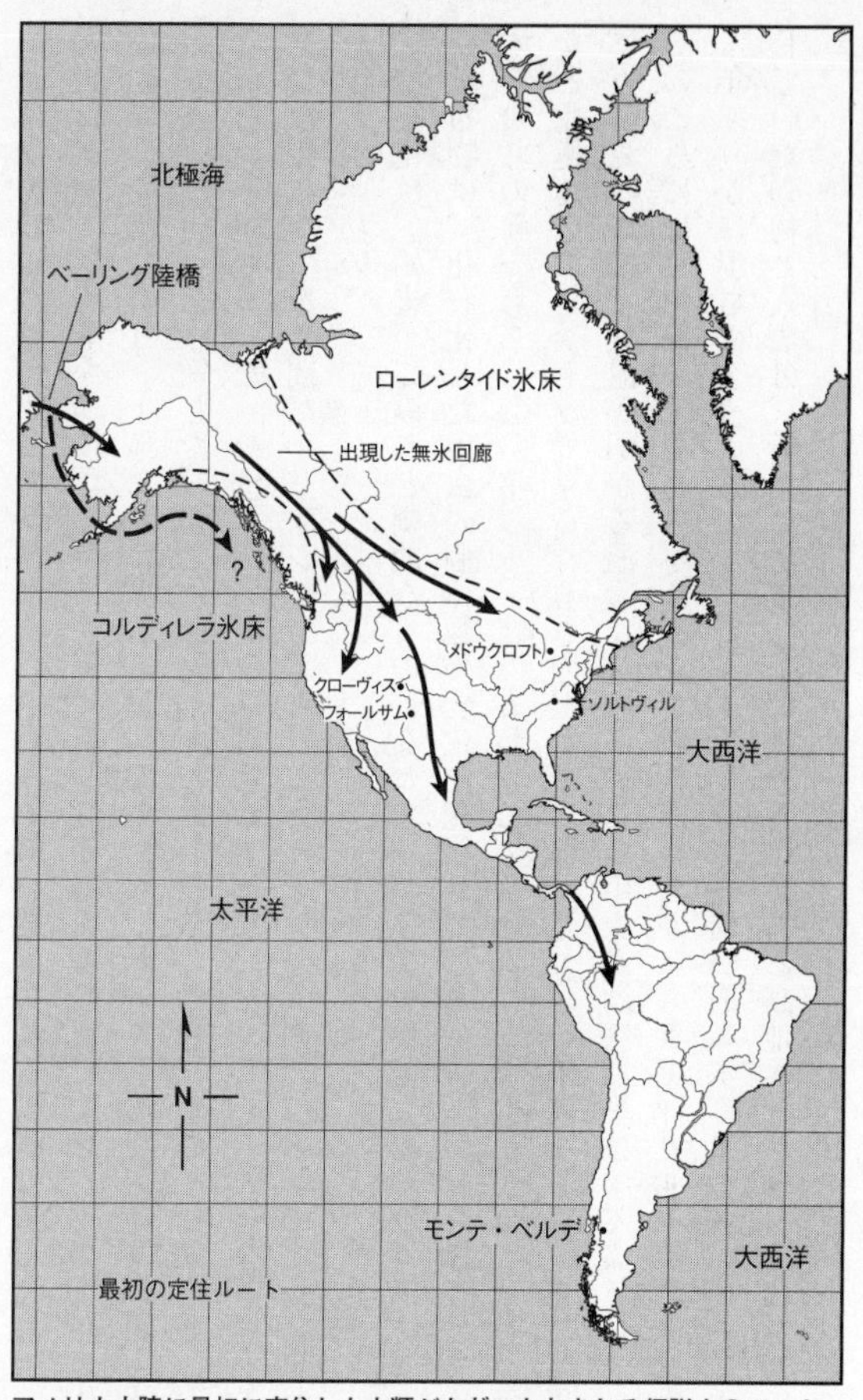

アメリカ大陸に最初に定住した人類がたどったとされる仮説上のルート。
後退していく氷床と、本文中で触れた考古学遺跡を示したもの

氷河時代末期の極寒期のアラスカは、いくらか風を避けられる場所はあったものの、人類にとっては過酷な環境だった。急速に温暖化が進んだ時代ですら、その大半は人の住めない場所であり、土地ごとに顕著な違いが見られ、劇的な温暖化の始まりとともに、その違いはいっそう増した。そこには湖もあれば岩だらけの海岸もあり、吹きさらしにならない谷間もあった。そうした場所には獲物が豊富にいて、夏になれば植物性食物も見つけられた。数年間ベーリンジアで暮らしたあとでは、この地は天国のように思われたにちがいない。

温暖化は、始まってみると劇的なものになった。アラスカ中部にあるウィンドミル湖の堆積物(たいせきぶつ)は、化石化した甲虫の個体数の変化を記録している。大温暖化が始まってからすぐのちの前一万二〇〇〇年ごろ、湖のまわりに生息していた甲虫は、ベーリング陸橋など北極地方のツンドラで見られるものだった。前一万五〇〇〇年になると、夏には現代に近いレベルまで気温があがる温暖な気候に適した甲虫が湖底に堆積するようになった。そのころには、海面が上昇してベーリング陸橋が分断され、太平洋と北極海の海水が何千年ぶりかに混ざり合うようになった。ベーリング陸橋が消滅するにつれ、そこに生息していた動物と人類は、新たに出現した海峡の両岸にある高地へと移動したにちがいない。

徹底的な調査がつづけられたあとも、最初の人類がいつアラスカに渡来し、ユーコン川までやってきたかに関しては、今日もなお見当がつかない。これまでに見つかった最古の痕跡は、ユーコン川のブルーフィッシュ洞窟のものだろう。ここで見つかった何枚かの小さい細石刃（さいせきじん）は前一万三七五〇年ごろのもので、当時、この地には暖かくなってきた環境のなかで、灌木（かんぼく）が点在するツンドラが広がっていた。人工遺物の見つかる範囲は狭く、年代も不確かだが、この遺跡は現在のところ発見されたなかでは最善のものである。

前一万一五〇〇年になると、温暖化と同時に人間の定住地が広がっていった。水はけのよい尾根には一時的な居留地が連なり、タナノー渓谷にある低い沼地を見下ろしていた。フェアバンクス市から九七キロ南東にあるこの地には、前一万一七〇〇年にはすでに人が住みついていた。北部では、アラスカ山脈の北側の丘陵地帯を流れるニナナ渓谷のドライ・クリークと呼ばれる場所に、前一万一五〇〇年にはすでに人が住んでいた。そのほかに、さらに一六キロほど北にも、前一万一四〇〇年から前一万一一〇〇年ごろの遺跡がある。

これらのパレオ・アークティック、もしくはパレオ・インディアン文化の人びとは、おもに獲物を仕留めてそれを食糧としていた。タナノー渓谷では、アラスカと北米の中心部を結ぶ大昔からの渡りのルートを利用する白鳥が狩猟の対象となった。疎遠になる一方のシベリアの祖先と同様に、彼らはつねに移動しつづけ、風が避けられるうえに湿地のある谷間を好んだ。こうした場所なら、植物性食物だけでなく、狩りの獲物も手に入るからだ。彼らはまだ昔からの生活様式にしたがい、移動することによって生き残り、一年のほとんどを小さい狩猟集団ごとにほぼ孤立無援の状態で暮らし、夏のあいだの数日間、または数週間だけ一緒に集まって過ごした。社会的な関係はつねに流動的だった。親類縁者でも数十キロは離れて暮らし、めったに顔を合わせることはなかった。人びとは集団の外部の者と結婚した。グループ内の男性がみな狩猟中の事故で死亡すると、女性たちは近隣の集団に加わった。遠隔地の食糧に関する正確な情報や、移動力に生存が左右される世界では、こうした社会的な柔軟性こそが高い適応力となった。

紀元前一万三五〇〇年ごろ以前にシベリア北東部に誰も住んでいなかったとすれば、この時代にアメリカへ渡来した人びとは、二〇〇〇年未満の歳月のあいだに、急速に移動したにちがいない。ブルーフィッシュ洞窟で見つかった証拠が確かなものだとすれば、なかにはほんの数世代で歩いて渡りきった人もいたことになる。

氷河の後退

第三幕は、新たな役者が舞台に登場するとともに始まる。予測のつかない混沌とした北大西洋である。

一万八〇〇〇年前、アラスカは凍結してはいなかったが、その東と南を氷河で囲まれていた。氷河時代を通じて、アラスカは北米の他の地域から氷床で分断されていたのだ。極二つの巨大な氷床は、カナダ全土と、現在のアメリカ合衆国の北端をおおっていた。極西部地方では、コルディレラ氷床がブリティッシュ・コロンビアの源頭から南進し、シアトルの緯度まで達していた。コルディレラ氷床は太平洋岸をほぼおおいつくしたが、氷に閉ざされることなく残されたところも多数あった。そうした場所は、無情な氷の世界における海岸沿いの避難所となった。一方、ローレンタイド氷床はカナダの東部および中部をおおっており、氷の塊の中心はケベック州の北部、ラブラドル、およびニューファンドランドのあたりに端を発し、南方および西方のペンシルヴェニア、オハイオ、インディアナ、そしてイリノイへと広がった。

氷河は決してとどまることがない。ローレンタイドのような氷床はそれ自体が生きており、北大西洋の変動しやすい複雑な気候を反映して、不規則なステップを踏みながら前進と後退を繰り返す。同様に北大西洋の気候は、さまざまな時間の尺度でほぼ一貫して変動しつづけている。時間単位では前線が通過して風が変わるたびに、月単位では季節が変わるごとに、年単位では寒さが一段と厳しい時期に氷山がさらに南へ押しやられるにつれて、変化するのである。

一九八八年に、ドイツの古海洋学者ハルトムート・ハインリッヒが、北大西洋の海山にある堆積物コアのなかに、北米からの細かい白い石が交じった層が六層あることを発見した。各層は七万年から一万五〇〇〇年前までのあいだに、それぞれ七〇〇〇年から一万年おきに氷山が大量に流出したことを示している。長期間、堆積物はおおむねプランクトンで形成されていた。だが、過去六万年間に少なくとも六度、いずれも数世紀という短い期間ながら、細かい岩屑（がんせつ）が占める割合が相対的に急増した時代があった。この岩屑は陸上から運ばれたものでしかありえない。海岸で氷床から切り離された氷山が、沖合まで運んだ氷河性の岩屑なのである。

古気象学者ウォーレス・ブロッカーをはじめとする研究者は、こうした急激な上昇はハインリッヒが調査した若干の地域にとどまらず、北大西洋の広域で見られることを証明し、この現象をハインリッヒ・イベントと名づけた。ハインリッヒ層はカナダ北部のハドソン湾に近い、北部および西部で最も厚く堆積している。各層は、海洋がひときわ冷え込んだ時代に、急速に堆積した。ハドソン湾の氷は寒暖の変動を何度か繰り返すなかで形成された（このサイクルを発見した科学者の名にちなんで、ダンスガード・オシュガー振動と呼ばれている）。ハドソン湾の冷たい基盤の上にある氷床が拡大するにつれて、この気候の変動は徐々に寒いほうへと傾いていった。やがて、氷がさらに厚くなって地熱を取り込むようになると、基盤部分が解けはじめた。雪解けによって生じた水や泥や石が、その下にある岩盤の上で、氷床をいわばスケートさせ、氷山と岩屑を北大西洋に大量に放出させた。数世紀のあいだに、堆積していた氷はハドソン湾から一掃された。しまいに氷の厚みがなくなり、冷たい表面の層が再び凍るようになると、氷床が新たに増大しはじめた。氷はゆっくりと発達し、急速に融解した。氷河時代の気候変動の多くを特徴づける、緩やかな寒冷化と急激な温暖化の傾向は、このことに起因するのかもしれない。ハインリッヒ・イベントは、それぞれこうした周期で寒さが頂点に達したときを示していた。なぜハドソン湾の氷はそのような動きを見せ、かたやローレンタイド氷床の周期はもっと緩慢だったのだろうか？　おそらく、ハドソン湾は海抜が低く、温度の高い基盤部分の上に厚い氷が形成されたからだろう。リチャード・アリーが言うように、「軌道の上を走るジェットコースターを思い浮かべてみるといい。ハインリッヒでは……ダンスガード・オシュガーのヨーヨーで遊びながら、ジェットコースターから飛びだしてしまったのだ」。

氷河の淡水が何百万リットルも北大西洋に注ぎ込まれたことは、メキシコ湾流の温かい水の循環を停止させるという影響をおよぼした。この循環は、ラブラドル海で塩分濃度の高い海水が沈降することによって生じていたからだ。その結果、必然的に、西からの暖かい卓越風が弱まり、ヨーロッパは凍結状態になった。寒冷で乾燥し、強い風の吹く気候が北米とヨーロッパを広範囲におおい、亜熱帯のアジアとアフリカにまで拡大した。世界のほとんどの地域で乾燥化が進んだ。寒くなり、暴風の進路が南へ移動するにつれて、水蒸気の量が減ったためである。したがって、ハインリッヒ・イベントはフィードバック・ループだったのだ。つまり、急速な温暖化が自らの終息を引き起こして、急速な寒冷化をもたらしたのである。

最後のハインリッヒ・イベントは、堆積物コアでは一番上層にあるため、ハインリッヒ1（H1）と呼ばれており、これは一万五〇〇〇年前の直後に起きたものだった。氷河時代末期に最も冷え込んだ時期はそれより五〇〇〇年ほど前に訪れ、やがて去り、それにつづいて不規則な温暖化の傾向が現われた。ハインリッヒ1と同時にローレンタイド氷床は、明らかに急速な温暖化を受けてにわかに後退した。氷床の収縮は、氷河時代末期の最盛期以後つづく長期の温暖化サイクルの一環であり、その間に何度か急激な温暖化と寒冷化で中断されることがあった。氷河から解けだした淡水が北大西洋へ急激に放出され、ハインリッヒ1を引き起こしたような状況には、海洋の循環を停止させる効果があり、それによって突然の寒冷化が引き起こされた。最後に急激な寒さが訪れたのは、前一万一〇〇〇年のいわゆるヤンガー・ドライアス期で、これは一〇〇〇年間つづいた。その後の完新世は、記録されたなかで最も長期にわたって気候が安定した時期の一つとなっている。それでも、北大西洋では約一五〇〇年ごとに微妙な温暖化と寒冷化が生じており、西暦一三〇〇年から一八六〇年にかけての「小氷河時代（リトル・アイスエイジ）」は、その最近の例である。こうした小規模の変化とそれが人間の歴史におよぼす影響が、長期のダンスガード・オシュガー周期とどう連動するかはいまだに謎（なぞ）だが、現代の温暖化がいつの日か、同じような変化の影響をこうむらないと考えるのは、あまりにも単純すぎるだろう。

極寒期に無氷回廊はなかった

気候的に言えば、氷河時代後の温暖化はそれ以前のケースと似たようなものだった。だが、今回は一つだけ違いがあった。アラスカに人類がいたのである。

それでは、アラスカの狩猟採集民はどのように氷床の南へと移動したのだろうか？

ひと昔前まで科学者は、コルディレラとローレンタイドの氷床が接することはまずなかったと考えていた。氷河時代末期の極寒期でも無氷回廊があり、そこを通れば南へ移動できたと、彼らは学説を立てた。一九七九年に、『ナショナル ジオグラフィック』誌の記者トマス・キャンビーは次のような光景を想像した。「氷壁に囲まれた谷には凍るような風が吹き、激しく雪が降り、つねに霧がかかっていた……しかし草食動物はその地に入り、そのあとに狩猟民が細い流れとなってつづいた」。この無氷回廊は、カナダの北極圏から北米の中心部までつづいており、荒涼としてはいるが生存可能な主要街道だった、というものだ。

だが、無氷回廊は地質学上の神話にすぎない。氷床が通過した奥地の氷河堆積物を丹念に調査しても、そこには氷に閉ざされた光景しか浮かびあがらない。こうした場所で地表が顔をだしたのは、ハインリッヒ1の直後に大規模な温暖化が始まってからのことなのだ。無氷回廊は、大温暖化の所産だったのである。

コルディレラとローレンタイドの氷床はいずれも、ハインリッヒ1後に驚くほど急速に後退した。両氷床が最大規模に達したのは二万一〇〇〇年ほど前のことだったが、一万八〇〇〇年前には完全に後退しはじめ、一万四〇〇〇年前になると分断され、こうしてようやく無氷回廊が出現した。ローレンタイド氷床はその後、北部および東部のカナダの亜北極地方へと後退し、コルディレラ氷床は西の砦のなかへ急速に縮小していった。現在、ローレンタイド氷床の名残といえば、後退しはじめてから四〇〇〇年後に形成された五大湖と、古いカナダ楯状地の摩滅し、えぐられた地形しかない。

コルディレラとローレンタイドの氷床が融解する様子をコンピューターで再現実験するプログラムが、オレゴン大学の四人の地理学専任講師によって開発された。初めのうちは、二つの氷の塊が合体した一面の氷床しか見えない。一万八〇〇〇年前以降に雪解けが始まり、一万三五〇〇年前以降にそれが加速すると、二つの氷床のあいだに狭い回廊が出現する。そこは少し前まで氷河でおおわれていた岩だらけの土地を通り、南へ向かう生存可能なルートだが、植生はまばらにしかなく、動物もほとんどいない。講師たちが温暖化の速度と度合いをどの程度に設定するかによって、この回廊の出現時期は遅くもなれば早くもなるが、氷床が後退する過程において、比較的遅い時期に出現することは変わらない。また、この回廊が住みやすい環境になることはない。氷河湖付近にある数少ない好条件の場所なら、哺乳類が集まりやすく、食べられる植物や魚も見つかったかもしれないが、そうした場所を除けば、人をその地にとどまらせるものはほとんどなかっただろう。たとえこの場所に住みついたとしても、それは一時的なものであり、それはすぐそばに獲物の群れがいるからだった。

このように生物の乏しい環境では、植物性食物はよほど風をさえぎれる場所以外は、ほとんど手に入らなかっただろう。だが、この回廊を通過したらしい人びとは、氷点下の気温と、わずかな食糧しかない過酷な環境に適応していたのだ。最も厳しい条件下でも充分に生き延びられる技術と衣服を、彼らは開発していたのだ。

北方からきたパレオ・インディアンが、しだいに広くなるこの隘路を本当に通過したとすれば、それは意図的に南方へ移住したのではなく、年間を通じて移動をつづけた結果だったのだろう。出現した回廊は全長一五〇〇キロほどもあり、人が一度の夏と秋に歩ける距離ではない。むしろ、バイソンやカリブーなどの動物が季節ごとに移動するにつれて、小さい狩猟集団が何世代にもわたって横断したのかもしれない。獲物を追って氷床の南へ向かい、それからまたあとを追って北へ戻ってきた集団もあっただろう。何世代にもわたるそうした移動がさらに南まで延長されるようになり、やがていくつかのグループは回廊の南にある、より暮らしやすい地域に永住するようになった。

回廊が世代を経るごとに着実に広がっていたと考えるのも、間違っているだろう。氷床は変化しつづけるものであり、予測のできない大気と海洋の力にしたがって、前進と後退をつねに繰り返すものだ。回廊は開かれているときもあれば、再び閉ざされることもあり、数十年におよぶ動きの一環で、広がりもすれば狭まりもしていたが、やがて永久に開かれるようになった。回廊のそうした動きは、不毛の土地における狩猟採集民の生活リズムに影響をおよぼし、おそらく氷床の南に住む人びとの遺伝的および言語的な多様性をも引き起こしたのだろう。

パレオ・インディアンの人口は、氷床の南側で一万三五〇〇年前以降、急速に増えたということは、生存して子供を産み育てるのに充分な数の集団が、それ以前に回廊を通り抜けたにちがいない。最初の住民が海からやってきたのであれば別だが。沿岸航路説によれば、氷河時代末期の集団はシベリアの海岸から陸橋の南端沿いを渡り、それから船を漕いで南へ行き、氷の合間を縫って海岸沿いに太平洋の北西部へやってきたと考える。コルディレラ氷床の後退によって、一万七〇〇〇年前ごろにはすでに海岸沿いのルートは開かれていたかもしれないが、ベーリンジア南部からきた人びとがそこを利用したという証拠はない。彼らが実際に南へ船を漕いで渡ったとすれば、皮張りの小舟を使ったはずだ。おそらくそれは、ベーリング海峡一帯に住む極地の人びとが、何千年も昔から荷物の運搬や捕鯨に使ってきたウミアックに似た小舟だったろう。流木や骨で枠組みをつくり、海獣の皮で船体をおおった皮舟は、海でも充分に通用するもので、重い荷を積むこともできる。だが、荒れた海はもちろん、わずかばかりの向かい風でも操縦は難しく、内海のような場所でより威力を発揮する。

単純な材料ですぐに建造できるうえ、修復も容易で、それなりに持ち運びもできるとなれば、この時代に皮舟の原型があったという考えは魅力的だ。だが、残念ながら、考古学的な遺跡にそれらが残っているわけではなく、その痕跡が見つかったかもしれない場所も、海面水位が上昇したため、今日では海底に沈んでいる。海洋民族が実際に沿岸航路をたどってアメリカ両大陸まで移動したのだとしたら、彼らはわれわれの前からふっつりと姿を消している。また、彼らがどれだけの技術をもっていたのかという点も、皆目見当がつかない。

アラスカの陸地に住み、海岸の暮らしに適応したパレオ・インディアンが海に乗りだし、船を漕いで南進したという主張でも、やはり同じ問題が生ずる。今日ですら、これらの海域を小舟で渡ろうとするのは向こう見ずな冒険であり、手漕ぎの船となればなおさらだ。氷河時代の直後であれば、さらに危険な挑戦となっただろう。当時は海面水温がはるかに冷たく、氷の状態はずっと深刻だったうえ、低体温症になる恐れもつねにあった。そのような航海が行なわれたとしたら、それは水温が最も高くなり、海が穏やかになる短い夏のあいだに計画されたはずだ。今日でもアラスカの海で漁をする人びとは、この海域に一目置いている。夏の海面水温は氷河時代の直後はもっとずっと冷たかった。そうなると濃い霧が発生する危険が高まり、強い風が吹いて、風速冷却指数も高くなる。パレオ・インディアンの船乗りたちがはたしてカヌーで長い船旅に乗りだしたのかどうか、判断するのは難しい。南カリフォルニアのチュマシュ族など、歴史上の先住民族は、極端なまでに慎重な人びとだった。ヨーロッパが小氷河時代だったころ、多くの船乗りは十一月から三月までは海にでるのを控えていた。スカンディナヴィア人ですら、冬場は無甲板船を浜辺に引き上げていた。バスク人やイングランド人の漁師ならもっと危険を冒したが、それは単にその危険に見合う報酬があるからだった。二月になると、金曜日に肉食を慎むカトリック教徒にとって必需品であるタラを獲りに、彼らはアイスランドまででかけた。船員たちはドッガー船で漁をした。この無甲板船には嵐から身を守るものがないに等しい。当時の大西洋の冬の気温や、強風の状況は、今日よりはるかに厳しいものだった。何百艘ものドッガー船が、毎年、凍りつくような海で沈没した。

タラ漁にでる人びとは、その職業の危険性を誤解していたわけではなく、早死にを覚悟のうえだった。パレオ・インディアンが現実に太平洋岸をアラスカからブリティッシュ・コロンビアまで漕いで下ったとすれば、それぞれの航海は短く、好天の日に実行され、すぐ近くにいつも避難場所が確保されていたのは間違いない。氷床の南まで人びとがカヌーで食糧を探しにやってくるまでには、何世代もかかった可能性もある。

海上からの植民説を主張する人たちは、人類は三万年も昔にニューギニアからソロモン諸島まで、六五〇〇キロもの距離を航海していたと指摘する。それならば、北方の海岸に住んでいた集団も、なぜ氷河時代末期に海に乗りだせなかっただろうか、と。気候が温暖になるにつれて、一部の海洋民族がときおり海岸沿いに南へ向かうことはあったにちがいないと私は思うが、それが移住のための航海であったかとなると別問題だ。こうした説を裏づける考古学的な証拠は、ごくわずかしかない。確かに、移住後の最初の数千年間に、人びとが北部の大陸棚沿いで暮らしていたことは判明している。少なくともブリティッシュ・コロンビアのクイーン・シャーロット諸島沖の海谷には、前八〇〇〇年以上昔に人間が生活した痕跡と思われるものが海面下にある。

陸路のほうが確実だと私は思うが、いずれのルートが使われたにせよ、前一万二〇〇〇年ごろ、大温暖化が着実に進むまでは、陸海どちらのルートも利用できなかったことはほぼ間違いない。

パレオ・インディアンに関しては、彼らが非常に多様な道具を使ったこと以外は、ほとんど何もわからない。そうした道具には、プロジェクタイル・ポイント〔尖頭器〕や、溝に細石刃をはめこめる枝角製の槍先などが含まれていた。大温暖化の時代ですら北方の夏は短く、植物は目覚しく生長してはいたものの、まだ限られていた。アラスカにまばらに住んでいたパレオ・インディアンは、陸上の哺乳類、鳥、魚、そしておそらくは海獣をおもな食糧源としていただろう。湖畔や野生動物の移動ルート上、海獣の集団営巣地の近く、もしくは軟体動物が豊富な場所など、恵まれた場所にいた人びとを除けば、彼らは一年の大半を小さい居留地で過ごし、冬になると、はるか彼方のユーラシアで使われていた骨製の小屋に似た、半地下の家で過ごしたのだろう。

南下をつづけて

氷床の南側へ移動したのちの数世紀間に、放浪する狩猟採集民の集団は北米のあらゆる土地に住みつき、さらに南下もした。彼らの痕跡はごくわずかしか残されていない。ペンシルヴェニアのメドウクロフト岩窟住居は、オハイオ川の小さい支流沿いにあり、その下層から前一万一九五〇年から前一万二五五〇年ごろ人がいたわずかな痕跡が見つかっている。ほかにも一時的な痕跡はあり、ヴァージニアのソルトヴィルのマストドン狩りの現場は、前一万一〇〇〇年から前一万二五〇〇年くらいの古いものだ。これらの文化層のうち、最も初期のものはクローヴィス文化より一五〇〇年は時代をさかのぼる。初期の定住者が残した最南端の足跡は、チリ南部の渓谷にあるモンテ・ベルデの遺跡のものだ。考古学者のトム・ディルヘイはここで小さい定住地を発掘した。前一万二〇〇〇年から前一万一八〇〇年のあいだにつくられたもので、獣皮で囲った住居が渓流沿いに二列に並んでいる。モンテ・ベルデの人びとは一年を通して植物が豊富にある森で暮らしており、その生活様式は、北米の平原での暮らしとはかなり異なっていた。モンテ・ベルデの人工遺物はほぼいずれも木でできていた。

考古学的遺跡がこのように首尾一貫しないパターンで出土することは、移動を重ねる狩猟採集者たちが、数世紀のあいだに途方もなく広大な地域に進出し、一様ではなく不規則に定住したとするシナリオに合致する。彼らの遠い祖先が、温暖化の始まりとともにシベリア北東部に入り、そのすぐあとにベーリング陸橋を渡ったとすれば、南への移動はじつに急速に行なわれたにちがいない。なにしろ、チリ南部に前一万二〇〇〇年には人類がいたのである。

これほど急速な移動は可能だったのだろうか？　考古学者のデイヴィッド・マドセンが、仮に計算を試みたところ、一年間に一六キロ移動すれば、出生率が非常に低かったとしても、二万四〇〇〇年前にシベリアのバイカル湖を発った人びとは、コロラド州デンヴァーにある遺跡に、二万二九〇〇年前には到達しえたことがわかった。これはばかばかしいほど直線的な、まったくの理論上の移住である。そうした移動が実際に起こったとは誰も思わないし、ましてマドセンもそう示唆しているわけではない。だが、同じような環境下で暮らしていた氷河時代末期の狩猟者やその子孫が、移動を重ねても長距離を踏破できなかったとする絶対的な根拠も見当たらない。なにしろ、多くの地方では土地の環境収容力がとても低く、人びとはたがいに遠く離れた土地に分散していたからだ。

大温暖化による新たな機会と危機

前一万一〇〇〇年になると、南北アメリカ大陸のいたるところで、パレオ・インディアンの小集団が多数暮らすようになった。彼らの数は少なく、広い地域に分散していたが、最初の植民は成功していた。アメリカ大陸には数千人が暮らしていたにすぎないが、彼らは温帯のあらゆる環境にみごとに適応していた。

大温暖化によって新たな機会という窓が開け、人間の移動力と機に乗ずる習性がそれを利用したのだ。新参者がやってきた土地には、氷河時代の大型動物がまだ多数生息していた。しかし、マンモス、マストドンなどの大型動物は衰退の危機にあった。急速な温暖化と生態系の大きな変化、および干ばつが、これまでにないほど深刻な打撃を大型動物に与えていた。そうした打撃は氷河時代の直後から増大した。クローヴィス文化の集団が北アメリカの平原で暮らすころには、二〇種以上の大型動物がすでに絶滅していた。

五〇〇年もたたないうちに、氷河時代の大型動物相は消滅した。急速に気温が上昇し、以前は水の豊富だった地域が乾燥したために死んでいったのだ。パレオ・インディアンも、繁殖に時間のかかる動物の絶滅時期を早めたかもしれないが、人間による捕食はせいぜい絶滅を引き起こした二次的な原因でしかない。アメリカの大型哺乳類で、前一万一〇〇〇年以後も生き残ったのは、草原バイソン一種だけだった。数十ヵ所で採集した花粉化石には、ローレンタイド氷床がカナダの中部および東部で後退するにつれて、植生が大きく変化したことが記録されている。このころには冬は現代よりも短く温暖になり、夏は涼しくなった。氷河時代の他の動物と異なり、バイソンはロッキー山脈の陰にある丈の低い草原で数を増やしていった。バイソンは大草原で生き残りつづけたが、のちにヨーロッパ人のライフルによってほぼ絶滅させられた。

アメリカ大陸に最初の定住地ができたことにより、熱帯アフリカの原初の故郷から移動をつづけた現生人類の大離散の旅は完結した。太平洋の孤島と、むろん南極大陸だけは無人でありつづけたが、前者に関しては、それも舷外浮材（アウトリガー）付きのカヌーが開発され、保存の容易な食糧を栽培できるようになるまでのことだった。

大温暖化に後押しされて人類はベーリンジアを渡り、それまで無人だった大陸にたどり着き、さらに巨大な氷床の南にあるさまざまな環境の広大な世界へと向かった。石器時代の北方の世界、アラスカやシベリア、アジア、そしてユーラシアからやってきた人びとは、驚くほど短期間に新大陸の中心部に定住した。そのときから、旧世界は新世界とは別の歴史的軌道をたどるようになった。北端の人びとを除けば、双方の世界が再び出合うのは、スカンディナヴィア人が十世紀にグリーンランドから西方へ航海し、一四九二年にクリストファー・コロンブスが西インド諸島に上陸してからのことだった。

　旧世界と新世界には、二つの軌道と二つの歴史があったが、どちらも予測のつかない完新世の気候の同じ変動に直面していた。人びとは驚くほど同じ方法で、そうした変動に対応していた。最初のアメリカ人は氷河時代末期から古代文化の伝統をもってやってきた。それは狩りや植物採集の知恵であり、おそらくは魚や海獣を獲る技術でもあっただろう。彼らはまた豊かな霊的信仰や詠唱、神話など、遠い昔から世代ごとに受け継がれてきた複雑な世界観もたずさえてきた。陸橋の向こうの地にいた祖先と同様、彼らは好機を見逃さず、禁欲的で忍耐強く、臨機応変な人びとだった。双方の世界で起きた長期および短期の気候変動に人びとが同じような対応をしたのは、こうした資質に負うところが大きいのだろう。

　何千年ものあいだ、人びとは世界のどこでも、狩猟採集生活の柔軟性と小所帯ゆえに、干ばつや洪水に、激しい気温の変化に、あるいは上昇する海面に苦もなく順応してきた。それは単純に移動することによって、あるいは食生活を調整することによって、なしえたのだ。人間が脆弱になったのは、すぐ近くに食糧が豊富にある希少な場所に、一部の集団が恒久的な村を築いてからのことだった。前一万年には、南西アジアの一部の集団は干ばつへの対策として、穀物の栽培を始めていた。北米および中米における土地の植物の栽培実験は、そこに自生する草や木の実で、往々にして加工処理がたいへんなものを集中的に収穫したことから六〇〇〇年前に始まった。まもなく、人びとはそうした植物を意識的に育てるようになった。前三〇〇〇年には、エジプトとメソポタミアで多くの人びとが町や市に住むようになった。こうした定住地は、ある意味ではますます乾燥する状況に対処し、より多くの食糧を生産しようとする必要性から生じたものだった。アメリカで町や市が最初に登場したのは紀元前一千年紀のことで、乾燥しやすい環境下で社会の結束を固め、多くの食糧を生産する必要に応じてのことだった。旧世界とアメリカ大陸では、ほぼ同時に文明が栄えた。人間の社会はますます複雑になり、気候の打撃に合わせた方向転換がきかなくなり、それゆえに短期の気候現象にいっそう振り回されやすくなった。

旧世界でも新世界でも、人間の社会は気候がもたらす損害に社会と政治を変化させることで対応してきたのであり、その類似性は目を見張るほどだ。ハーヴァード大学の生物学者スティーヴン・J・グールドがかつて述べたように、われわれはみな同じアフリカの小枝から生まれたのだ。われわれは人間の能力と対応性という大宝庫を共有している。それゆえに、アメリカ先住民も、ヨーロッパ人、オーストラリア人、あるいはユーラシア人もみな、長い夏のあいだに起こった気まぐれな気候変動に、同じように対応してきたのである。

第4章　大温暖化時代のヨーロッパ　一万五〇〇〇年～一万三〇〇〇年前

それは暖かい、西からの風で、鳥の鳴き声に満ちていた。
ジョン・メースフィールド『西風』（一九〇二年）

フロリダの海岸沖をメキシコ湾流に乗って航行するのは忘れられない経験になる。冬の北風のなかで、北へ向かう潮流が反対側から吹いてくる強い風と出合うときはなおさらだ。私は三〇ノット〔時速約五五キロ〕の風が吹くなか、バハマ諸島へ渡ったときのことを覚えている。われわれは信じられないほどのうねりのなかを充分に縮帆しながら進み、船が波にぶつかるたびに頭から水をかぶった。そんな日に横断するのは向こう見ずだが、その向こうではアバコ島の静かな停泊地がわれわれを招いていた。

その晩、停泊しながら、船を北へと押し流していた目に見えない潮流の恐ろしい力のことを思い返した。そのせいでわれわれはナッソーまでの直線コースから、二〇度も離れた方向へ舵（かじ）をとって、対処せざるをえなかった。メキシコ湾流は、地球を流れる巨大な水のベルトコンベヤーの一部で、気候を変動させ、人間の生活を変える力をもっている。逆巻く波に瓶を投げ入れてみたらどうなるか、われわれは想像し、その瓶が北へ流れ、やがて東に向かい、グランド・バンクスの南端を通って、北大西洋の真っ只中（ただなか）まで進むところを思い描いた。何ヵ月ものちに、波にもまれた瓶はアイルランド西岸の沖合を漂い、そのうちに西へ流れるイルミンガー海流の翼に乗って、南ラブラドル海まで運ばれるだろう。

瓶が南ラブラドル海を流れていくと、今度は北極の空気が瓶のまわりの水を冷やす。塩分を含んで重くなった表面海水は、海の奥底まで沈んでいく。われわれの想像上の瓶も、その流れに乗せてみよう。瓶と塩分の濃い水は深海まで旅をつづけ、南のほうへ勢いよく流れるベルトコンベヤーに引きずられて、カリブ海を通過して南アメリカまで行き、南極大陸の北岸に達する。この南の果てにくると、瓶には二つ道がある。北東へ向かって東インド洋へ流れるか、ずっと長距離を移動して北太平洋の中心部へと向かうか、である。最終的に、われらの瓶は海面付近の温かい水のなかへ浮上する。そこでは循環によって海水上層部に巨大な流れが生じており、それは太平洋熱帯域からインドネシア群島を抜けてインド洋まで達している。ベルトコンベヤーは喜望峰をまわって北上し、再び大西洋に戻り、そこでまた新たなサイクルが始まる。

フロリダ沖で充分に縮帆したわれわれの船に打ちつけている波は、北大西洋にある二つの拮抗し合う力に押されていた。高緯度で冷却され、低緯度で加熱されることを「熱強制」と言うが、それによって北に向かう流れが生じる。一方、高緯度で淡水が増え、低緯度で蒸発すると「淡水強制」が生じ、水を逆方向に向かわせる。現在は熱強制のほうが強い。また、北方における海水の沈降も海洋の大ベルトコンベヤーを勢いづけ、そ

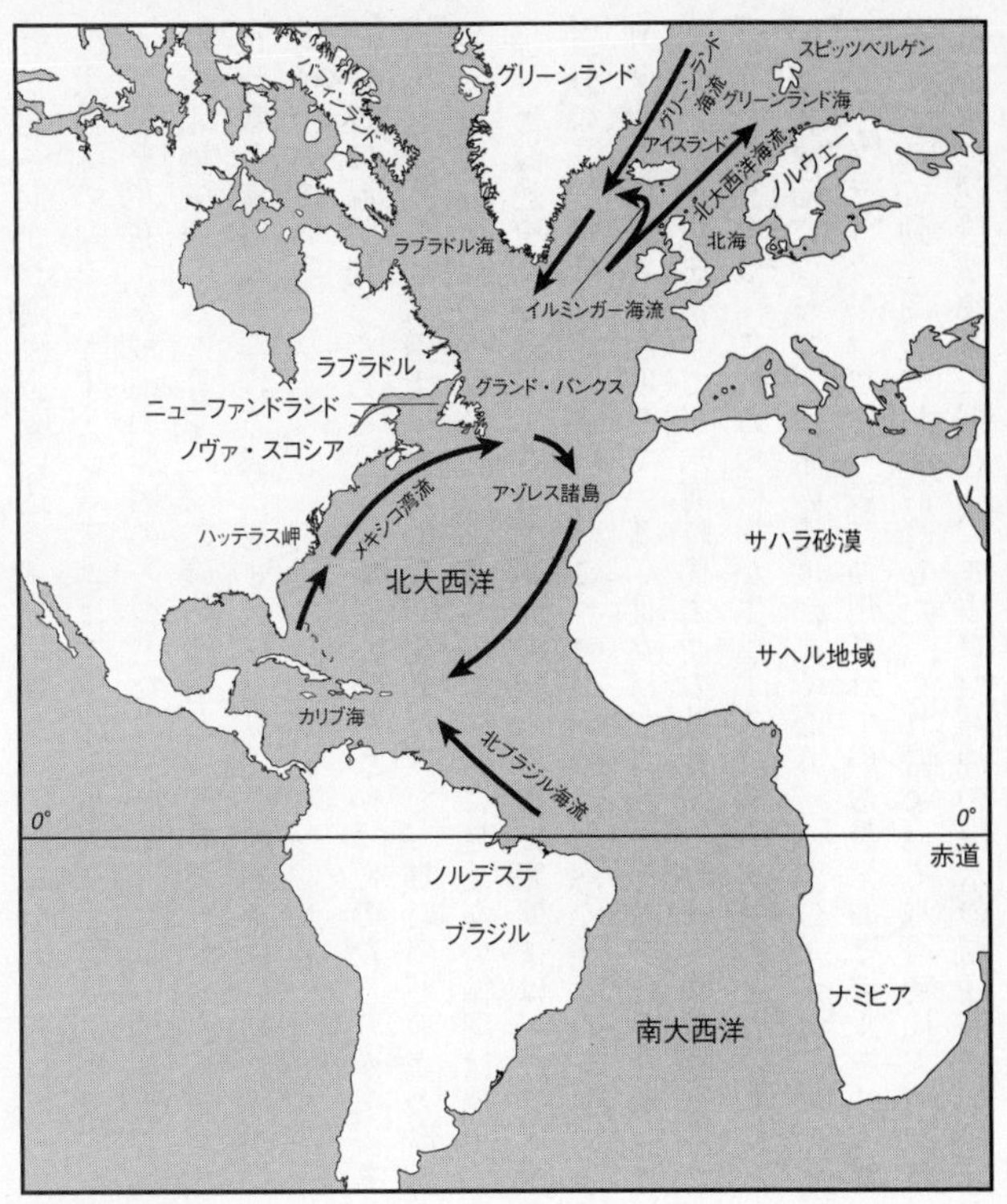
バフィンランド
グリーンランド
グリーンランド海流
スピッツベルゲン
グリーンランド海
アイスランド
北大西洋海流
ノルウェー
北海
ラブラドル海
イルミンガー海流
ラブラドル
グランド・バンクス
ニューファンドランド
ノヴァ・スコシア
アゾレス諸島
メキシコ湾流
ハッテラス岬
サハラ砂漠
北大西洋
サヘル地域
カリブ海
北ブラジル海流
0°
0°
赤道
ノルデステ
ブラジル
ナミビア
南大西洋

北大西洋循環

れが北へ向かう逆流を吸い込み、ヨーロッパに温暖な気候をもたらしている。

大西洋のコンベヤー・システムはアマゾン川の一〇〇倍に相当する水力があり、地球の気候を左右する最大の要因の一つとなっている。大量の熱が北方へ流れ、北大西洋上空の北極気団へと上昇する。この熱輸送と、その湿った偏西風のおかげで、ヨーロッパは比較的温暖な海洋性気候に恵まれており、この動きは変動しながらも、完新世を通じてつづいている。

最後に温暖化したあと、なぜ寒さが戻らなかったのだろうか？　それは、地球の軌道に変化が生じ、軌道上の長期的な時間の尺度で、日射率と地表の温度が上がったためだ。答えは海洋循環のペースにもある。海洋の目に見えない循環は過去一〇万年間に急激な加速と減速を繰り返してきた。氷河時代末期の極寒期には、コンベヤーは現在のわずか三分の二の速度で流れていた。これについては、海洋学者のジーン・リンチ゠スティグリッツの研究から判明している。彼女はフロリダ海峡一帯の深海コアに含まれる海生の小さい有孔虫を使って、氷河時代末期の最盛期における酸素同位体比の変化を測定した。こうした割合は、これらの生物が生息する海域の水温とともに変わる。また、この割合が変化するにつれて、海水の濃度が高くなり、水温は下がり、海の水は塩辛くなる。リンチ゠スティグリッツは一般に使用されている数学的モデルを使って、海水の濃度の変化によって動く潮の流れを計算した。それによって氷河時代末期、ラブラドル海における海水の沈降が急激に弱まり、ヨーロッパ沖の海水の温度が一気に下がったことを彼女

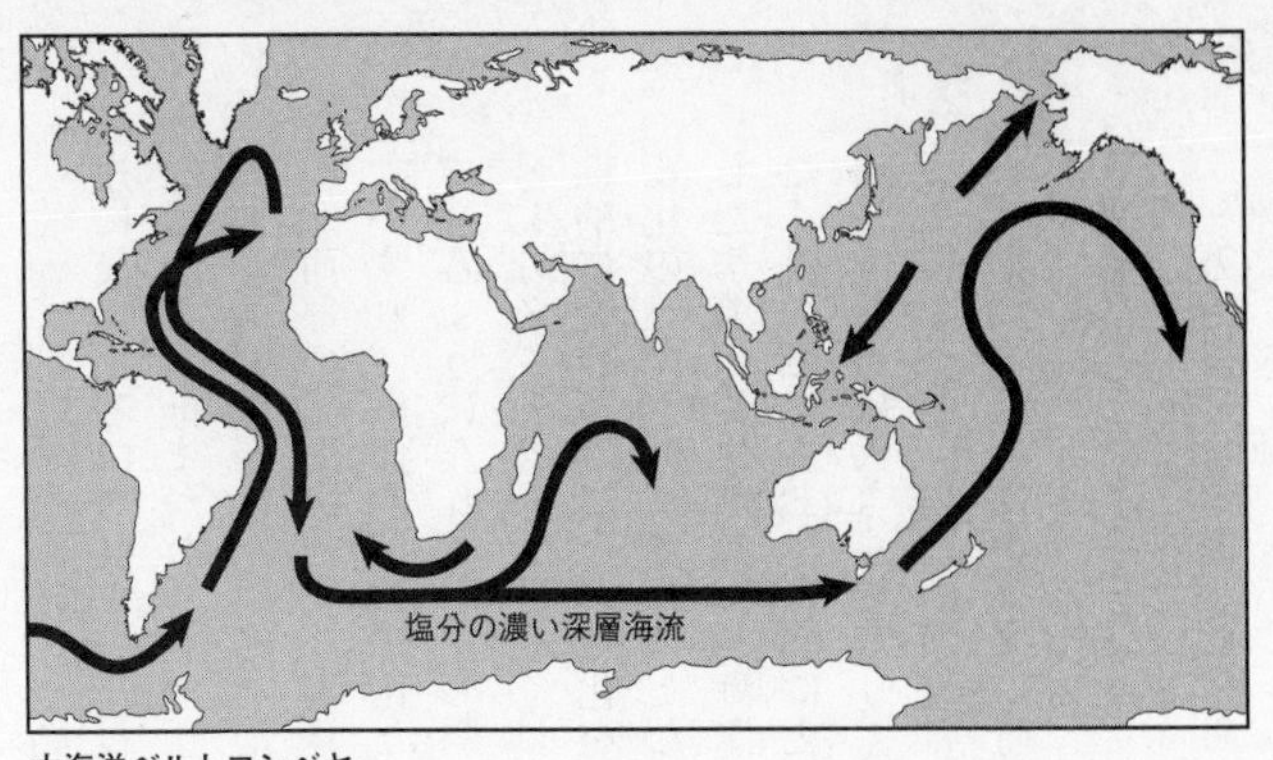

大海洋ベルトコンベヤー

は証明してみせたのだ。ロングアイランドやスペインの海岸では、誰も海水浴にでかけなかったにちがいない！

循環が遅くなったのは、ハドソン湾とカナダ東部をおおうローレンタイド氷床からの融解水が、現在ラブラドル海となっている海域へ何千年にもわたって流れ込んだからだった。氷山の急激な流出をともなうハインリッヒ・イベントが、重大な役割を担っていたのだ。淡水が絶えず流入すると、北大西洋の海面から塩分濃度の高い水が沈み込む動きが止まった。その結果、今度は温かい海流が、反時計まわりに循環する動きが止まった。メキシコ湾流から北東方向のヨーロッパへ向かい、さらにアイスランドの下方で西へ流れていた流れである。氷河時代末期の深海コアとグリーンランドの氷をボーリングした試料には、北および東から吹いた冷たい氷河風によって大気中を運ばれた細かいダストが大量に含まれている。

やがて、急速な温暖化が始まった。ダストの含有レベルは、ローレンタイド氷床が急速に後退するにつれて、にわかに低下した。ハドソン湾への融解水の流入は遅くなり、そのうちに止まった。ラブラドル海で沈降が再び始まる。メキシコ湾流が動きだし、北大西洋の循環がまた始まった。こうなると海上では湿った偏西風が強くなり、ヨーロッパ北西部の気温を一段と上昇させるようになった。

いずれ、海面水温の変化と大気の状態の込み入った関係がコンピューターで再現実験できるようになれば、この劇的な気候変動を引き起こす複雑な力学がより理解できるようになるだろう。おそらくは、地球の軌道離心率と、地軸の傾きと方向がゆっくりと周期的に変わったことが変化を引き起こし、それによって蒸発と降雨、それに季節ごとの変化のパターンが変わったためだろう。地球化学者のウォーレス・ブロッカーは、こうした季節の変化が大気と海洋のシステム全体を氷期中のあるモードから、温暖期のまったく異なるモードへ急激に変化させたと考えている。「スイッチ」が入れ替わるたびに、海洋の循環は大きく変わり、大ベルトコンベヤーは熱を異なった方向で世界各地に運ぶようになった。気候の寒暖周期についてわかっていることはわずかだが、将来いずれかの時期に、地上に再び寒い時代が訪れないと想定するのは、やはり浅はかだろう。

温暖化のもたらした変化

一万五〇〇〇年前、おそらく四万人ほどのクロマニョン人がヨーロッパ中部と西部に住んでいた。ロンドンのヒースロー空港を一日に利用する人の半数にも満たない数である。大所帯の狩猟集団は一年の大半をステップ・ツンドラの南にある風のこない谷間や低地で過ごしていた。彼らの生活は、トナカイの季節ごとの移動や、春と秋のサケの遡河、そして寒さを好む哺乳類の狩猟を中心にまわっていた。男たちはホッキョクギツネ、ビーバーなど、毛皮のとれる動物を何百匹も罠で捕まえた。衣服を効率よく重ね着することは、氷河時代の厳しい寒さと、急激な気候の変化に備えるための重要な武器だったからだ。女たちは季節ごとに植物性食物を集め、重ね着できる服を仕立てたり、繕ったりという針仕事に多くの時間を費やした。

クロマニョン人は獲物の状態を見極めるのが得意で、とりわけ動物の脂の乗りに関しては敏感だった。だからこそ、トナカイの大々的な駆り集めは秋に行なったのだろう。暖かい季節にトナカイが栄養のある植物性食物をたっぷり食べたあとだからだ。過去の狩猟採集社会の多くは、脂の乗りのよい動物と骨髄を探しだすことに長けていた。肥えた動物の肉は旨みがあり、痩せた肉にはない満腹感が得られる。脂肪は主要なエネルギー源であり、タンパク質よりも効率よく代謝し、重要なビタミンと必須脂肪酸を蓄えている。太古の狩人たちには明らかにこうした細かい栄養学の知識はなかったにちがいないが、健康でよい暮らしを送るのにどんな肉が好ましいかはよく知っていただろう。

人間が長期的に健康をひどく損なうことなく安全に消費しうる動物性タンパク質の量は、一日のカロリー摂取量の五〇パーセントほどだ。だからこそ、狩猟採集社会の多くは、妊娠中の女性が食べられる肉の量を厳しく制限するのだ。タンパク質の過剰摂取は、胎児の健康を危険にさらすからだ。食事の幅を広げる必要性を考えれば、北極地方で昔、多くの社会がカリブーやトナカイの半ば消化された胃の中身や、一部の鳥や海獣の消化管を食べるのを習慣としていたことも説明がつくかもしれない。海岸沿いに住むイヌイットには、冬場に氷のあいだから海藻を採る人びとすらいた。クロマニョン人も食生活を多様化するために、できるかぎり努力したのは間違いない。

これらの狩猟社会は大型および中型の哺乳類に大きく依存していた。オーロックス、バイソン、マンモス、トナカイ、野生馬などの獲物である。人間の生活はこれらの動物と強力な象徴主義を通じて結びついていた。アルタミラ、ショーヴェ洞窟、ラスコー、ニオーの洞窟壁画やその他の多くの遺跡は、氷河時代の動物の力を証明している。そのような場所では、人びとは岩壁に手を当て、そのなかに宿る動物の魂から力を得ていたと思われる。

一万五〇〇〇年前、ヨーロッパはまだ非常に厳しい寒さがつづいていた。巨大な氷床がスカンディナヴィアとドイツ北部、そして北海沿岸低地帯の一部をおおい、まだ大陸と陸つづきだったブリテン島もほぼ氷の下にあった。海面水位は現在より九〇メートル以上低かった。北海南部を月夜に航行し、穏やかな波の上に映った月の銀色の道を眺めていると、わずか一万年前まで陸地だった場所の数メートル上を船で走っているとは信じがたいかもしれない。だが、北海中央部にあるドッガーバンクでトロール漁業を営む

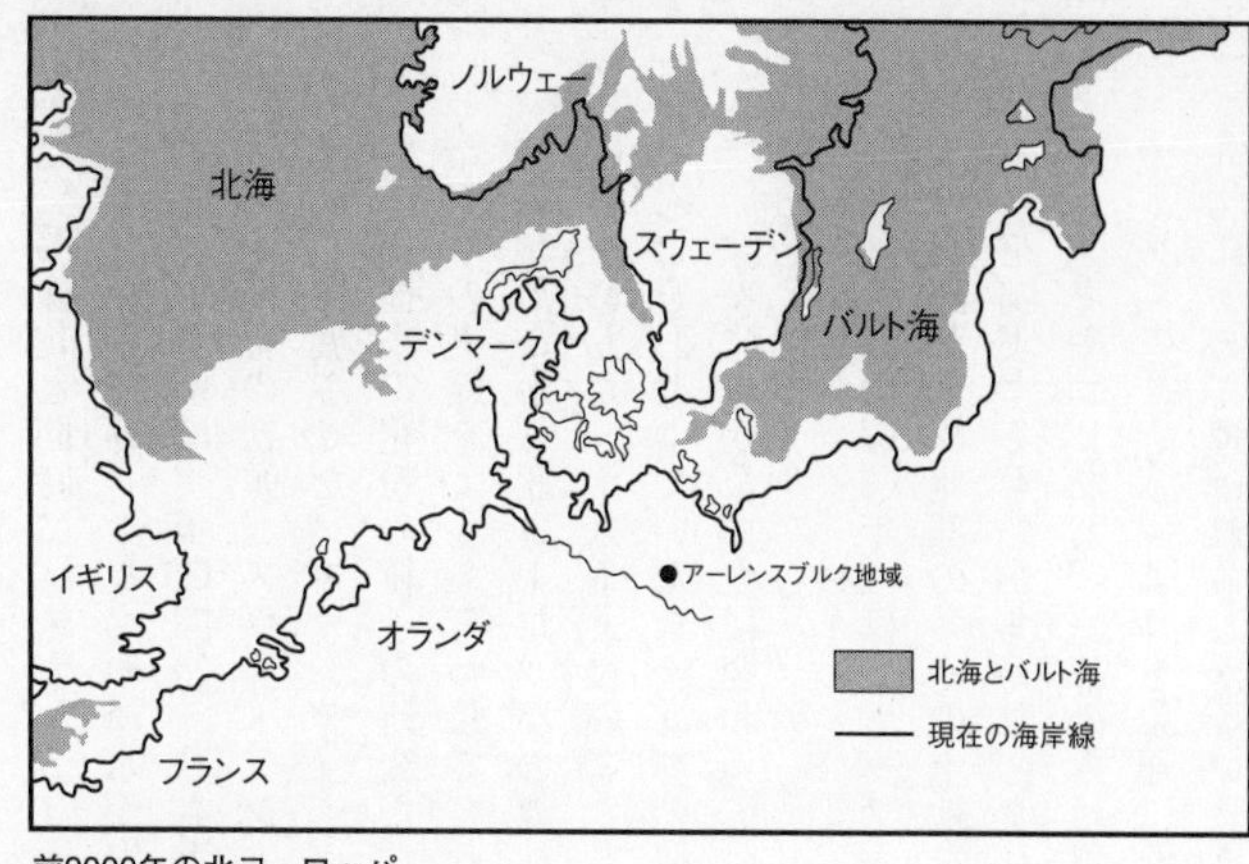

前9000年の北ヨーロッパ

漁師は、海底から枝角製の槍先（やりさき）など人工遺物を発見している。

その後、温暖化が始まり、わずか二〇〇〇年のあいだに、あたりの景色は見る影もなく変わった。

前一万二七〇〇年には、場所によっては夏の気温が現代よりも高くなった。ここでもちっぽけな甲虫が変化の指標として役立つことになる。これらの小さい生物は、気温の変化に非常に敏感であり、高緯度ではそれがとくにいちじるしい。なかでも、イギリスの甲虫は協力的だ。前一万三〇〇〇年まで、イギリスに寒さを好む種類の甲虫がいたということは、七月の平均気温が一〇度前後だったことになる。そのうちに、甲虫の個体群は大きく変化した。夏の気温が急速に上がり、前一万二五〇〇年ごろには平均気温が二〇度くらいになり、やがて徐々（じょじょ）に冷え込んで、前一万一〇〇〇年には一四度ほどになった。温暖化と同時に、スカンディナヴィアとアルプスの氷床は急激に縮小した。融解により、何十億リットルもの淡水が海に放出された。前一万二〇〇〇年には、海面水位は場所によっては、年間四〇ミリも上昇した。

二十世紀の初頭、スウェーデンの植物学者レナート・フォン・ポストが花粉学という学問を発展させた。スカンディナヴィアの湿地など、水浸しの場所の堆積物(たいせきぶつ)に保存されていた極小の花粉の粒子の研究だ。これらの小さい花粉が、かつてその一帯に生えていた樹木の実態をよくあらわしていることにポストは気づいた。彼は柱状試料から花粉を集め、そこから北ヨーロッパの森林の分布に完新世を通じてどんな変化が起こったかを明らかにした。ポストと後継者たちの研究のおかげで、氷河時代末期にヨーロッパのほとんどをおおっていたステップの植生が、ビャクシン、ヤナギなどの灌木(かんぼく)の進入とともに、徐々に豊かな植生に変わっていったことがわかった。その後、森林は鬱蒼(うっそう)と茂るようになった。

前一万二〇〇〇年には、カバノキの森がイングランドのほとんどを、そしてヨーロッパの西部および北部の多くの土地をおおうようになった。ヨーロッパ各地に森林が広がるのを制限するものがあったとすれば、それは種子が自然に分散する割合だけだった。カバノキやニレなど、一部の木は風によって種子を飛散させる。これらの木は明らかに、オーク〔ナラやカシ〕よりも急速に繁茂する。オークのどんぐりは、鳥や、渓流などの媒介物によって運ばれるしかないうえに、生長も遅いからだ。カバノキ、マツ、ハンノキ、

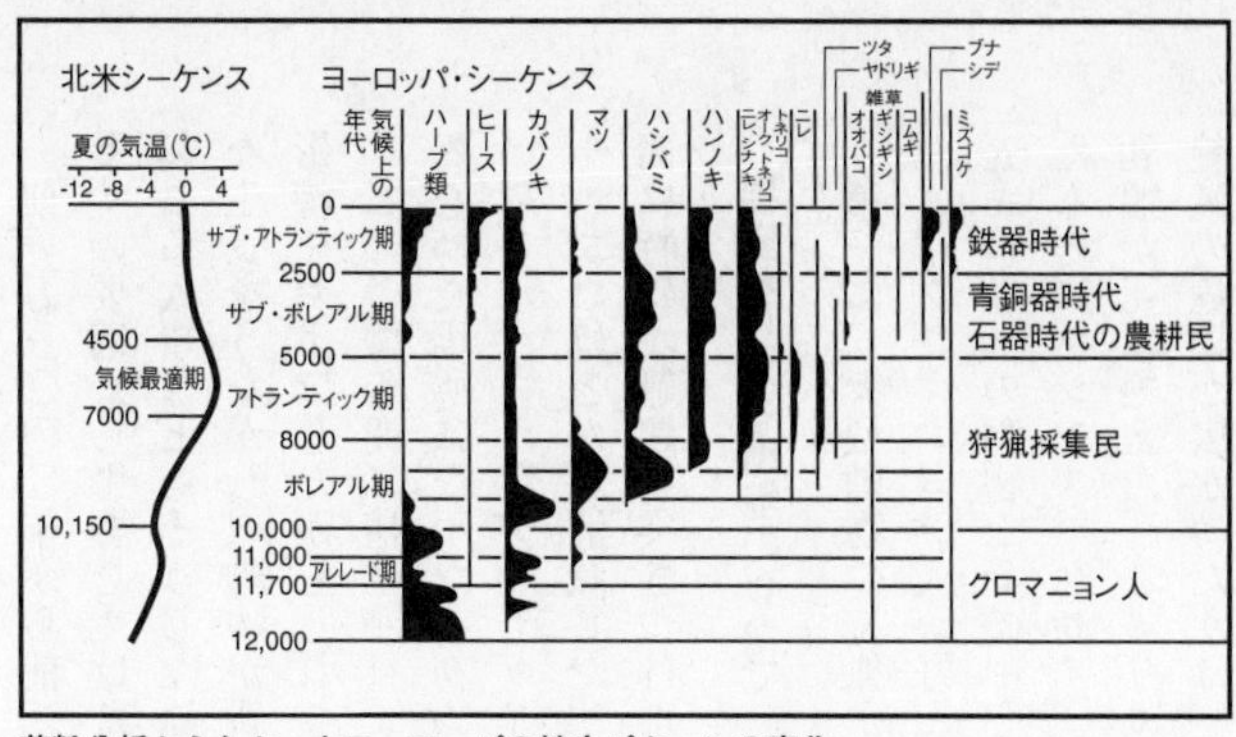

花粉分析からわかったヨーロッパの植生パターンの変化

ハシバミは五〇〇年から二〇〇〇年という歳月にわたり、一年間に一キロないし二キロという割合で前進した、と専門家は考える。ある種の木が最終的にどれだけ生息範囲を広げるかは、その木が氷河時代を生き延びた場所、つまり分散の拠点しだいでもあった。たとえば、マツはアイルランド西部沖の大陸棚の避難場所から勢力範囲を広げ、一方、ブナはイタリアとバルカン半島から広まった。今日でも、カバノキの木立はヨーロッパの東部と中部に多く、それより西にはマツが多い。土壌や距離の制約を受けなければ、植物は驚くほどすばやく気候の変化に反応しうる。たとえばニュージーランドでは、氷河時代末期、奥まった場所にナンキョクブナがわずかに生育しているだけで、ほとんどの土地は草地と灌木でおおわれていた。だが、氷河時代の終わりに急速に温暖化すると、わずか三〇〇年のあいだに、ブナがそれ以前の開けた土地を完全におおいつくしてしまった。

前一万三〇〇〇年から前八〇〇〇年までの生態学的に不安定な時代、森林の広がりは多くの要因から影響を受けた。若葉を食べる動物の行動様式、病気、落雷などによって起こる火事などもそうした原因の一部だ。人間もまた、枯れ草にわざと火を放って新たな生長をうながし、動物が新芽を食べにくるよう仕向けることによって、樹木の分布に影響をおよぼしたかもしれない。火おこし棒は環境を変える強力な道具だったのだ。

二〇〇〇年間に植生が目まぐるしく変化したのち、ヨーロッパはそれ以前とはまるで異なった場所になった。初めに北部に広がったカバノキの森は、このころには北端に追いやられ、スカンディナヴィアとロシア北部に見られるばかりになった。ツンドラとステップはほとんど消滅した。こうした環境的な変化は、凍結した世界に適応していた人間に特殊な難題を突きつけた。

様変わりする環境のなかで

第一に、大型動物の狩猟が困難になった。前一万四〇〇〇年から前九五〇〇年のあいだに、クロマニョン人が好んで狩猟していた獲物に絶滅の危機が押し寄せた。体重が四五キロ以上の動物がその中心だった。氷河時代の代表的な動物で、この時期に姿を消したものにマンモス、ケサイ、オオツノシカなどがいるが、そのほかにも多数の小型の哺乳類が死に絶えた。アメリカ大陸、ヨーロッパ、ユーラシア北部一帯になぜこのような絶滅の危機が広がったかは、ある意味で謎（なぞ）のままだ。多くの大型動物は、急激な温暖化に適応できなかったのかもしれない。たとえば、最近イングランドのコンドーヴァーで発見されたマンモスの一家が死んだのは、見慣れたステップ・ツンドラの光景が北に後退し、あたりが樹木でおおわれるようになった時代だった。多くの場所で、海面水位の上昇や山脈など自然の障壁に阻まれて、それらの動物はより開けた土地へと移動できずじまいになった。

　現在でもなおほとんど解明されていない環境による圧力が複雑に作用し合った結果、氷河時代の動物のなかで適応性の低い特殊な動物は絶滅していった。ユーラシア北部だけでも、八〇属ほどの生物が消滅した。マンモスはシベリアの北極地方にある極寒の孤島、ヴランゲリ島でのみ生き残った。海面水位の上昇によって本土のベーリンジアから切り離されたこの島には、ステップ・ツンドラの環境が残されていた。この島で極地の象は氷河時代のタイム・カプセルのなかで生き延びたが、孤立したために小型のマンモスとなった。最終的にこの僻地（へきち）の個体群は自然要因から滅び、最後に生息していたのは前二五〇〇年ごろと考えられている。ナイル川沿いにギザのピラミッドが建設され、ヨーロッパの中部や西部で鋤（すき）が使われるようになったころだ。

　人間の猟師は、こうした絶滅にどれだけ関与したのだろうか？　その影響が微々たるものだったのは、ほぼ間違いない。人間の祖先はすでに過去何万年間も同じ大型動物と共存し、狩りの獲物にしてきていたからだ。こう考えると、人類が大型哺乳類を過剰殺戮（さつりく）したという説は疑わしい。もっとも、繁殖に時間のかかるこれらの動物が腹をすかせて弱っているところにでくわせば、人間はそれを仕留めただろう。そうすることによって、最終的にその絶滅に手を貸したとは言えるかもしれないが。

大型動物相が死滅したころには、人類は新しい世界にみごとに適応していた。

臨機応変なクロマニョン人

好機を見逃さず、臨機応変で、移動する力がある——氷河時代末期の社会に欠かせなかったこうした資質が、この時代に再び役立つようになった。シベリアやアラスカの狩猟採集民と同様、クロマニョン人も気候の変化にうろたえることはなかった。彼らには二つの選択肢があった。昔からの獲物であるトナカイが、北進するツンドラとともに移動するのを追って北へ移住するか、その場所にとどまってまったく新しい環境に適応するか、である。きわめて不充分な考古学的証拠から推測するかぎり、彼らはそのどちらの道をも選んだ。

森林の多い南部では、大型動物の絶滅が確実になるにつれて、森の動物がより多く見られるようになった。アカシカ、イノシシ、オーロックスなどである。オーロックスは強力な武器をもった狩人にとっても、手強い相手だった。動物資源は以前よりも手に入りにくくなり、槍では仕留めづらくなっていた。氷河時代末期のクロマニョン人の狩集団であれば、秋に移動するトナカイを利用することができた。何千頭もの群れが、夏の牧草地とのあいだを往復するために狭い谷間を通り、川を渡るところを待ち伏せたのだ。彼らは毎年、数百頭のトナカイを仕留めた。だが、この時代になると、各地に分散して単独行動する獲物が多くなり、深い森や林地はもちろん、ときには空き地でも、追跡は困難になった。アカシカ狩りには限りない忍耐力と、優れた忍び寄りの術と、狙(ねら)いの確かな武器が必要だった。

獲物が分散し、数が減少するにつれ、植物性食物はより豊富になり、生存に欠かせない重要なものになった。ヨーロッパ西部の大半をおおった落葉樹の雑木林は、春と秋が中心で季節による違いはあったけれども、食用の植物に関してはきわめて豊かな環境だった。秋になると、ハシバミなどの木々から栄養のある木の実を収穫することができた。果物やきのこ、野草の種子、食べられる塊茎もあった。ワラビの根茎はどこにでもあり、まわりの環境をよく知っている人びとなら簡単に採集できるものだった。植物の生育期間が長くなるにつれ、一年の大半の月日は子供でも飢えをしのげるくらいの食べ物は集められるようになった。たとえばヨーロッパ南部では、地中海のイタリアカサマツの森に、赤身のステーキの三分の二ほどにも相当するタンパク質を含む松の実がなり、何ヵ月もつづけて家族全体がそれを食べて過ごせるほどだった。

植物性食物への移行は、技術革新も必要としなかった。野草、木の実、あるいは塊茎を採集し加工するのに使われた道具は、ごく単純なものだったからだ。木の掘り棒、獣皮、植物繊維でつくった笊(ざる)や籠(かご)、それに手ごろな丸石を丹念に削ってつくった擦り石や擦り台などだ。平らな面のある石はすでに何千年ものあいだ、レッドオーカーなどの顔料だけでなく、種子や根茎などをひくのに使われてきた。これらのものは単に、日常の道具のなかでより目立つ存在になっただけなのである。

初期のクロマニョン人は、なんと言っても、肉食が中心だったが、食事の幅を広げる必要性は彼らも充分に承知していた。狩猟採集民はどこでもみなそうだが、たとえ過酷な風土であっても、彼らはつねに食糧のある土地で暮らしてきた。クロマニョン人は最も目立たない植物ですら、いつが旬であるか知っていたし、木の実はいつ収穫できるのか、トナカイがいつ枝角を落とすかも熟知していた。周囲の環境は必需食品を提供するだけでなく、トナカイの移動が予測のつかないときや、サケの遡河が思わしくない場合に食べられる、その他の動植物による代替食物も与えてくれる生きた存在だった。大温暖化が訪れると、クロマニョン人の集団は雑食に切り替えることによって、変貌をとげた環境に適応した。カバノキ、ハシバミ、マツなどの明るい林が鬱蒼と茂った森に変わるにつれて、開けた土地はますます少なくなった。森のなかの空き地は、そのほとんどが湖や川岸、あるいは沼地や湿原に近いところに位置していた。前九〇〇〇年と言えば、大温暖化が始まってからわずか四〇〇〇年後のことだが、このころからヨーロッパにいた狩猟採集民はそのような開けた環境で暮らすようになり、それもますます海岸近くを好むようになった。

河口域や風を避けられる湾などは、鳥、魚、軟体動物、および海獣が豊富にいた。これなら食糧供給源として充分だと思われるかもしれないが、カナダの北極地方にあるイヌイットの海岸沿いの共同体を見れば、事はそう簡単に運ばないのがわかるだろう。激しい嵐が襲ったり氷が早く解けたりすれば、魚も海獣も獲れなくなるし、サケの不漁など、不都合はいくらでも生じうる。そのうえ、魚や軟体動物の多くは脂肪が少なく、それらを食べて暮らしている人びとにとってあまり栄養価がない。サケのように脂の多い魚は、氷点下の冬が長くつづき、獲れた魚を冷凍保存しうる地域ですら貯蔵が難しいことで知られている。乾燥させ、燻製にした魚は保存日数が比較的かぎられており、数ヵ月以上もたせることはまず無理だ。何ヵ月も、あるいは何年ものあいだつづく食糧不足を緩和するには、あまりにも短期なのである。

そこで必然的に、大温暖化時代のヨーロッパ人は植物性食物、なかでも澱粉質の種子と木の実に関心を向けるようになった。こうしたものは何年でも保存が可能で、獣脂や小型の哺乳類よりも必需食品としてずっと頼れるものだった。だからと言って、植物性食物が万能薬となったわけではない。極端な豪雨、干ばつ、あるいは大嵐によって、食糧不足や社会不安は周期的にもたらされただろう。非常時には、人びとはまずい食用植物を食べて急場をしのぎ、隣人と工面し合って苦しい月日を乗り越えた。炭水化物と油分に富んだ食用植物の収穫が増え、隣人との社会的絆が強まったことが、この長期にわたる急速な温暖化における救い手となった。

狩猟から食用植物の採集に移行したことは、目立ったことではないが、ほかにもある結果をもたらした。夏のあいだ、人びとは狩猟にでかける回数を減らし、代わりに保存の容易な食用植物を集めるようになったのだ。こうして得られた余剰の食糧は、すぐに消費され、余分な脂肪分として身体（からだ）に蓄えられることもあったが、地下の穴倉や地上の保存容器で貯蔵されることもあった。貯蔵すれば、その三分の一は腐ったり、齧歯類（げっしるい）に食べられたり、盗まれたりして失われる可能性がある。自分の身体に蓄える場合は、移動が可能という利点はあるが、晩冬や早春にひもじい日々が訪れるずっと以前から、余分な脂肪分はあらかたなくなってしまっただろう。一方、穴倉または地上で保存すれば、食糧の乏しい期間に少しずつ食べられるが、移動力が大きく損なわれるという犠牲がともなった。

木の実や種子の多くはタンパク質に富んでおり、大量に摂取すると、動物の肉と同じくらい妊婦には有害だった。解決策の一つは、木の実を殻ごと粉に挽いてからゆで、浮きあがってくる油をすくいとることだったかもしれない。あるいは、このスープのような液体を飲んで、中身を捨てることもできただろう。北米の南東部にかつて住んでいた先住民が実践していた方法である。どんぐりなど一部の木の実は、タンニンが多く含まれており、ゆでるか水に浸（つ）けて灰汁（あく）抜きをする必要があった。また、一部の野草や木の実もいくらか毒性があったり、消化の悪い成分が含まれたりしており、やはり加工に多くの手間がかかった。澱粉質（でんぷんしつ）の植物性食物を炒（い）る、ひく、ゆでるといった作業は、それらを食べるにも貯蔵するにも、日常的に多くの労力を費やさなければならなかった。そうした活動が狩猟採集集団を長期にわたって一つの場所に足止めするようになった。

大温暖化によって季節がより明確になると、晩秋から早春までの食糧の乏しい季節を乗り切るために、動物は多くの脂肪を身につけなければならなくなった。同時に、狩人も冬と春には大型の動物の狩りを控えるようになっただろう。その代わりに、夏や秋の栄養状態のいい時期に仕留めたメスなど、厳選された獲物から得た肉を貯蔵しておいたものを食べたにちがいない。また、晩冬から春にかけては、肉づきのいいオスを追いかけただろうが、毎年、発情期には動物を狩らなくなったはずだ。ひどく苦しい年であれば、脳、腎臓(じんぞう)、四肢の骨髄など、脂肪の多い部位をとるためだけに、獲物を殺すこともあったかもしれない。

脂肪を手に入れるための別の方法としては、四肢の末端や脊椎(せきつい)にある多孔性の組織から脂肪を抽出するやり方もあった。骨を切断し、獣皮、樹皮、あるいは籠状の容器に入れ、熱した石を使ってゆでる、という手間のかかる作業だ。焼け石を使うゆで方も獣脂の抽出も、大温暖化の時代に最初に登場しただろうと、ジョン・スペスは考える。ゆでれば非タンパク性のカロリーはつくりだされるが、おそらく充分な食糧にはならなかっただろう。

気候が温暖化して四季が明確になるにつれて、ほぼ確実に食糧の不足する時期が訪れるようになり、人びとは栄養を補おうと、春でも脂肪の落ちない小型の動物を狩猟するようになった。こうした獲物には水鳥、ビーバー(脂肪の多い尾が重宝された)、イノシシ、幼虫、海獣、および一部の魚類が含まれていた。この数千年間に、狩猟の対象が大型動物から小型動物へ移行したことに関しては多数の証拠があるが、その多くは大型の陸上哺乳類がますます希少になった事実だけでなく、こうした栄養面での必要性をも反映しているのかもしれない。

クロマニョン人を救ったのは、環境にたいする彼らの知識であり、とりわけ彼らの移動力だった。氷河時代の長い冬のあいだ避難していた洞穴や岩窟住居を離れ、彼らはこのころにはほぼ完全に開けた土地で暮らすようになっていた。冬、地面に雪が積もって忍び寄りやすくなる時期には、群れをつくらず、行動の予測できない獲物を狩りに森にでかけた。食用植物は季節ごとに遠く離れた場所まで採集に行かなければならなかった。そのため、移動できることは不可欠な条件であり、狩猟の領域も以前よりはるかに広くなっていた。だからこそ、ロージュリ・オートのような大規模な岩窟住居でも、一時的な文化層しか残らず、それ以前の時代の壮大な洞窟壁画は忘れ去られたのである。人びとは霊的生活を地上に移動させ、信仰の象徴をたずさえていくようになったのだ。洞窟壁画が存在しないため、この時代のこうした信仰に関しては推測するしかない。彼らの象徴はみな腐りやすい木や樹皮や獣皮に描かれるか、彫られていたからだ。しかし、この時代にも尊敬される長老がまだ存在していたのは間違いない。生者の世界と超自然界とを仲介する力のある男や女であり、世界の秩序を歌や詠唱で、あるいはトランス状態になって説明した人びとだ。猟師たちが空き地や森に潜んでいるオーロックス、鹿（しか）などの獲物と、密接に霊的関係を築いていたことも確かだ。シャーマンは大昔の狩りや、もはや地上を闊歩することのない幻の動物、そして夏でもつづいた極寒の日々に関する民衆の記憶が失われないように努めさえしたかもしれない。人間の日々の暮らしにおけるいくつかの基本的な事柄は、変わらずに残された。現存する狩猟採集民の社会がなんらかの手がかりになるとすれば、大温暖化時代の霊的生活は、洞窟壁画の最盛期と同じくらい、強い影響力のある高度なものだっただろう。人びとはどこでも超自然界の目に見えない力に囲まれながら、日々の生活を送っていた。超自然界は導きと先例を示し、人間としての存在を定め、一つの短い世代から次の世代に向けて、ほとんど変わることのない世界を管理していた。

弓の発明

クロマニョン人は昔から槍と投槍器を使って狩りをしてきた。槍は、移動中のトナカイを至近距離から仕留めるには優れた武器だった。忍び寄るのがうまい人間が使いこなせば、こうした道具は致命傷を負わせうるものだったが、深い森のなかで持ち歩くには不便で、長い柄は枝や下生えに引っかかった。氷河時代の最後か大温暖化の初期のいずれかの時期に、それまで灌木におおわれていたツンドラが森林に変わりつつあったころ、ヨーロッパのどこかでより殺傷力のある新しい狩猟道具が発明された。弓矢である。

槍と投槍器にくらべれば、弓は格段の進歩だった。弓が発明されたおかげで時速一〇〇キロのスピードで武器を発射できるようになったのだ。これはどんな攻撃力のある槍投げよりも高速だった。そのうえ、弓は二〇〇メートルもの距離から射ることができ、二〇メートルから五〇メートルの距離なら驚くほどの命中度となった。この距離が最適な射程だった。というのも、これ以上の距離になると貫通力が急激に弱まったからだ。

初期の弓は単純なものだったが、それでも強力な武器だった。スカンディナヴィアの湿地では大昔の弓がいくつか発見されている。繊維または革紐（かわひも）の弦が張られ、長さは一・六メートルもあり、五〇メートルの距離からクマの丈夫な毛皮をも貫通する矢を射られるものだった。これらの武器に使われた矢は、スカンディナヴィアの沼地や湿原に残っており、長さは九〇センチほど、直径は一センチ前後だった。鋭く尖（とが）らせた石製のやじりがついた矢は、縛ってある紐や羽根をすべて含めても重さが一グラムほどだったろう。こうした武器は、クマやシカなど中型の獲物の近くまで忍び寄れる狩りの名手が使えば、恐ろしい凶器になった。

弓は命中度の高い武器であり、樹木などに遮られて近寄れない場合でも、獲物を射殺するか傷を負わせることができた。また水面にいる鳥や、飛んでいる鳥を射落とすことも可能だった。だが、この命中度は、小さい石のやじりを精巧につくれるかどうかにかかっていた。その先端はじつに鋭利で、毛皮や厚い皮でも貫くことができた。二十世紀初め、カリフォルニア大学の研究者サクストン・ポープが、最後のヤヒ族として有名なイシとともに、伝統的な武器だけをたずさえて狩りにでかけた。ポープはこのとき、シカや鳥を仕留めるには、石のやじりのほうが鋼鉄製の矢よりも効力を発揮することに気づいた。石のやじりのほうがはるかに鋭いのだ。石のやじりは獲物の体内に斜めに入り、皮を突き抜け、その先にある臓器に大きな痛手を負わせる。逆とげのようなものがさらに加われば、矢はいっそう大きな傷を負わせられるようになる。最も効果的な逆とげは、横向きの刃がついており、一本の矢柄にそうしたとげが何本もとりつけられた場合には、とくに抜群の効果があった。

弓矢はそれ以前の狩猟技術から徐々に洗練され発展したもので、大型の動物にも小型のものにも使えた。だが、この新しい兵器にはそれまでよりも小さい石刃や、多数の小さい逆とげとやじりが必要になった。製造技術そのものはまったく単純なものだった。フリントなど目の密な石を注意深く削って、通常は円筒形をした小さい「石核」をつくりだせばいいのだ。そこから、ほぼ標準化されたサイズの極小の石刃を何十枚も打ちだすことができた。

この技術は何世紀ものあいだに発達したものだった。前一万年までに、多くの集団が三角形や台形など、異なったかたちのやじりを製作しはじめ、石の穂先付きの槍とともに使用するようになった。やがて、誰もが小さく鋭利なやじりを使いはじめた。二〇〇〇年後には、小さい石刃を二回割って台形のようなやじりを形成し、矢柄の先端に横向きにはめ込むようになった。

弓矢にはほかにも重大な利点があった。狩人はもはや一度きりの飛び道具に頼ることなく、矢筒にいっぱい矢を持ち運べるようになった。しかも、一本の槍と投槍器よりもそのほうが軽いのだ。弓矢はさまざまな動物に効力を発する、きわめて万能な武器だった。槍と投槍器も、トナカイや野生馬の大群を追うときのように、至近距離で命中させればかなりの殺傷力があった。しかし、単独で行動する小型の動物にはあまり使えなかった。それらの多くはすばやく動く標的で、狩人は一秒足らずで狙いを定めて攻撃しなければならなかったからだ。

弓をもった狩人が深い森でアカシカに忍び寄るところや、頭上の梢(こずえ)で鳴き声をあげるリスを狙う姿を想像してほしい。狩人は少し離れた木の幹や下生えのあいだに隠れ、狙いをつけてから、楽に矢を射られる。弓の名人なら、何メートルも上にいるリスを狙い、地面に射落とせる。そのうえ、弓矢は初めて空を飛ぶ鳥を狙うことも可能にした。ウサギや地面を歩く鳥や水鳥にはまだ網と駆り集めが役立ったが、弓を使えば、小さい湖の風下にある葦(あし)のなかに身を潜め、ことによると本物そっくりのデコイで獲物を引き寄せ、不審に思わず近づいてきた鳥を射ることも可能だった。よく計算したうえで矢を射れば、死骸(しがい)はゆっくりと手の届くところに流れてくる。槍では飛ぶ鳥を仕留めることはできないが、弓ならそこそこの技術があれば射落とせるし、少なくとも高速の矢で不意をつけば、傷ついて地面に落ちてくるところを殺すことができた。

北部のツンドラの周辺では昔ながらの生活様式がつづいていたが、この地でも新しい狩猟技術の恩恵はこうむっていた。このあたりでは、トナカイはまだ重要な食糧であり、冬の草場と夏の草場を移動するさいに、狩人の餌食(えじき)になった。ドイツ北部のシュレスヴ

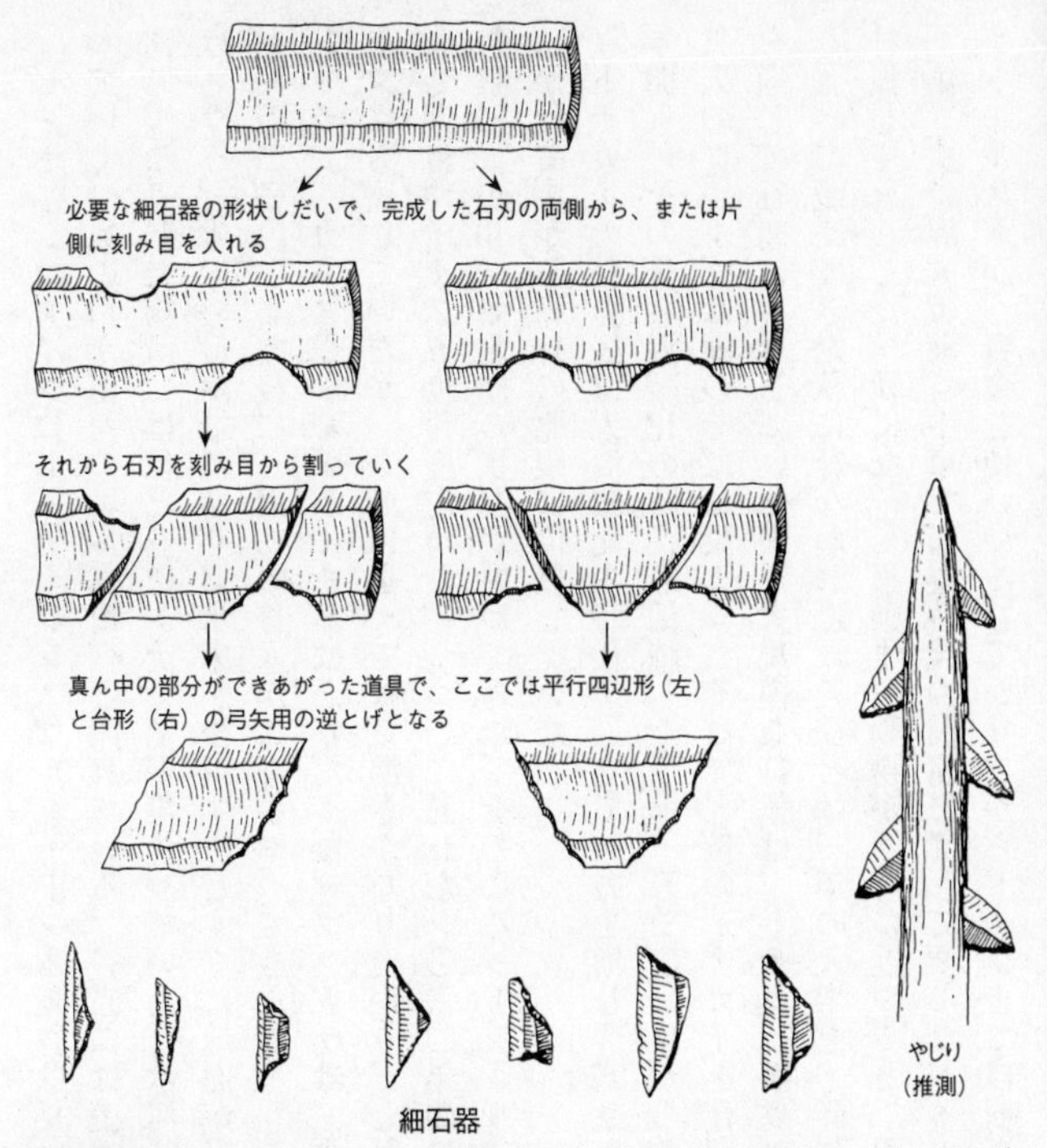

細石器の技術。小さいフリントの石刃に刻み目を入れ、割ることによって、さまざまな形状の殺傷力の高い鋭利な逆とげがつくられた。こうした逆とげは、木製の矢や槍の溝穴にはめ込まれた

ィヒ・ホルシュタインにあるアーレンスブルク・トンネル谷は長い氷食谷で、そこを通っていくつもの川が南西のエルベ川へと流れている。谷底には浅い氷河湖と多数の池があり、こうした場所には秋と春にトナカイが集まっていた。氷河時代末期には、この谷はちょうど氷床の最南端にあり、氷床が後退するとすぐに地面が露出した場所だった。前一万二〇〇〇年前後に、最初の狩人がここへやってきたころ、このあたりは開けたツンドラで、カバノキがわずかにあるばかりだった。ツンドラは、北は現在のコペンハーゲンにも達していたが、季節によっては気温もかなり上がり、七月には一三度にもなり、厳冬期はマイナス五度程度だった。つづいて訪れた一〇〇〇年間の寒い時代に、気温は急激に下がり、亜北極の状況が戻ってきた。そのころ、トンネル谷はエルベ河谷から南にかけて広がる森林の北限に位置していた。

トナカイの狩猟民は大温暖化の時代を通じて勢力を増し、寒さが揺り戻した一〇〇〇年間も、その後の温暖化の時代も活躍した。前一万一〇〇〇年から前九九〇〇年にかけて、狩人のグループは湖のそばに集まり、そこで大量のトナカイを仕留めた。狩人らは一年を通じて谷間に暮らしていたが、大規模な狩猟は、トナカイが夏のあいだに草をたっぷり食べて肥えてきた秋に行なわれた。人びとは一年の大半を、群れをつくらない動物を狩猟して暮らした。秋になって移動する動物が湖畔に近づくと、それらを捕獲した。

第二次世界大戦前、中東で石器時代の洞窟に関して学んだドイツの考古学者アルフレット・ルストが、資金を使いつくしてシリアからドイツまで自転車で帰国したのち、この谷の湖の南岸でシュテルモールとマイエンドルフの遺跡をわずかな予算で発掘した。マイエンドルフで彼が発掘したトナカイの狩猟者たちは、投槍器と石製の片刃の尖頭器(ポイント)をつけた槍を使い、獲物を殺していた。しかし、数世紀後になると、人びとは弓矢を用いるようになった。

トナカイの大群が谷に近づくと、狩人はトナカイが通常のルートからはずれるように仕向け、軽い石のやじりをつけた矢を使って、湖と周囲の高台にはさまれた狭い草地に殺到させた。トナカイは北北東へ移動していたので、急激に向きを変えて湖岸に向かっただろう。トナカイはここで細長い湖を渡るか、高台へ登らなければならない。狩人は待ち伏せし、できるだけ多くの獲物を足場のいい場所で仕留め、その後、生き残ったトナカイが混乱しながら安全な場所を求めて湖を渡ろうとするところを狙った。身をかがめた射手は矢を次々と一斉に放った。ルストの発掘隊は湖の堆積物から、精巧につくられた松材の矢を一〇五本ほど発見したうえ、明らかに鋭い矢傷を負ったトナカイの骨もいくつか見つけた。骨の外傷を調べた考古学者のボディル・ブラトルントが証明したところによると、狩人は、獲物が脇(わき)を通過して、最も狙いやすい位置にくるまで待ち、矢をほぼ同じ高さから獲物に向けて放っていた。トナカイが射程外へ移動すると、最後の矢を一斉に放ち、最後尾で逃げまどっている数頭のトナカイに傷を負わせた。

南部の森では、狩人は単独で行動した。かつて氷河時代末期の極寒期には、多くのクロマニョン人の集団が集まって大規模な狩猟集団を形成し、予測しやすいトナカイの移動とサケの遡河を頼りに暮らしていた。それでも、社会の基本単位はつねに家族と親類縁者だった。遠く離れて暮らしながらも、人びとは複雑な義理人情で結びつけられており、そうした昔からの絆が世代から世代へと受け継がれてきたのだ。大温暖化とともに、狩猟集団は離散した。森の多い土地では、長期にわたって大型の定住地を築くことはできないからだ。魚が豊富にいれば別だが、それでも定住型の暮らしをするには、多種多様な食糧が予定どおりに手に入らなくてはならない。もっとも、氷河時代が終わっても、社会に大きな変化があったわけではない。人びとはただ全般的に分散し、狩猟採集社会の永遠の真理にしたがっていた。つまり、つねに移動をつづけ、狩猟中には不慮の事故にあい、そして遠隔地の食糧供給源に関する情報の入手は欠かせなかったのだった。

第5章　一〇〇〇年におよぶ干ばつ　紀元前一万一〇〇〇年〜前一万年

どんな未開の野蛮人も、自らが採集する食用植物の特性に関しては熟知しているので、種にしろ根にしろ、地面の適切な場所に植えれば、芽生えることはよく知っているにちがいない。

サー・エドワード・タイラー『人類学』（一八八一年）

一万五〇〇〇年前、氷河時代の寒気の影響は、南西アジアの中心部にまでおよんでいた。ギリシャからエジプトまで、東地中海は北東からの高気圧性の風の影響下にあった。この風はスカンディナヴィアとシベリアの氷床上にある高気圧団から吹いていた。当時も現在と同様、季節によっては雨が降ったが、全体的にかなり乾燥しており、トルコからナイル流域にかけては、多くの場所がかろうじて半乾燥気候と呼べる程度だった。ナイル川そのものは、東アフリカとエチオピアの高地が氾濫（はんらん）していた影響で、今日よりも少なくとも六メートルは高い水位で流れており、現在の川よりも川幅が狭く浅かった。川沿いに住む人びとは数千人にすぎず、川辺に野営して浅瀬で釣りをし、極度に乾燥した地域のオアシス沿いにある細長い土地で植物を採集していた。半乾燥気候の生活に順応しながら、各地に分散し移動をつづける狩猟採集民は、南西アジア一帯で栄えていた。

東地中海の海岸沿い、ヨルダン川流域と乾燥した内地、ティグリスとユーフラテスの川沿い、そしてアナトリア高原など、水があって食用植物のあるところならどこでも、人類は暮らしていた。十数名以上の大所帯の狩猟集団はほとんどなく、いずれも恒久的な水源につなぎとめられていた。

氷河時代末期の狩猟集団の多くはレヴァント地方に住んでいた。南西アジアの最西端にあるこの地方は、トルコのトロス山脈の南斜面から、ヨルダン地溝帯、そして南部にある荒涼としたシナイ半島など、さまざまな景観の土地からなっていた。この地方の環境は南北に細長い地域ごとに分かれており、西は海岸地帯に始まり、東の果てには砂漠がある。狩猟者たちは冬には湿った寒い日々を、夏には乾燥した暑い日々を過ごしており、ヨルダン川流域以南は現在と同じくらい乾燥していた。生物の現存量が最も豊富だったのは海外沿いの地帯で、内陸に向かうにつれて土地の環境収容力は急速に衰えていった。

このあたりは季節による変化の大きい土地だった。四月から六月にかけては種子類が豊富で、九月から十一月は果物の季節だった。砂漠にすむ小型のレイヨウ、ガゼルが、いたるところに生息していた。動物はほかにも、オーロックス、鹿(しか)、イノシシなどが見られた。ヨーロッパと同様、ここでも植物性食物はのちの時代とくらべて重要度が低く、それは単に気候が乾燥しすぎていたためだった。

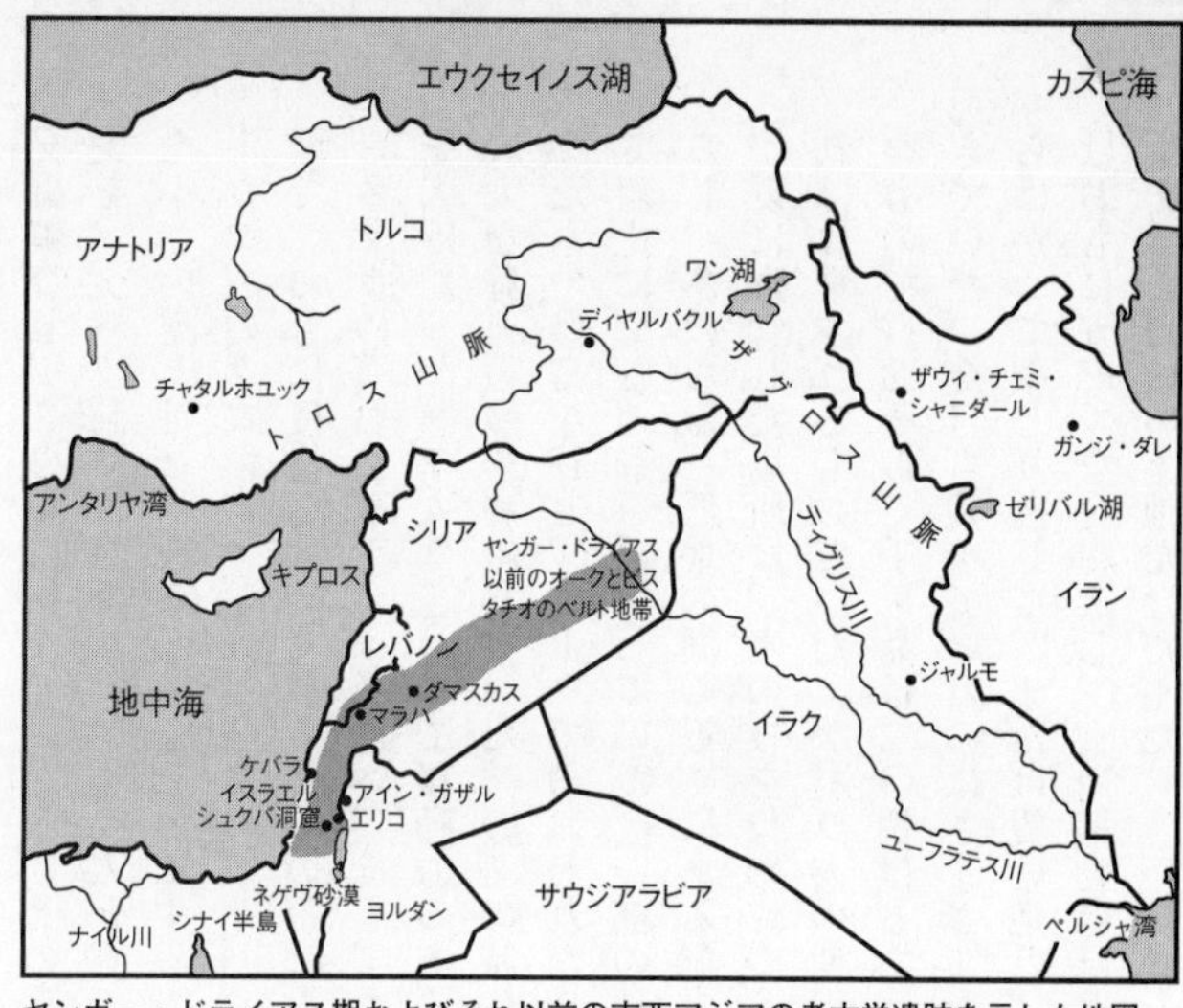

ヤンガー・ドライアス期およびそれ以前の南西アジアの考古学遺跡を示した地図

ケバラ人

大温暖化が始まると、北東風が止んだ。大西洋と地中海から湿った空気が流れ込み、降水量が増えた。前一万三〇〇〇年以降の温暖な時代に、どんぐりがよく実るオークの森が急速に広がったことが、イラン東部、ヨルダン川流域など各地にある太古の湖の底から採集された花粉試料からわかる。何千年ぶりかに、地表水が豊富になった。淡水の湧水のおかげで、このあたり一帯は飲み水にはおおむね事欠かなかった。狩猟集団はそれまで人の住めなかった東の地にも移動した。

一九二〇年代末、ケンブリッジ大学の人類学者ドロシー・ギャロッドが、現在のイスラエルにあるカルメル山を発掘調査し、この地に住んでいた人びとの存在を初めて明らかにした。彼女はこれらの民を、ケバラ洞窟にちなんでケバラ人と呼んだ。この洞窟でギャロッドは、矢に使われた小さい逆とげと、彼らが獣皮を加工するのに用いた石のスクレーパーを発見した。ヨーロッパのクロマニョン人と同様に、ケバラ人は氷河時代末期には確かな水源のある地域で、おもに獲物を獲って暮らしていた。大温暖化とともに、彼らはレヴァント地方からネゲヴ砂漠およびシナイ半島へ、そしてユーフラテス川からアナトリアまで活動範囲を広げた。ケバラ人はきわめて移動力のある人びとで、小さい狩猟集団ごとに暮らし、広大な狩猟領域を利用していた。のちの時代の古代カリフォルニア人のように、彼らもまた水の豊富な谷と、オークでおおわれた丘陵と、半乾燥気候の平原といった、きわめて変化に富む地形を活用していた。一部の地域では、人びとは夏には高地に分散して暮らし、冬になると低地の湖の近くにある洞穴や岩窟住居に移動したかもしれない。彼らが夏に野営した場所は、木の枝を集めてつくった一時的な住処にすぎず、集団が移動すれば放棄されるものだった。ケバラ人の使用していた道具はそれに応じて持ち運びやすいもので、おそらく手工品は二〇個ほどあったにすぎず、その多くは腐りやすい木でできていた。今日も残っているのはさまざまな形状の何千もの小さい細石器だけで、これらはかつてやじりとして、または鋭い逆とげとして使われていた。ケバラ人の狩猟集団はおもにガゼルを食糧とし、食用植物はほとんど食べなかった。例外は、野生の穀草が生えていた低い土地だけだった。

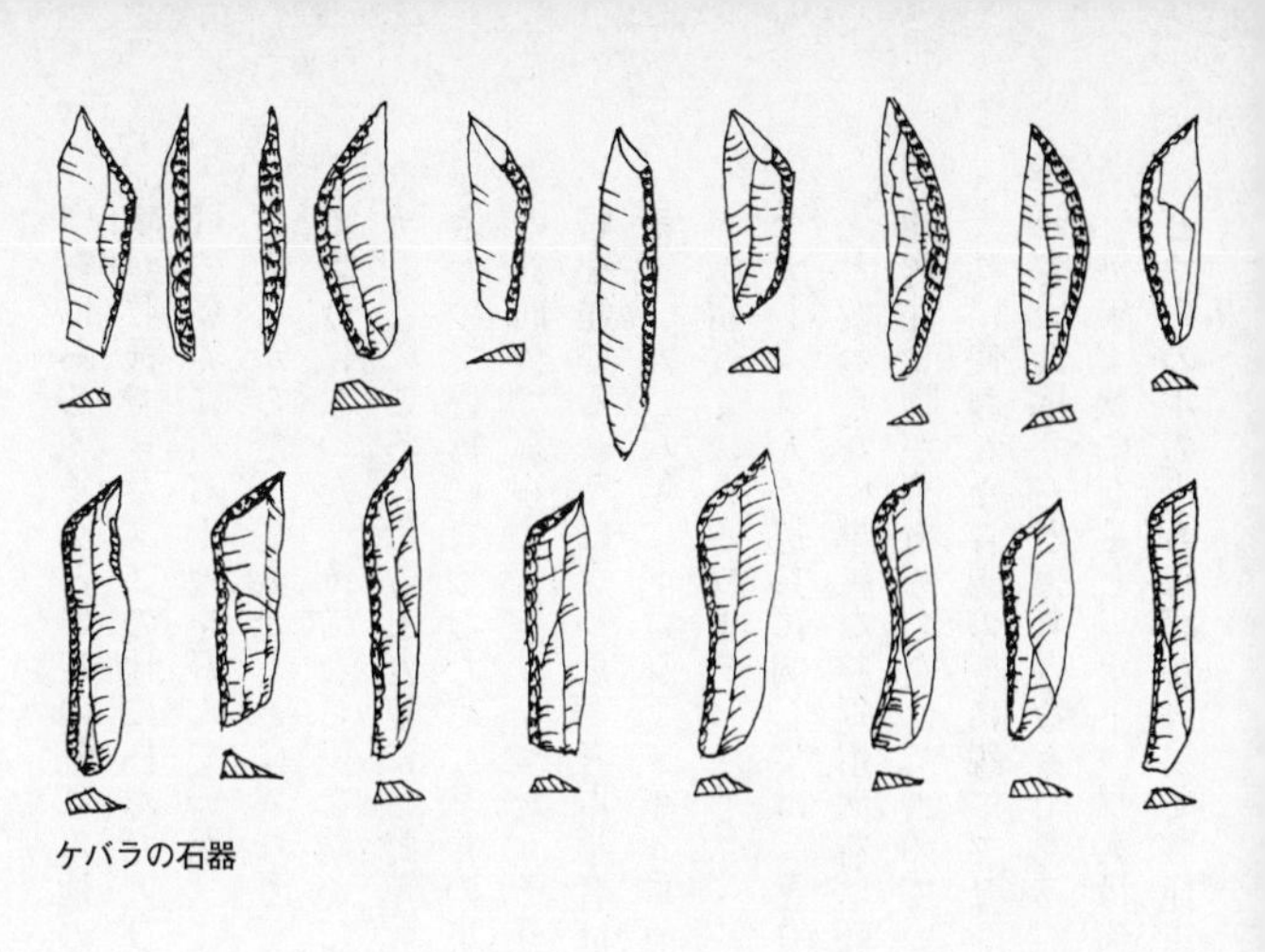

ケバラの石器

気温が上がるにつれ、ヨーロッパにいたクロマニョン人の子孫のように、ケバラ人も木の実と種子に関心を向けるようになった。水に恵まれたオークとピスタチオの森がある一帯では、そうした傾向はとくに顕著に見られた。そのころには森はユーフラテス川の流域のなかほどから、ダマスカス付近を抜け、ヨルダン川まで広がっていた。これらの高地にあるケバラ人の遺跡からは、収穫した種子や木の実を加工保存するための擦り石と擦り台が見つかった。降雨が季節的に偏り、周期的な干ばつに見舞われる地域では、食糧の保存は不可欠だ。前一万一〇〇〇年になり、氷河時代の大型動物のいなくなった世界にヨーロッパ人が適応していたころ、ケバラ人は食用植物を常食の重要な一部にするようになっていた。

どんぐりがもたらした影響

オークとピスタチオのベルト地帯が、おそらく聖書にあるミルクと蜂蜜の流れる地の着想の源だろう。ここでは驚くほど多様な食用植物が収穫できた。この地に住んだ人びとは、移行帯、つまり接し合う二つの生態学的領域の境界にある土地を好んでいた。ここなら、一年の別々の時期に、別々の食糧を採集しえたからだ。先人たちとは異なり、多くの集団はこのころには一年中、洞窟を利用するようになった。そこなら雨を防いで、植物性食物を乾いた場所に保管しうるからだろう。このころには春と初夏には野草、秋にはどんぐりとピスタチオなど、植物性食物がきわめて豊富になったため、多くの集団は一時的な野営地ではなく、もっと大きな常設の共同体で暮らすようになった。そうした場所で、彼らはかなり広い草葺屋根の丸い住居を建てるようになった。考古学者はこれらのケバラ人の子孫をナトゥフ人と呼んでいる。一九二八年にドロシー・ギャロッドが最初に人工遺物を発見したイスラエルのスクバ洞窟近くにあるワーディ〔涸れ川〕・エン・ナトゥフにちなんだものだ。

ナトゥフ人の道具に関しては、とりたてて目立つものはなかった。人びとは隣人や祖先と変わらない単純な狩猟用武器に頼っていた。だが、彼らの人工遺物をひと目見れば、植物性食物が暮らしのなかで占めていた重要性がはっきりとわかる。野生の穀類の刈り入れに使われた骨製の柄に鋭いフリントの刃付きの鎌や、木の実を砕くためによく使われていた擦り石と擦り台などである。

毎年、秋になると、ナトゥフ人は何百万個もの、どんぐりとピスタチオを収穫した。どちらの木の実も保存が容易で、昆虫や齧歯類にやられないかぎり、二年以上はもっという利点があった。収穫方法は単純だった。枝をゆするか、木に登って熟した実を集めればいいのである。

茶色っぽいピスタチオは、カシューナッツと同じウルシ科に属し、加工の手間もいらない。この実は熟すと、往々にして中身をはじきだすことなく、一方だけに割れ目が入るからだ。小さい杵さえあれば、いや、人の指ですら楽に、そのまま食べられる仁を取り出せる。どんぐりとなると別問題だ。オークの林には驚くほど多くの実がなる。もっとも、それぞれの木は年によって、あるいは種類によって、大きな格差がでるのだが。どんぐりのひき割粉は、昔は世界各地で重要な必需食品とされており、ヨーロッパでは十九世紀になってもまだ大切な食糧だった。収穫高に関するデータは、残念ながらなかなか手に入らないが、カリフォルニアのノースコースト一帯では、一ヘクタール当たり五九〇キロから八〇〇キロという大収穫も珍しくない。仮にそれほどの生産量があれば、ヨーロッパと接している地域よりも、五〇倍ないし六〇倍は多くの人を養うことができただろう。どんぐりは栄養価に富み、炭水化物が七〇パーセントも含まれ、タンパク質は五パーセント、それに脂肪も四・五パーセントから一八パーセント含有する。ただし、大きな難点が一つあった。加工に手間隙がかかったのだ。どんぐりの殻を割り、粉にするのは、野草の種をひく以上に時間を要する。そうなってもまだ、食べることはできない。どんぐりには苦いタンニン酸、つまり渋が含まれていて、時間をかけて水にさらしてからでなければ、調理できないのだ。

どんぐりとピスタチオが充分すぎるほどの余剰食糧を生みだしたおかげで、ナトゥフ人の共同体は一ヵ所に長くとどまれるようになった。だが、その余剰分には犠牲がともなっていた。膨大な労働力が日々費やされたのだ。人類学者のウォルター・ゴールドシュミットがかつて観察したところによると、カリフォルニアでは一人の女性が三キロのどんぐりを砕いて粉にするのに、三時間かかったという。ひき割粉を流水に浸けてさらすのに、さらに四時間が必要だった。七時間の労働のあと残るのは二・六キロの食用の粉で、家族は数日間、それを食べて過ごせる。一方、狩人が鹿の皮をはいで肉をさばくのは、数分ですむ。狩りはどんぐり拾いより時間がかかるかもしれないが、食事の用意をするのは簡単で、費用効率も高い。どんぐりが必需食品となると、共同体の生活は大きく変わった。

男も女も木の実を収穫したにちがいないが、それらを保存し加工する作業は全面的に女性の肩にかかってきた。それまでの何千年間も、男は狩りをし、女は野草などの植物性食物を採集して処理してきた。こうした処理も時間がかかったが、どんぐりに必要な作業とは比較にならない。毎日消費するためのどんぐりをひき割り、さらすには、女性の仕事に大転換が必要であり、その結果、女たちは擦り台と擦り石だけでなく、貯蔵庫にも釘付けになった。何万年も自由に動きまわる生活をつづけてきたナトゥフ人は、この時代になるとどんぐりの収穫のせいで、長期のベースキャンプから離れられなくなった。しかし、収穫はおおむね予測がついたし、適切な貯蔵庫があれば、こうしたほぼ恒久的な定住地も充分に存続可能だった。

擦り石で擦り台を突く鈍い音が、ナトゥフ人の定住地では一年中ほぼいつも響いていたにちがいない。そうした音は、村のなかからも、近くの岩の露出部からも聞えただろう。そうした岩の洞穴もまた、同じ役目をはたしていたからだ。貯蔵可能な食糧が豊富に得られるようになると、ナトゥフ人の共同体は急速に拡大した。イスラエルのフーラ川流域にあるマラハ遺跡は一〇〇〇平方メートル以上にもおよび、初期の狩猟採集社会のどの野営地よりも広大だった。ここの住民は膨大な労力を費やして丘の斜面を壇状にならし、そこに家を建て、上等な漆喰(しっくい)を混ぜて壁を塗り、貯蔵用の穴倉を掘った。マラハのような場所は、何世代にもわたって人びとが永住した村だった。

こうしたことはなぜわかるのだろうか？　その理由は、背景のなかから浮かびあがったある小さな齧歯類が、ここに定住地が存在した決定的な証拠を突きつけたからだ。マラハのごみの山からハツカネズミが大量に見つかり、それとともにクマネズミやドブネズミ、イエスズメなど、いずれも人間が長く生活してきた場所や家屋と密接にかかわってきた動物の死骸が発見されたのだ。

人びとはときには、季節ごとの野営地に移って野草や木の実を集めたり、大規模なガゼル狩りに加わったりすることもあった。興味深いことに、マラハをはじめとするナトゥフ人の他の定住地からは、ガゼルの子の骨が大量に出土する。一年を通じて繁殖するガゼルを狩人が捕獲したとすれば、そうした状況は考えうるだろう。良好な環境下なら、ガゼルは季節を問わず繁殖する。とはいえ、ナトゥフ人の生活をつなぎとめていたものは、どんぐりとピスタチオの収穫であり、それは大温暖化の穏やかな状況が育んだものだった。木の実の収穫と、低木や草を計画的に焼いて新たな発芽をうながし、獲物をおびき寄せる方法を組み合わせれば、よく管理された土地の基礎ができあがる。

植物性食物に大きく依存した結果、ナトゥフ人は氷河時代には考えられないかたちで、木の実と野草が手に入る場所につなぎとめられるようになった。定住地の村は、かつての柔軟性と移動性に富んだ狩猟集団の暮らしとはまったく異なっている。あるいは、隣人である砂漠の民の生活ともかけ離れていた。当初、実験は成功していた。新しい大きな定住地は繁栄し、世代を経るごとに拡大した。オークとピスタチオのベルト地帯はどこでも、人口が急速に増えた。やがて、この一帯に人が多くなるにつれ、隣人たちがそれぞれの土地を生垣で囲うようになり、木の実のある森など食糧をめぐる争いが起こる可能性が増し、雨の少ない年にはそれがいっそう顕著になった。

急増した人口は、生態学的に言えば、生産力が低く、気候のほんのわずかな変動にも影響を受けやすい環境を必然的に乱開発することになった。一部の集団はより乾燥した、さらに生産力のない土地へと移動していった。深刻な危機が引き起こされるお膳立て(ぜんだて)がそろった。前一万一〇〇〇年ごろ、危機は一連の大干ばつとなって訪れ、その状況が何世代にもわたってつづいた。

アブ・フレイラ

この危機の始まりについては、シリアのユーフラテス川沿いに長期にわたって存在した居住地から、驚くほど完璧（かんぺき）な記録が得られている。

一九七〇年代に、シリア政府はユーフラテス川の水を利用しようと、野心的な水力発電計画に着手した。川にタブカ・ダムを建設して、アサド湖をつくる工事を含んだプロジェクトだった。ダムによる氾濫で多くの考古学遺跡が沈むことになり、そのなかにアブ・フレイラという名の広さ一一・五ヘクタールのテル〔人間が長年居住した結果できた丘〕も含まれていた。科学にとっては幸いなことに、この古代の村が水没する前に、イギリスの人類学者アンドリュー・ムーアが村を徹底的に調査することができた。ムーアは緻密（ちみつ）な発掘作業をつづけ、ヤンガー・ドライアス期にナトゥフ人やその同時代人が見舞われた悲惨な状況を記録にとどめた。

アブ・フレイラは前一万一五〇〇年ごろ、小さい村として興った。住居は一部分が地面に掘られた単純なもので、屋根は木の柱で支えられ、小枝と葦（あし）の束で葺（ふ）いてあった。ムーアは、住居の穴のなかに詰まったやわらかい土と、手つかずの硬い土とを区別しながら、細心の注意を払って家を掘りだした。厚く積もった灰と砂土の堆積物（たいせきぶつ）は、何世代にもわたって人が居住していたことを示しており、ムーアと同僚はそれらを目の細かい篩（ふるい）にかけた。それから、彼らは大量の土壌試料を浮揚装置にかけた。この装置は何千もの細かい種子とその他の植物の残滓（ざんし）、および魚の骨や小さいビーズを、まわりをおおう物質から分離させるものだった。

浮揚装置のおかげで、ムーアは七一二の種子サンプルを入手した。それぞれの試料には一五〇種類以上の食用植物の種が、五〇〇個ほども含まれていた。これによって植物学者のゴードン・ヒルマンは、地の利のいい場所に位置していた一万三〇〇〇年前の村でどんな植物が採集されていたかを再現することができた。この村の南方には、水の豊富なユーフラテスの氾濫原があり、北方には今日と同じく、ステップの草原が広がっていた。オーク、ピスタチオなど、実のなる木が生えた広々とした森が、歩ける距離にあった。現在は、一番近い森へ行くにも、西へ少なくとも一二〇キロは歩かなければならないだろう。

前一万一五〇〇年には、森がもっと近くにあったことはわかっている。定住地の植物試料から、ブラックベリー、プラム、セイヨウカリンの種、および同じ森に生えている白花のツルボランをヒルマンが発見しているからだ。すぐ近くで採れないかぎり、こうした森になる果物は、量のいかんにかかわらず、利用できなかっただろう。今日では、最も近くにあるピスタチオでも、九〇キロは離れた高原にある。ヒルマンは、かつてピスタチオの木が、村のすぐそばにある低地のワジ〔涸れ川〕の段丘にずらりと生えていたと考える。

春と夏には、住民は小麦と二種類のライ麦を簡単に手に入れることができた。こうした野生の穀物はオークの森との境目に生えており、必需食品となっていた。今日、人の手を介さない自然の状況では、そうした野生の穀物はアブ・フレイラから一〇〇キロ圏内では育たないだろう。

五〇〇年のあいだ、アブ・フレイラの人びとは、身近な場所にすぐに利用しうる植物性食物があったうえに、食肉も確実に手に入った。彼らが食べた肉の八〇パーセントは、砂漠のガゼルのものだった。猟師たちは単独行動する動物をわざわざ狩りにでかけることはなかった。それよりも、初夏の数週間に、ガゼルが豊かな牧草を求めて北の谷間に移動してくると、群れを襲って大量に仕留め、生まれたばかりの子を含め、あらゆる年齢のガゼルを殺した。ときには、群れを丸ごと殺してしまうこともあった。

こうした食糧源——ガゼルの移動、春の野草、秋の豊富な木の実——はみな、アブ・フレイラの人びとに予測しやすい食べ物を提供していた。保存の容易な食糧がうまく組み合わさったおかげで、彼らは何世代にもわたって同じ場所にとどまれたのである。降雨量は年ごとに増減したが、気候条件は総じてかなり良好だった。当たり年には、彼らの貯蔵庫は食糧で満たされており、ときとして見舞われる短期の干ばつや、木の実が不作の年も充分に乗り切ることができた。しかし、手間隙のかかる食糧に依存していたために、狩猟グループや、植物性食物を集める家族を除けば、誰（だれ）も村を長く離れるわけにはいかなかった。かつてのケバラ人のような移動力はとうに失われており、乾燥化の進む気候に適応するアブ・フレイラの人びとの能力は、いちじるしく制限されていた。彼らはある一線を越え、環境にたいして脆弱さをさらけだしたのだ。

前一万一〇〇〇年以降は、社会的な柔軟性と移動力による従来の戦略はもはや役に立たなくなった。それはアブ・フレイラの村人だけでなく、南西アジアの他の地域に住む数千の人びとにとっても同様だった。人びとは単純に水の豊かな場所へ移動することもできなければ、それほど好条件ではないところに移ることすらできなくなった。肥沃な三日月地帯のどこでも、人びとは食糧のある場所に集まり、何世代にもわたって同じ定住地に住みつづけた。近くにはやはり他部族が密集しており、たがいの縄張りの境界線はおそらく川の流れや村の囲い、オークの木立、ワジなどによって厳密に引かれていたのだろう。こうした共同体が恒久化したのも、野草の自生地やオークの林から離れられなくなったのも、原因は人口の増加というよりは、女性たちの食糧加工作業の結果だった。彼女たちの働きで多くの人びとが養われたが、そのためには代償を払わなければならなかった。人類そのものと同じくらい昔からつづいてきた移動力と、社会の流動性が失われたのである。新しい恒久的なベースキャンプは急激な気候の変化にたいしてきわめて脆弱であり、とりわけ大干ばつには太刀打ちできなかった。

この移動力の損失は、一般に考えられているように、農耕が始まったためにもたらされたものではない。むしろ、前一万三〇〇〇年以後、二〇〇〇年にわたって降雨量が増加した結果なのである。特殊な状況が重なると、アブ・フレイラの人びとのように比較的少数の狩猟採集集団は、周囲の環境とも仲間同士でも、従来とはまったく異なる関係を築くようになった。われわれ人間はクモのようなものだ。自らが張りめぐらした目に見えない網目のなかでわれわれは活動している。それは仲間同士の交流網であり、意味の世界であり、その限界によって行動、経験、記憶を定義づけているものなのだ。その網目は何万年ものあいだ、ほとんど変わることなくつづいていた。ところが、この時代にそれが変わった。人間はこのとき初めて、密集した定住地で、数週間どころか数世代にわたって、たがいに触れ合わんばかりの状態で暮らすようになった。たとえ移動したいと思っても、彼らはそこから離れられなかった。家族同士の関係も、親族同士、若者と年寄りの関係もかぎりなく複雑なものになった。自分たちの土地との精神的な結びつきも、オークの林やピスタチオの木立、野草の茂みとの関係も複雑になった。それらはかつて祖先が利用したものであり、この先、子孫が受け継ぐものなのである。これら最古の村で発展した社会は、数世代のちに南西アジア一帯に急速に広まる農業集落の原型をなしていた。

やがて、前一万一〇〇〇年ごろ、しだいに深刻さを増す長期の干ばつがアブ・フレイラを襲った。これは何千キロも離れた北アメリカで起こった地質学上の劇的な出来事に誘発されたものだった。

アガシー湖

それより一〇〇〇年前、後退しつつあるローレンタイド氷床に、一一〇〇キロにわたってアガシー湖の大波が打ち寄せていた。最大限に広がっていたころ、この湖はカナダのマニトバ、オンタリオ、サスカチェワンの各州と、アメリカのミネソタ州とノースダコタ州にまでおよんでいた。ローレンタイドの南側に張りだした耳たぶ状の膨らみは、スペリオル・ローブと呼ばれ、これが湖の東岸を形成していた。この氷の半島があったために、湖の水は今日のセントローレンス川流域へ流出せずに、せき止められていた。

アガシー湖は、前一万一五〇〇年にローレンタイド氷床の南端沿いに残っていた多くの融水湖のなかでも最大規模のものだった。ここには五度ほどの冷たい水温を好む軟体動物が生息し、広大な開氷域をなしていたため、周囲の氷床一帯の気候にも多大な影響をおよぼしていた。冷たい湖面は、一年を通じて北方の氷床の上にある高気圧の中心から、南方への大気の流れを増進させた。この流れはまた、南西部からの暖かい風と降水をさえぎることにもなった。その結果、ローレンタイド上の降水量はごくわずかになった。地球が温暖化したうえに、雪が降り積もらないとなると、氷床の末端とスペリオル・ローブは勢いよく後退することになった。アガシー湖は氷床の融解水であふれ、ますます拡大した。前一万一〇〇〇年には、湖の水は東の果てまで広がり、ローブの南端をすっかり囲むほどになった。

水面の上昇はつづいた。縮小していくローブとその氷成堆積物の上を淡水の細い流れが流れ、現在のスペリオル湖へと注ぎはじめた。細い流れはすぐに小川ほどになり、やわらかい土壌をどんどん削っていった。やがてこの水流は激流になり、さらに大洪水に

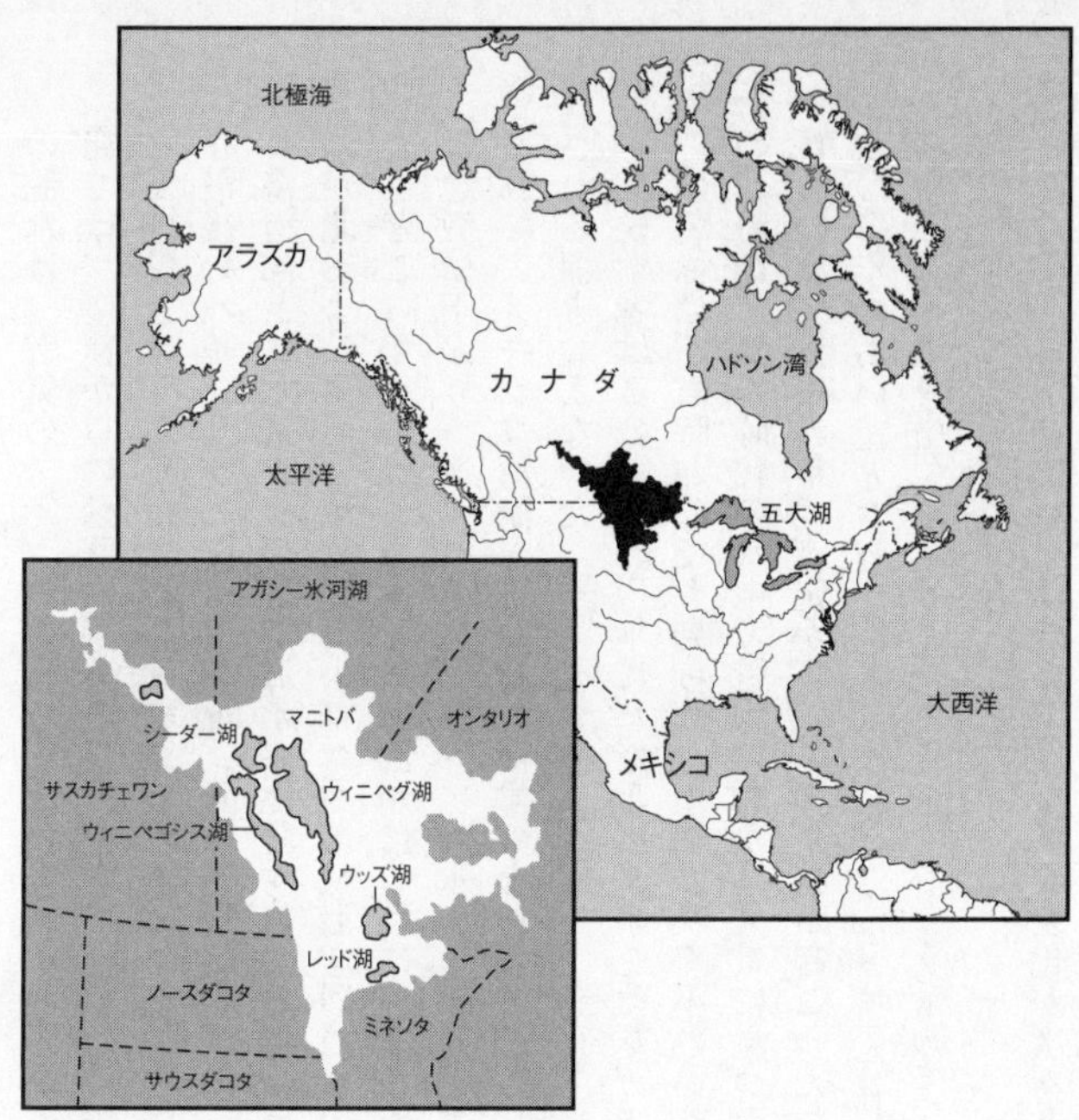

アガシー湖

なった。大氾濫した融解水はセントローレンス川へ押し寄せた。数ヵ月のうちに、ことによると数週間のうちに、アガシー湖は存在しなくなり、あとには今日のウィニペグ湖のようなわずかな痕跡が残るばかりとなった。

何ヵ月ものあいだ、莫大な量の淡水がラブラドル海に注ぎ込んだ。アガシー湖の融解水は塩分の濃いメキシコ湾流の上を漂い、一時的に蓋を形成するかたちになったため、温かい水の冷却と沈み込みがほとんど阻止された。アガシー湖からの流水は、電気のスイッチのように大西洋のベルトコンベヤーを停止させた。最近の研究では、南極からの融解水も重要な役割をはたした可能性が示唆されているが、実際にどんな働きをしたかはまだ議論の余地がある。

最後のハインリッヒ・イベント（H1）が終わってからの二〇〇〇年間は、ラブラドル海南部とアイスランド沖で海水が沈降することによって、メキシコ湾流からの温かい水が北および東へと流れ、ヨーロッパの気温を同緯度の地域よりも数度は高く保ってきた。ところがその後、大西洋の海流がにわかに止まったのだ。数十年間のあいだに気温は急激に下がり、スカンディナヴィアの氷床は再び前進した。海の氷冠がにわかに形成されて、メキシコ湾流が再び動きだすのを押しとどめ、ヨーロッパが極寒の世界に支配される引き金となった。

気候学者はこの一〇〇〇年にわたる出来事をヤンガー・ドライアス・イベントと呼ぶ。この名称は、当時どこでも見られた極地に咲く小さい花にちなんでつけられた。この花の花粉は、この時代の水中堆積物のなかに大量に見つかったのだ。入念に較正された何百もの放射性炭素年代測定から、この事象が起こったのは前一万一五〇〇年から前一万六〇〇年のあいだとされている〔ヤンガー・ドライアス期の年代については、一万二〇〇〇年前に始まったとする説から、一万三五〇〇年前からとするものまでさまざまあり、本書のなかでも引用した資料によって年代にずれが見られる〕。

この間、ヨーロッパでは驚くような気象変化が次々と起こった。オランダでは冬になると気温がたびたび氷点下二〇度まで下がった。九月から五月にかけてはいつでも雪が降る可能性があり、夏は涼しく、平均気温は一三度から一四度だった。ヨーロッパのほとんどの地域で森林地帯は後退し、ヨモギなど、寒さの厳しい場所によく生える灌木に取って代わられた。気温の目まぐるしい変化と、年ごとの気候の大きな変動、そして厳しい冬の嵐がヨーロッパをたびたび襲った。スウェーデン南部の湖からのコア試料は、前一万一〇〇〇年前後にヤンガー・ドライアス期が始まったころ、急速に寒冷化が進み、その後、ごくわずかに温暖化していったことを示している。

寒さは一〇〇〇年間つづいた。それから、同じように突如として、メキシコ湾流が再び動きだした。オランダの環境変化に関して行なわれたコンピューターによる再現実験は、温暖化がわずか五〇年のあいだに再開したことを示唆する。おそらく、いつになく暑い夏がたびたび訪れ、そのころには細々とした流れになっていた淡水の上にある氷を解かしたのだろう。あるいは氷床から遠く離れた大西洋熱帯域で水分が蒸発することによって、塩分の濃い水がつくられ、氷結した海域の周辺部で再び沈み込みが始まったとも考えられる。再開した流れは、静かに海氷を取り込んでいったのだろう。

はるか西のカナダでは、アガシー湖の水が蒸発していくつかの小さい湖になっており、それとともに降雨を妨げていた障壁が、北にあるローレンタイド氷床の名残の上へと押しやられた。一〇〇〇年ほどのちに、スペリオル盆地に別の氷床が進んできて、セントローレンス川流域がせき止められ、新しい湖が形成された。

北部で新たな氷河が形成され、大西洋の循環が停止すると、南西のはるか彼方にあるアナトリアとレヴァント地方の気候にも、その影響が直接におよんだ。氷河時代末期の高気圧におおわれた状況が、いくらか緩やかなかたちで再び戻ってきたのだ。南西アジアは、一〇〇〇年という長期にわたり、深刻な干ばつに見舞われた。

農耕の始まり

干ばつの影響は、アブ・フレイラにもほぼ即刻もたらされた。前一万一〇〇〇年ごろには、人びとは森の周辺部から果物や木の実を集めるのをやめた。おそらくそうした森がもはや彼らの定住地のすぐ近くになかったからだろう。同時に、彼らはますます、ナガホハネガヤやツルボランの種子をはじめとする雑穀に関心を向けるようになった。アブ・フレイラの植物相を研究したゴードン・ヒルマンは、長期にわたる干ばつによって森林限界が後退するにつれて、これらの野草の分布域が広がったと指摘する。鬱蒼と茂っていた森がまばらになるにつれ、低い場所に生えている草にも日光が届くようになったのだ。

四〇〇〇年後の前一万六〇〇〇年には、ツルボランも穀草もアブ・フレイラから姿を消した。ピスタチオの小果実ですらあまり見られなくなった。明らかに、周囲の環境はもはや村の密集した人口を支えきれなくなっていた。植物試料を調べると、絶望的になった人びとが、食用にあまり適さないものにも手をだしていたことがわかる。乾燥に強いクローバーやウマゴヤシのように、とても栄養にはならず、食べる前に解毒処理をしなければならないものもあった。基本的な必需食品を手に入れるために、誰もがこれまで以上に懸命に働き、さまざまな食用植物を食べなければならなかった。ユーフラテス川がほとんど氾濫しなくなると、谷底の植物ですらわずかになってきた。

西南アジアの定住地はおおむねどこもそうだが、アブ・フレイラも降雨パターンがごくわずかに変わっただけで、植生に大きな変化が起こりうる地域にあった。時代とともに、この一帯はいっそう乾燥していき、森林は歩いて行かれない距離まで後退した。辺境にある野営地を拠点に効率よく収穫にでかけたとしても、森まではとうてい行き着けなかった。木の実の林がある場所は近隣部族の土地かもしれず、そうなれば食糧をめぐる競争が熾烈（しれつ）な時代には立ち入れなかっただろう。武力衝突があった形跡はなく、たとえばこの近くの埋葬地に戦死者の遺骨は見当たらない。人びとはどうやら食糧不足を黙々と受け入れ、親類縁者をいっそう頼って飢えをしのいだようだ。

当初、人びとは小さい種子のなる野草など、代替の食糧で間に合わせて、雨の降らない状況に順応していた。前一万年ごろ、彼らはしかるべき次の手段をとった。自然の収穫を増やすために、野草の栽培を試みたのだ。こうして村に最初の栽培植物の種子——ライ麦、ヒトツブコムギ（アインコルン——野生の小麦の一種）、およびレンズマメ——が登場したが、すべての人間を養えるほどの収穫にはならなかった。長年よい生活をしてきたので、村の人口はおそらく三〇〇人から四〇〇〇人に膨れあがっていただろう。

移動生活によって制約を課せられていたころとはくらべものにならない人口密度である。アブ・フレイラのような永住地は、木の実の収穫がなくなり、深刻な日照りで粗悪な食糧ですら手に入りにくくなれば、もはや存続しえない。寒い冬の日々に、腹をすかせた家族が住居のなかで身を寄せ合っている姿は想像できる。森林のなくなった乾燥した土地では、薪にすら事欠いただろう。穀草でいろいろな実験は試みたものの、アブ・フレイラは長引く干ばつに苦しめられた。実験が始まってから数世代後に、村は放棄された。放棄が計画的に行なわれたのか、漸進的なものだったかは、われわれには知る由もない。だが、同族も援助の手を差し伸べられず、食糧源は乏しくなり、干ばつは一向に終わる気配がないとなれば、たとえどんな犠牲を払おうと、昔ながらの移動生活に戻ることが唯一残された道だった。

アブ・フレイラには、世界で最も早い時期に穀類を栽培した記録が残っているが、こうした実験を初めて手がけたのはこの村ではなく、そこから少し離れた場所だった。一九二〇年代に、シカゴ大学のエジプト学者ジェームズ・ヘンリー・ブレステッドは、農耕と文明が最初に興った南西アジアの大きな弓状の一帯に、肥沃な三日月地帯という忘れられない名称をつけた。その一方の端はナイル流域にあり、もう一端はメソポタミア南部のティグリス川とユーフラテス川の先までつづく。その間に、三日月はレヴァント地方とヨルダン川流域を通り、トルコ南東部まで延び、さらにイラク北部とイラン高原まで弧を描いている。ブレステッドの洞察力のある描写は、時の試練にも耐えた。

世界各地で最も利用されている作物の原種である野生植物は、肥沃な三日月地帯に自生していたものが多く、それらは今日でもまだこの地方に見られる。それだけでなく、オーロックス、イノシシ、野生のヤギと羊もやはりここが原産地だった。栽培植物化され、家畜化されると、これらの驚くほど多様かつ有益な動植物は、採集生活をやめて農耕を始めた人びとに、野菜、動物繊維、脂、ミルクなどバランスのとれた原材料を供給し、最終的には輸送の手段をも与えることになった。

だが、この広大な地域のどこで、穀類が最初に栽培植物化されたのだろう？　四半世紀以上前に、イリノイ大学の作物学者ジャック・ハーランがトルコ東部のカラジャダー山脈にある野生のヒトツブコムギを研究した。彼は人手だけでヒトツブコムギを大量に収穫し、小さな家族集団でも三週間あれば充分にこの野生の穀類を集め、それで一年はもちこたえられることを証明してみせた。南にいるナトゥフ人は野草と木の実の双方を採集していたが、今日もなお正体不明のカラジャダー山脈の狩猟採集者は、野生のヒトツブコムギ、つまり栽培植物化された現在の小麦の原種に頼って暮らしていた。何世代かにわたって生産性の高い植物だけを注意深く選んでいるうちに、彼らははからずもヒトツブコムギの遺伝子を組み換えていた。こう判明しているのは、ノルウェーの遺伝学者マンフレッド・ヘウンと同僚によるＤＮＡの研究のおかげだ。栽培種のヒトツブコムギ（トリティクム・モノコックム・モノコックム）六八品種と、まだ南西アジアなど各地に自生する野生種のヒトツブコムギ（トリティクム・モノコックム・ボエオティクム）二六一系統から抽出したDNAを分析した結果、彼らは栽培種のヒトツブコムギと最もよく似ていて、遺伝学的に異なる一一の野生の品種を特定した。これらが現代の小麦の遠い祖先だと思われる。この特定の野生種は、トルコ東部のカラジャダー山脈に近い、現在のディヤルバクル市付近に分布する。もちろん、この地理的な位置から、そこに住んでいた人びとが最初の農耕民だったことが証明されるわけではないが、近くの考古学遺跡からは野生種および栽培種のヒトツブコムギが見つかっている。

栽培種のヒトツブコムギは、野生種と遺伝学的に似ている。系統的には、さらに野生種に近い。遺伝子座の違いから、二つの品種があることがわかった。こうした若干の変化は、ヒトツブコムギの播種、栽培、および石刃の鎌による収穫の周期が繰り返された結果であり、農耕民にとってはきわめて価値のあることだった。重い種子や密度の高い種子は、より生産力のある栽培種を生みだした。穂軸、つまり実と茎を結びつける蝶番が丈夫であれば、農耕民の都合に合わせて実った穀物を刈り入れることができる。さもなければ、種子が地面に落ちる短い期間に合わせて収穫するか、たたいて落として籠で受けなければならない。初期の農耕民はおそらく小麦のゲノムに強い淘汰圧力をかけたのだろう。ゴードン・ヒルマンとスチュアート・デイヴィスは、トルコ東部で人手などによって野生のヒトツブコムギの生えている一画を刈り入れて、数学的モデルを構築し、それから収穫と減収の数値を当てはめて、収穫したすべての小麦が栽培型の小麦と同じ丈夫な穂軸になるまでにかかる時間を計算した。その結果、ほぼ熟した状態で石刃の鎌（初期の農耕地で広く発見されている）を使って収穫した場合、あるいは単に根こそぎ抜いた場合に、完全な栽培種をつくるためにかかった期間は、わずか二〇年から三〇年だったことがわかった。だが、作物が熟していない状態で刈り取られていれば、その過程はもっと長くかかり、おそらくは二、三世紀は要しただろう。

ヒトツブコムギはトルコ東部できわめて急速に栽培品種化し、ヒヨコマメ、ビター・ヴェッチ〔ソラマメ属の植物〕なども同様だった。大麦、エンマ小麦〔フタツブコムギ〕、エンドウ、レンズマメ、アマは、肥沃な三日月地帯以外の場所でも非常に短期間に栽培種が登場した。カスピ海沿岸には、別の野生種タルホコムギが自生している。肥沃な三日月地帯から東へ広まった栽培型のエンマ小麦とこの野生種が掛け合わされた結果、古くからある作物のなかで最も貴重なパンコムギができあがった。ヒトツブコムギと同様、これらの穀類も栽培種となるまでに、若干の遺伝子変化が必要だった。それは長期にわたる過酷な干ばつに対処するために、土地の人びとがとった方策の副産物のようなかたちで生じた過程だった。

狩猟採集者はみな、湿った土壌に種子を埋めるか投ずれば発芽することを知っていた。したがって、種子をばらまいて野生植物の自然の分布域を広げれば、もっと多くの穀物が手に入ると考えたのは、当然のことだった。最初の栽培種の穀類や、最初の石刃の鎌を探したところで、むろん徒労に終わるだろう。だが、変化が急速に起こったことは充分に確信しうる。わずか数世代のうちに、栽培と収穫が繰り返されたことが、野生植物の遺伝子構造を変化させ、歴史の道筋を変えたのだ。そうした変化の引き金となったのは、ほぼ間違いなくヤンガー・ドライアス期の厳しい干ばつだったのである。

移動生活の終わり

アブ・フレイラから人が去ったのは前一万年ごろだった。干ばつがいっそう深刻化したこの時期に、住民はこの村を見捨てた。彼らがその後どんな運命をたどったかはわからないが、自然のオアシスなど、まともな水源があり、食糧を見つけられる場所に近い小さな定住地に分散したと推測するしかない。そこでも人びとは植物を栽培して、野生の植物中心の食事を補っていたかもしれない。数世代のうちに、耕作地のほうが野草の自生地よりも多くの収穫が得られるようになると、ときおり試みられていたこの方法が本格的な農耕へと発展した。ヤンガー・ドライアス期の終わりに再び温暖化が始まると、農業が生活の中心となった。前九五〇〇年ごろ、放棄されたテルの上に、まったく異なった新たな定住地が出現した。

この新しいアブ・フレイラはもっと大規模な村で、日干し煉瓦(れんが)でできた一階建ての方形の家が密集し、家々のあいだは狭い路地と中庭で仕切られていた。人びとは穀物の栽培にほぼ全面的に依存していた。その依存ぶりがどの程度かは、女性の骨から判明した症状に歴然と現われている。村の女たちはくる日もくる日も、つま先を立ててひざまずき、鞍型(くらがた)の擦り台に身をかがめた姿勢で何時間も過ごした。体重をかけて穀物を挽き、つま先で踏ん張りながらその動作はつづけられた。何時間も擦り石と擦り台を使ったために、膝、手首、および腰に多大な負担がかかった。必然的に、多くの女性が腰の関節炎を患い、そのほかにもつま先の骨の変形や、繰り返し作業によるさまざまな症状が現われていたが、男性にはそうした痕跡は見られなかった。だが、男女いずれの遺骨にも頸椎の肥大は見られた。重い物を習慣的に頭に載せていた結果である。

女性が植物性食物を集め、加工していたことは、なんら目新しい事実ではない。近代の狩猟採集社会から判断すれば、女は植物性食物を採集して加工し、男は狩猟や漁にでかけるものだからだ。新しいアブ・フレイラの生活でも、この基本的な分業は維持されていた。男たちはガゼルを狩猟し、家畜の世話をし、漁にでかけた。おそらく開墾作業も手伝っただろう。だが、播種、雑草とり、刈り入れは女手で行なわれた。昔の村でも、穀物と木の実を加工する骨の折れる仕事は似たような状況だった。このころにはさらに手間がかかるようになった食糧加工の仕事は、女性を定住地に縛りつけ、何万年ものあいだ狩猟採集社会を特徴づけてきた移動の連続の暮らしを終わらせた。

アブ・フレイラに第二の定住地が築かれてから最初の七〇〇年間は、男たちはまだ毎年春になると、先人たちと同様に、ガゼルを大量に仕留めてきた。前九〇〇〇年ごろ、村は突然、ヤギと羊を飼う方法に切り替えた。この変化がなぜ起きたのかは、わかっていない。おそらく、狩猟しすぎた結果だろう。だが、群れを拡大する必要性から、日々の生活リズムには新たな動きが加わった。その後もさらに二〇〇〇年から三〇〇〇年のあいだ、アブ・フレイラの人びとは昔から村があるテルの上で拡大しながら暮らし、かつて祖先が耕した畑と牧草地に縛りつけられていた。この土地でも、南西アジアのその他の場所でも、生者と死者の結びつきは強まった。人びとの生活はこれまでどおり、変わることなく訪れる季節とともにめぐっていた。だが、この時代になると、播種と収穫、生と死は、祖先が土地の守護神となった世界で営まれるようになった。それは雨や日照り、生や死をもたらす超自然の恐るべき勢力と、現世代のあいだを、祖先が媒介する世界だった。

アブ・フレイラは決して特殊な存在だったわけではない。同様の実験は、大小さまざまな何十もの村で行なわれていた。旅人のあいだで食糧源に関する情報交換をする昔ながらの習慣や、誰が何をしているといった噂話（うわさばなし）が、それを広めるのに一役買っていたのだろう。それぞれの世帯も、共同体全体も、野生植物を栽培して収穫を増やそうと試みた。耕作は必然的に、エンマ小麦、ライ麦などの植物の遺伝子に変化を引き起こし、数世代のうちに人びとは採集生活から農耕生活に切り替えていった。そして、前九五〇〇年ごろ、大西洋の彼方で再びスイッチが入り、メキシコ湾流がまた流れはじめると、この新しい経済活動は南西アジアの数百ほどの共同体をはるかに超えて急速に広まり、人類の生活に大変革をもたらした。それもこれもすべて、とどのつまりは、アガシー湖の湖岸が崩れたからなのである。

第2部　何世紀もつづく夏

天の眼差しはときにはあまりにも暑く照りつけ、
その黄金の顔はたびたび曇る。
そして偶然にせよ、自然が勝手に進路を変えたにせよ、
美しいものはみな、ときには衰えを見せる。
だが君の永遠の夏が消え去ることはない……

ウィリアム・シェイクスピア
ソネット第十八番

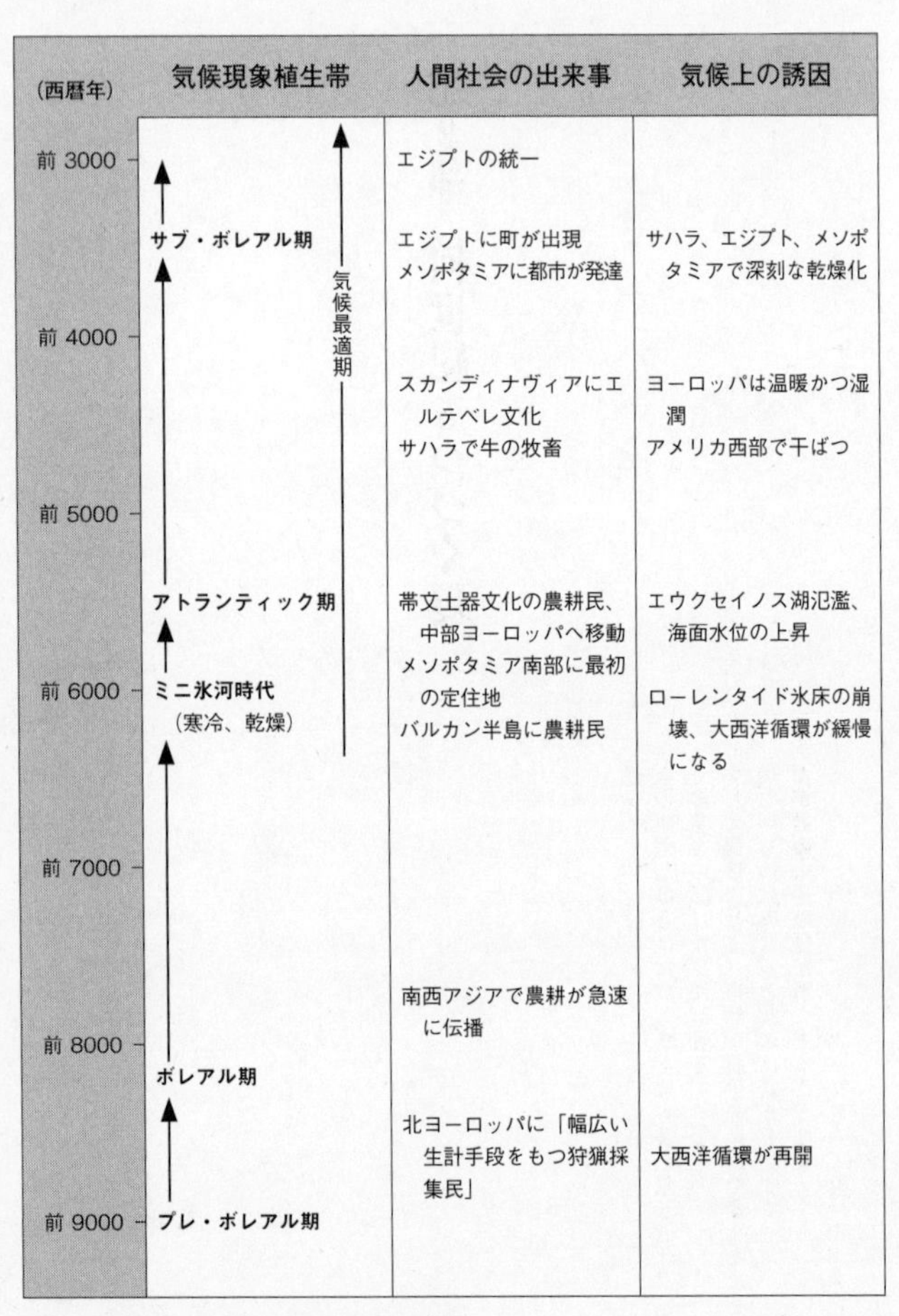

（西暦年）	気候現象植生帯	人間社会の出来事	気候上の誘因
前 3000		エジプトの統一	
	サブ・ボレアル期	エジプトに町が出現 メソポタミアに都市が発達	サハラ、エジプト、メソポタミアで深刻な乾燥化
前 4000	気候最適期		
		スカンディナヴィアにエルテベレ文化 サハラで牛の牧畜	ヨーロッパは温暖かつ湿潤 アメリカ西部で干ばつ
前 5000			
	アトランティック期	帯文土器文化の農耕民、中部ヨーロッパへ移動 メソポタミア南部に最初の定住地	エウクセイノス湖氾濫、海面水位の上昇
前 6000	ミニ氷河時代（寒冷、乾燥）	バルカン半島に農耕民	ローレンタイド氷床の崩壊、大西洋循環が緩慢になる
前 7000			
		南西アジアで農耕が急速に伝播	
前 8000			
	ボレアル期		
		北ヨーロッパに「幅広い生計手段をもつ狩猟採集民」	大西洋循環が再開
前 9000	プレ・ボレアル期		

表2　気候上および歴史上のおもな出来事

第6章　大洪水　紀元前一万年〜前四〇〇〇年

船客が嘔吐（おうと）する海のなかで、
黒海（エウクセイノス）ほど荒々しい白波をかきたてる海はない。
バイロン卿『ドン・ジュアン』第五巻

毎年、秋になると、アブ・フレイラなど、ヨルダン川流域一帯にある数十の共同体で暮らす農耕民は、西の空を眺めて雲の兆しが見えないか探しただろう。彼らは野生植物の自生地のそばに、狭い農地を開墾したはずだ。男も女もみな単純な木の掘り棒をもって土を掘り起こし、種まきの準備をしたにちがいない。毎日、午後になると雲がでて夕立がきそうになるのだが、日没近くになると消えてしまう。そのうち、空がにわかに暗くなり、初めて雨粒が落ちてくる日がやってくる。雨は夜までつづき、乾いた地面に強くたたきつける。翌朝、農民たちは雨が降ったばかりの地面の芳しい香りに目覚めるだろう。どの家も畑にでて貴重な種をまき、その上から掘り起こしたばかりの土をかけた。天候に恵まれた年なら、久々の雨で湿った地中からすぐに緑色の芽が顔をだしただろう。だが、ときには最初の雨はやってくるが、それから何週間も雨が降らないこともあり、そうなると作物は芽をだし、やがて枯れた。

自給農業ではいつもこんな具合だった。恵まれた年でも、農耕民は収穫や雨を当てにしながら暮らしていた。

ヤンガー・ドライアス期が終わると、東地中海地方は気温が一段と上がり、降雨量が増えた。寒冷な時代に吹きつづけた乾燥した冷たい北東風は、大西洋と地中海からの湿った偏西風に取って代わられた。アナトリアからヨルダン川流域まで、水の豊富な森林が再び広がり、一〇〇〇年前と同じようにピスタチオとどんぐりがたわわに実った。だが、人間社会はあまり関心を示さなかった。狩猟採集民はこのころには農耕民に変わっていたからだ。

南はヨルダン川流域から、北はトルコ南東部まで、そして東はイラン高原までの広い地域にかけて、この時代になると多数の小さい共同体が野草など自然の植物性食物に頼って暮らすのではなく、エンマ小麦、ライ麦、および大麦を栽培して生活するようになっていた。狩猟と野草の採集はこの時代もまだ重要であり、とりわけガゼルと鹿は大切な食糧だったが、人間はいまや食糧を生産できるようになっていた。

人間は動物もまた家畜化していた。

家畜化の歴史は、肥沃な三日月地帯のなかでも、カスピ海南岸とイラン高原で狩猟された多数の野生のヤギと羊の骨のかけらから判明している。クルディスタンの山岳地帯にあるザウィ・チェミ・シャニダールにある夏の野営地から出土した何千もの動物の骨の断片は、このあたりの住民が前一万五〇〇〇年に大量の野生の羊の子を殺したことを物

第6章で言及した遺跡と、ヨーロッパへの農耕の伝播を示した地図

語る。つまり、獲物を取捨選択していたらしい。おそらく狩猟者は牧草地を囲い、特定の動物を容易に仕留められるようにしたのだろう。前八〇〇〇年には、近くの山間（やまあい）にあった定住地ガンジ・ダレで、住民が家畜化したヤギの群れを飼っていた。その事実が判明しているのは、骨のなかにオスは成獣に近い個体が多数あり、一方、メスはほとんどが年をとっていたからだ。このような畜殺パターンは、成熟してきた余分なオスを殺すためなのだ。メスは年をとって子を産まなくなるまで、繁殖用に飼いつづけられる。

家畜化はどのように起こったのだろうか？　われわれには推測するしかない。前一万一〇〇〇年から前九五〇〇年まで乾燥した状況がつづくと、人間の定住地は一年を通じて流れている川や湖、湧水(ゆうすい)など、恒久的な水源のまわりに集中するようになった。こうした場所には、食べられる野草が豊富に見つかる。こういったところには動物もまた、水を飲みに、青々とした草を食(は)むために集まってくる。当然ながら動物も人間も一緒になり、たがいにごく身近な存在になったため、狩猟者はそれぞれの群れを熟知するようになり、おそらく特定の個体を見分けられるようになったのだろう。

最初に飼いならされた動物は、野生のヤギと羊だった。どちらも群れをなし、強いリーダーにしたがうか、一緒に移動し、きわめて社会性のある動物だった。ヤギと羊はまた、柵(さく)で囲われた環境にも耐えられ、餌(えさ)を食べ、繁殖する。選んで狩猟する場合は、オスまたは年老いたものを集中して狩り、子は群れを維持するために見逃されただろう。何匹かのリーダー格の動きを抑えれば、群れ全体を支配しうるというのは、昔からの知恵だったにちがいない。あるとき、狩人(かりゅうど)たちは群れを大きな囲いのなかに閉じ込めるのも可能だということを学んだ。あるいはおそらく子を集団で捕獲し、後日食べるために囲っておいたのかもしれない。こうした動物が成長し、繁殖した。すぐにオスが余分になるので、それを間引き、メスには子を産ませつづけた。栽培種の小麦をつくりだしたのと同じ遺伝的プロセスが、動物に関しては、扱いやすく多産で、囲いのなかでも繁殖力のあるものを選択していった。狩人が大量の遺伝子プールのなかから野生の群れを隔離し、人間の管理下で選択して繁殖させると、そこからミルクが定期的に搾れる家畜のヤギと羊毛のとれる羊が生みだされた。ミルクはたちまちのうちに村の必需食糧になった。

　動物の家畜化は、前九〇〇〇年前後に温暖化が再び始まったころ、いくつかの場所で同時に起こった。それはちょうど、農耕がヤンガー・ドライアス期に広まった以上に広い地域まで伝播したようなものだ。農耕と牧畜はかならずしも両立しうる活動ではなく、農耕が家畜を生みだしたわけでもない。牧畜民は牧草地と水をいくらでも必要とし、つねに移動しつづけるが、農耕民は自らの土地から離れない。遊牧民と定住した村人とのあいだには、家畜化が始まるとすぐに緊張が生じた。日照りがつづき、牧畜民が家畜を追い立てて定住地にやってきたためだ。作物の栽培と動物の飼育はいずれも、厳しい干ばつの時代に食糧源を確保しようとする必要性から生じた。そして村の人口が増えるにつれ、ガゼルなどの獲物への淘汰圧は増し、しまいには多くの共同体が家畜を飼わなければ食肉や酪農製品を確保できなくなった。

　人びとが農耕を始めると、村人は自分たちの土地から離れられなくなった。人口の密集したこれらの小村は、一〇〇〇年前のナトゥフ人のベースキャンプよりもはるかに大きく、耐久性のあるものだった。わずかな期間に、こうした定住地の一部は驚くほどの規模にまでふくれあがった。

定住と祖先への信仰

初期の農村はどこも、せいぜい一ヘクタールあまりの土地を支配していたにすぎない。それとはきわめて対照的に、ヨルダン川流域のエリコで広がりつづけた農耕定住地は、少なくとも四ヘクタールにおよんでいた。ナトゥフ人の一時的な野営地は、遅くとも前一万年にはエリコの湧水の近くで栄えていた。ここはヤンガー・ドライアス期の干ばつのあいだも自然のオアシスとなっていた。まもなく、湧水の近くにさらに大きな農耕共同体が出現した。中庭と狭い路地で仕切られた家屋が蜂(はち)の巣のように密集した村である。大きな村は、石塔を備えた巨大な石壁の向こうに雑然と固まっており、周囲は深さ三メートル近く、幅三メートル以上に岩を削った掘割で囲まれていた。外壁を建設するだけでも、共同作業に多くの投資をしなければならず、これをやりとげるのは政治的にも社会的にも大事業だった。壁が近隣部族にたいする防壁として建てられたのか、洪水対策なのかは議論の余地があるが、エリコがのちに要衝となる場所に位置していたことは注目に値する。ここは、砂漠から東へ向かう通商路が、海岸地帯の通商網と出合う場所だった。おそらく要衝に位置したために、エリコはとりわけ重要な町に発展したのだろう。遠隔地との通商によって共同体が裕福になっていたとはいえ、地元で多くの余剰食糧が生産できなければ、防壁工事を継続することはできなかっただろう。ということは、作物が豊富にとれ、それを支えるための降雨も充分にあり、土地とも良好な関係が保たれていた状況がうかがえる。

この関係の裏には、新たに芽生えた祖先への関心と、動物と人間の豊饒さを願う気持ちがあった。エリコでは新たな霊的信仰が開花し、人びとは家の床下に死者を埋葬するようになった。遺族はしばしば故人の頭部を切断し、住居内の穴倉に頭骨をそのまま埋めたり、隠し場所にしまったりした。ときには遺族が埋葬する前に、死者の頭骨の上に石膏で顔立ちをかたどり、彩色をほどこすこともあった。おそらくこれは祖先を正式に祀るためだろう。ここ以外の場所でも、先祖への信仰はさまざまなかたちで現われた。ヨルダンのアンマン郊外にあるアイン・ガザルでは、印象的な姿の粘土像が収められた隠し場所が見つかった。像は部分的に装飾され、首は細く長く、その目は見る人を一心に見つめる。考古学者のゲイリー・ロールフソンは、これらの像がかつてはなんらかの聖堂に祀られていて、おそらく祖先を象徴するものとして、晴れ着を身につけて飾られていたのだろうと考える。

これらの社会では、土地との関係は農耕が始まる以前からすでに、根本的に変わっていたにちがいない。そこでは恒久的な定住地が一時的な狩猟の野営地に取って代わり、明確に線引きされた縄張りのなかで採集される野生の穀物や木の実が人間の暮らしを支えてきた。これらの領分が、歴史的な連続性を与えられた部族の領地になった。先祖は土地の守護神になり、環境の気まぐれな力と、超自然界、それに生者の世界とを仲裁する役目をはたした。先祖の力は土壌から生ずるものであり、それは休眠しているようだが、やがて活気づき、収穫をもたらし、息絶えたように見えるが、また同じ周期で繰り返す。人間の生命も同じようなものだ。人びとが農耕民になると、こうした関係は社会と霊的信仰のなかでとくに重視されるものとなった。

チャタルホユックの巨大な塚

温暖化が始まるとともに、急速に農耕が広まった北部と西部では、先祖と土壌の肥沃さにたいして、同じように高い関心が見られる。きわめて初期の段階から、農耕方法にはかなりの工夫が見られ、収穫を増やし、土壌の肥沃さを保つために穀類と豆類が輪作されたりしている。

前八三〇〇年には、トルコ中部のアナトリア高原に多くの農村が出現し、その一部は光沢のある黒曜石の産地の近くの村だった。黒曜石はきめの細かい火山ガラスで、道具づくりや装飾物に珍重された。

黒曜石は、ローマの大プリニウスの時代からよく知られていた。エチオピアのオプシウスという人物がその石を発見した話をプリニウスは記しており、「姿の代わりに影を映す」奇跡の石だとしている。そのなめらかな組織は、激動の過去から生まれたものだ。黒曜石は、溶岩が湖や海で急速に冷やされ、ガラス状の岩になることで形成される。鉄とマグネシウムによって石は濃緑色または黒になる。ときには太古の気泡のせいで溶岩が金色、緑、黄色の特有な光沢をおびることもある。黒曜石の露頭は珍しく、その玉石

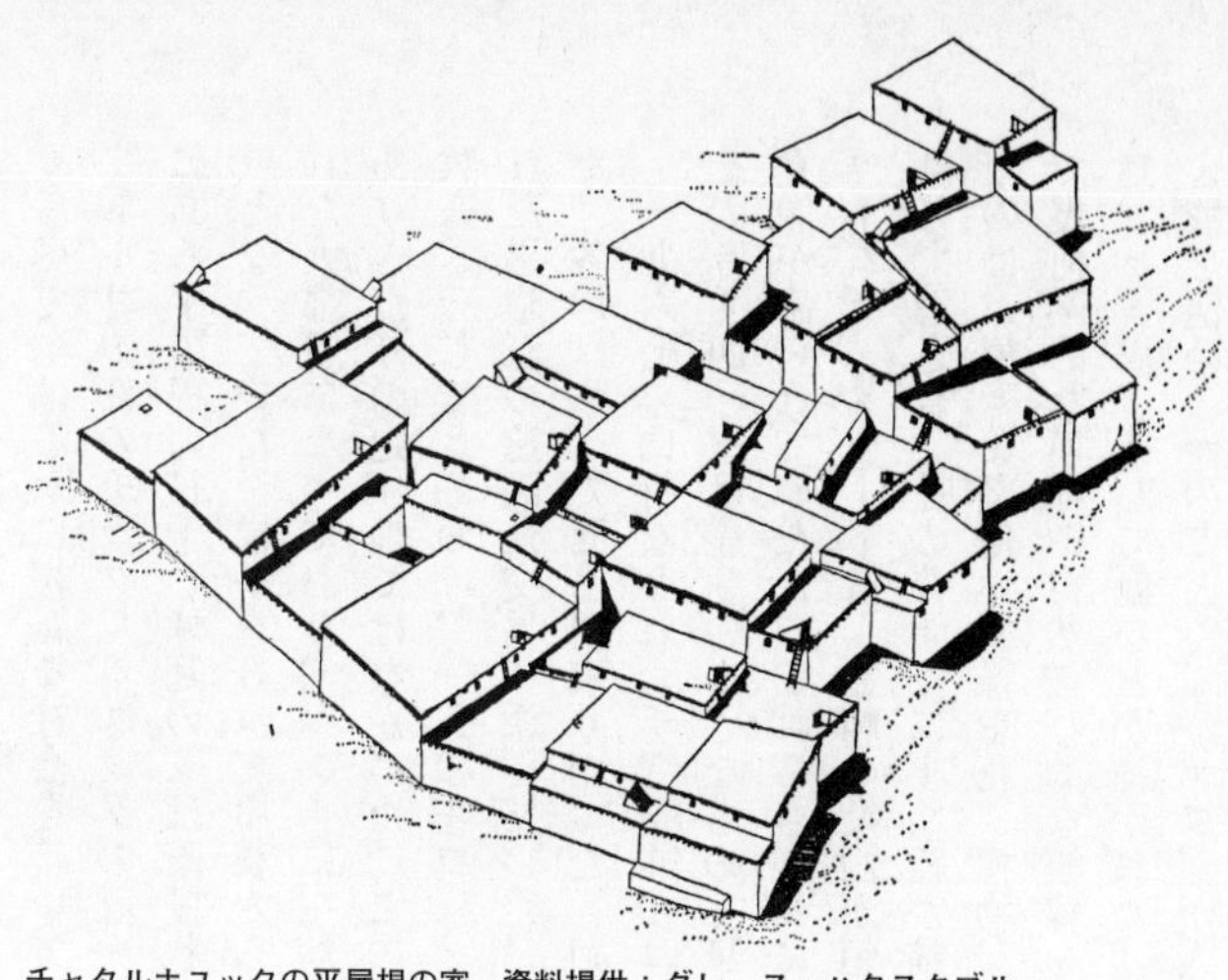

チャタルホユックの平屋根の家。資料提供：グレース・ハクスタブル

は光沢と鋭利さゆえに、またそこから薄片を打ちだせるためにたいへん珍重されていた。

溶岩の流出跡近くにある村は、黒曜石を石刃として加工し、近くや遠くの共同体と大量の黒曜石を取引した。アナトリアの黒曜石のごく一部は、東地中海の海岸沿いに何百キロも旅をし、南はペルシャ湾まで運ばれた。幸い、黒曜石の産地は、それぞれきわめて特徴的な微量元素を含んだガラスをつくりだす。分光計を使えば、専門家はごく小さい黒曜石のかけらでもどこの露頭のものかを特定し、何百キロも離れた村同士を結びつけていた複雑な交易網を再現することができる。当然ながら、いくつかの定住地の指導者がその地方の黒曜石の交易を支配していた。そのような共同体は、アナトリア一帯でよく見られた素朴な農村とくらべて、はるかに複雑な社会を築いていた。

トルコ中部のチャタルホユックの巨大な塚は、広さ一三ヘクタールにおよぶ。定住地にある平屋根の日干し煉瓦の家は階段状に連なり、むきだしの壁がそのまま定住地の外壁となっていた。梯子を登って屋根から家のなかに入ると、なかは漆喰がたっぷり塗られた大部屋になっており、ベンチに、炉、壁際のかまどがあった。チャタルホユックはありきたりの定住地ではなかった。この定住地はエリコよりも広く、住民は穀物の栽培、牧畜、そしてとりわけ、一三〇キロほど東にある円錐火山、ハサン山などから掘りだされた黒曜石の遠隔地交易で栄えていた。共同体は念入りに設計され、非常に密集していた。各戸はすべて同じ間取りだった。戸口や煉瓦の大きさまでもが標準化されていた。

一九六七年に行なわれたチャタルホユックの最初の発掘では、一三九室が発見された。そのうち四〇室は霊廟のようなものと思われ、丹念に装飾がほどこされ、風変わりな小立像が飾られていたが、それらも往々にして居室部分と一体化していた。考古学者のジェームズ・メラートは、霊廟の壁画が恒久的な装飾ではなく、周期的に白い塗料を上塗りして消され、その後すぐにまた絵が描かれていたことを発見した。画家がそこに描いたのは、簡素な幾何学模様や花、植物、あるいは何かのシンボルであり、さらに人の手で幾何学的な模様や自然描写的な模様を囲んだものもあった。壁には女神、人間、雄牛、鳥、ヒョウ、そして鹿などが描かれた。霊廟のうち三室には、死後さらされたばかりの亡骸を清めるかのごとく、ハゲワシが人間の死体に襲いかかっている絵が飾られている。

そのうち一室の壁画では、ハゲワシの下半身が人間の脚になっており、ハゲワシの衣装をまとう儀式が行なわれたことを示唆する。家屋のなかから出土した骸骨は白骨化していた。死者は共同体から離れた死体置場で野ざらしにされたかのようだ。のちに、親族が骨を集めて布か獣皮でくるみ、家や聖堂の床下に埋めたのだろう。

ある壁画は、前面に密集したチャタルホユックの方形の建物が描かれ、背景には二つ峰をもつハサン・ダウから溶岩が流れだしている様子があらわされている。頂上からは火が噴出している。ハサン・ダウは、この町に富をもたらす不思議な黒曜石の産地だった。黒曜石が火山性のものであることが、この石を神々の世界と、村の霊廟で崇められている白骨化した先祖に結びつけていたのかもしれない。

チャタルホユックの霊廟には、雄牛の頭部と女神が飾られている。前者はおそらく男神で、後者は豊饒をあらわす像だろう。霊廟の一つには彩色された浮き彫りがあり、ベールのような服をまとい身ごもった女神が描かれていた。この定住地の人びとは、神々は人

チャタルホユックで見つかった先祖をむさぼり食うハゲワシの図。資料提供：グレース・ハクスタブル

間の姿をしていると考え、身近な動物の世界から超自然的な属性を与えられていると信じていた、とメラートは考える。雄牛または雄羊は男性の生殖能力を象徴し、ヒョウは動物の力と人間の生命をあらわしていた。多くの絵で、ヒョウは女神の出産を助けている。

チャタルホユックの女神信仰の中心には、生と死がある。女神は妊娠しているか出産しており、そのかたわらには動物がいて、死の象徴としてのハゲワシすらいる。農耕では、播種(はしゅ)、収穫、および食糧の加工における女性の働きは、肥沃さと豊かさ、および生と死に、象徴的に結びついていた。おそらく、女神は創造の神であり、はてしなく繰り返される新たな農耕生活と季節の移り変わりの象徴だったのだろう。大地は母であり、万物の子宮であり、祖先が生活していた場所なのだった。

そうなると、大干ばつとそれにつづく温暖化の最大の遺産は、食糧の生産ではなく、むしろ土地に密着したまったく新しい生活様式だったのかもしれない。こうして、人びとはこれまで以上に短期の気候の変化という厳しい現実にさらされるようになった。すなわち周期的に襲う洪水と干ばつであり、自給農民の生活につきものの危険である。

際限なく繰り返される人間の存在への関心や、土地に根づいた祖先や肥沃さにたいする関心は、南西アジア全体に農耕の村落が根を下ろすにつれて、広く伝播していった。前六〇〇〇年には、農耕民はアナトリア高原の北にある汽水性の広大な「エウクセイノス湖」〔現在の黒海〕の肥沃な岸で生活していた。その多くは、水位の上がりつつあるエーゲ海の水とエウクセイノス湖を分断している細長い平原を渡って、北へ、西へと移動してきていた。彼らはそこで湖の西岸沿いとドナウ盆地の豊かな土壌に定住した。彼らの村の向こうには、ヨーロッパの原始林がどこまでもつづいている。氷河時代末期にはツンドラが広がっていたなだらかに起伏する土地も、いまでは一面の森林に変わっていた。

こうしてエウクセイノス湖の岸辺沿いに農村が出現するあいだにも、世界の反対側で起こった出来事が自らの破滅を招いていた。

ミニ氷河時代（アイスエイジ）

前六二〇〇年ごろ、膨大な量の融解水が蓄積し、カナダ北部で後退していたローレンタイド氷床の土台を削っていた。ある時点で、巨大な氷床は内部で崩れ、大量の融解水が南のメキシコ湾に滝のように注いだ。別の淡水の流れは勢いよく北大西洋へ向かい、おそらくヤンガー・ドライアス期の初めにアガシー湖を干上がらせたときと同じくらいの激流となった。ほぼそれと同時に、海のベルトコンベヤーの動きが目に見えて鈍くなってきた。四〇〇年にわたって、その動きが止まった時代もあった。ヤンガー・ドライアス期のころにも似た、はるかに寒く、乾燥した状況にヨーロッパは見舞われた。東地中海に降雨をもたらした湿った西からの気団は、冷たい北からの流れに取って代わられた。バルカン半島と東地中海は、四〇〇〇年前と同じように深刻な干ばつに襲われた。

前六二〇〇年から前五八〇〇年まで四〇〇年間つづいた「ミニ氷河時代」は地球規模の現象であり、カリブ海南東部のカリアコ深海コアでも、北アフリカの湖底でもその痕跡が見られ、現在、世界中で表面海水の平均水温が最も高い、太平洋西部の暖水域の中心部にすら影響がおよんだことがわかっている。インドネシアの古いサンゴ礁を掘削して得たコアも、海面温度が急激に三度ほど下がったことを示している。

なかでも最も重要なのは、ローレンタイド氷床の崩壊が世界の海洋の水位を急速に上昇させる引き金となったことだ。前六二〇〇年には、北海の水位は年間ほぼ四六ミリずつ上昇していた。スカンディナヴィアの南部の広大な地域が海の下に沈んだ。ブリテン島はついに大陸から切り離された。南ではマルマラ海がいまにも土手を越えてあふれそうになっていた。

四〇〇〇年のあいだ、ヨーロッパ南東部、アナトリア、および東地中海は長引く干ばつに苦しんだ。湖の水位は劇的に下がり、一部の湖は完全に干上がった。川や渓流は、北から押し寄せる乾燥の波を前にして涸れていった。オークとピスタチオの森は、気温が再び急激に下がるにつれ、乾燥しきった土地から後退した。

歴史は繰り返したのだが、異なった点もあった。かつてヤンガー・ドライアス期に、森林ベルト地帯では多くの共同体が野生植物の栽培を始めた。わずか数世代のうちに、彼らはフルタイムで農耕に従事し、念入りに選んだ、水の豊かな土壌で穀類を育てるようになっていた。大西洋のコンベヤーのスイッチが再び入ると、農耕はレヴァント地方中にたちまち広まり、アナトリアの奥地にも伝播した。そして、いま再び干ばつに見舞われると、何百もの農村で畑の作物が枯れ、黒曜石に恵まれたチャタルホユックもその一つとなった。定住地のなかにはごく一握りの住民だけが残ったところもあれば、生存手段として羊の放牧を始めたところもあった。その他はただ見捨てられた。腹をすかせた農耕民は、まだ水が流れるわずかばかりの川や渓流、あるいはすっかり干上がった湖の岸辺まで戻った。

彼らの多くは、エウクセイノス湖の西岸および南岸沿いに定住したかもしれない。廃墟となったチャタルホユックの定住地がある乾燥した高原から、九〇〇メートルほど下ったあたりである。そこなら気温もかなり高かった。風から守られた渓谷には、まだ水が豊富にある肥沃な土壌があった。深海コアからの花粉試料を調べると、黒海沿岸の平野には草地やステップが広がっていたことがわかる。ミニ氷河時代がつづいた四世紀間、耕作に適した湿った土地で作物を育てることに慣れていた農耕民にとって、エウクセイノス湖は、巨大なオアシスだった。ここでは森林を伐採する必要もほとんどなかった。

これらの湖岸の共同体がどんなものだったかは誰にもわからない。彼らの村や小さい町は黒海の海底深く沈んでしまい、同時代に、別の地域に住んでいた人びとについて判明していることから推測する以外、われわれにはなすすべがない。彼らは牛やヤギや羊を飼い、エンマ麦、大麦、および豆類を栽培し、日干し煉瓦の家が密集した定住地で暮らしていた。各戸は狭い路地でつながり、それぞれ独自のかまど、貯蔵庫、および中庭があった。こうした定住地はいずれも自給自足していたわけではない。どの村の集合体も岸沿い、川の上流、下流、あるいはエウクセイノス湖から離れた高台で暮らす近隣部族とかかわり合っていた。彼らは食糧、石器をつくる火山岩、貝殻などの装飾品、そしておそらくは宝石、土器、籠なども物々交換し合っただろう。アジアにいた祖先と同様、彼らもまた作物を実らせてくれる土地に深い霊的なつながりを感じていたにちがいない。はるか南および東の地で、四〇〇〇年前に村の生活が始まったころと同じく、崇拝する先祖に守られながら。

何世紀ものあいだ、なんら大きな変化は起きなかった。農耕民は当時もまだ、念入りに選んだ土壌を単純な道具を使って掘り返していた。彼らは当時まだ頑丈な斧ももたず、複雑な木工具も、地面を耕すための鋤も鍬もなかった。彼らの耕作道具は掘り棒とフリントの刃のついた鎌だった。男たちはまだ弓と矢または槍を習慣的にもち歩いていた。女たちはこの時代も毎日、ごく単純な擦り石と擦り台を使って栽培種および野生種の穀類を苦労して粉にひいていた。そして、人びとはまだ耕作が容易な土地にまばらに点在していたので、獲物を追い、罠や網を仕掛けて魚を獲り、草地や森で野草、果物、塊茎、木の実を集めるだけの余地があった。農耕民は定住していたものの、単純な農業経済と、つねに獲物や野草に依存している生活のおかげで、のちの農業社会には見られない柔軟性をもっていた。

エウクセイノス湖沿岸の村人には、内陸部で暮らす隣人もいた。前六〇〇〇年より以前から、エーゲ海地方から北西のハンガリー平野に向けて農耕民が移動していたからだ。新参者は、深い森を伐採しうるほど丈夫な斧をつくる技術はもちあわせなかったが、代わりに南西アジアにいた彼らの祖先たちが、何世紀ものあいだそうしてきたように、耕作向きの土地を注意深く選び、そこを耕した。たいていは、川か湖の近くで、すぐ近くに牧草地に適した土地がある場所を選んだ。ブルガリア南部では、農耕民は数キロ離れた場所にたがいの村を建設した。それぞれの村には、独自の耕作地があった。肥沃な平野は、川の氾濫原（はんらんげん）沿いや、近くの段丘に連なる定住地の生活を支えていた。牧草地と漁場、あるいは狩猟場が近くにある便利な場所である。この地方ではごく一般的な農耕生活が営まれていたように思われるだろうが、実際にはさまざまな種類の野山の食物も利用されていた。いろいろな意味で、彼らはまだ狩猟採集民だったが、大昔からの慣習にいまでは自給農業と牧畜が接木されていた。おかげで彼らは、長期におよぶ日照りや不作にも臨機応変に対応しうるようになった。このころには南西アジアからヨーロッパ南東部まで広がる広大な地域で、似たような混合の生活様式が主流になった。ミニ氷河時代のおかげで、こうした初期の農耕生活への順応は確固たるものになったのだった。

前五八〇〇年、大西洋が再び循環しはじめ、にわかに暖かい時代が戻ってきた。西からの湿った気流は、再び東地中海とバルカン半島まで流れ込むようになった。大気のシーソー現象である北大西洋振動は「高」モードで固定され、アイスランドの上空は低気圧に、アゾレス諸島は高気圧におおわれるようになった。西から吹きつづける風は、大西洋の海面からヨーロッパ中心部へ熱を運び、冬は穏やかな気温を保ち、夏にはたくさんの雨を降らせた。ヨーロッパの温帯地域は「気候最適期」〔しばしばアルティサーマル期と呼ばれる〕に入り、その後二〇〇〇年間はその状態がつづいた。

こうして温暖な気候になると、農耕がさかんになった。ギリシャ北部とブルガリア南部の最も肥沃な土地では、人びとは何世紀にもわたって同じ土地を利用しつづけた。ブルガリアのカラノヴァの巨大な塚は、最終的に高さ一二メートルにも達し、三〇〇平方メートルもの広さにおよんだ。農耕民は何世代ものあいだ、こうした長い歴史をもつ定住地で生活してきた。

やがて、前五六〇〇年に、エウクセイノス湖が変化しはじめた。

エウクセイノス湖の大氾濫

湖の水位が突然、一日に一五センチも上昇する事態を想像してほしい。そこから少し内陸に入った河岸段丘にある村で暮らしながら、一日に一・六キロという速度で氾濫した水が上流に向かって容赦なく押し寄せてくる光景を眺めるのは、どんな気分だろうか。氾濫の勢いは衰えることなく、じわじわ水嵩(みずかさ)を増し、作物を水没させ、いまや上昇しつづける水面から木の梢(こずえ)だけがのぞいている。湖からの赤茶色の泥で緑の葉はおおわれ、それもまもなく押し寄せてくる大洪水にのまれてしまう。川岸に引き上げられていたカヌーは流されていく。数日のうちに、平らな流域は拡大する海の一部を形成するように

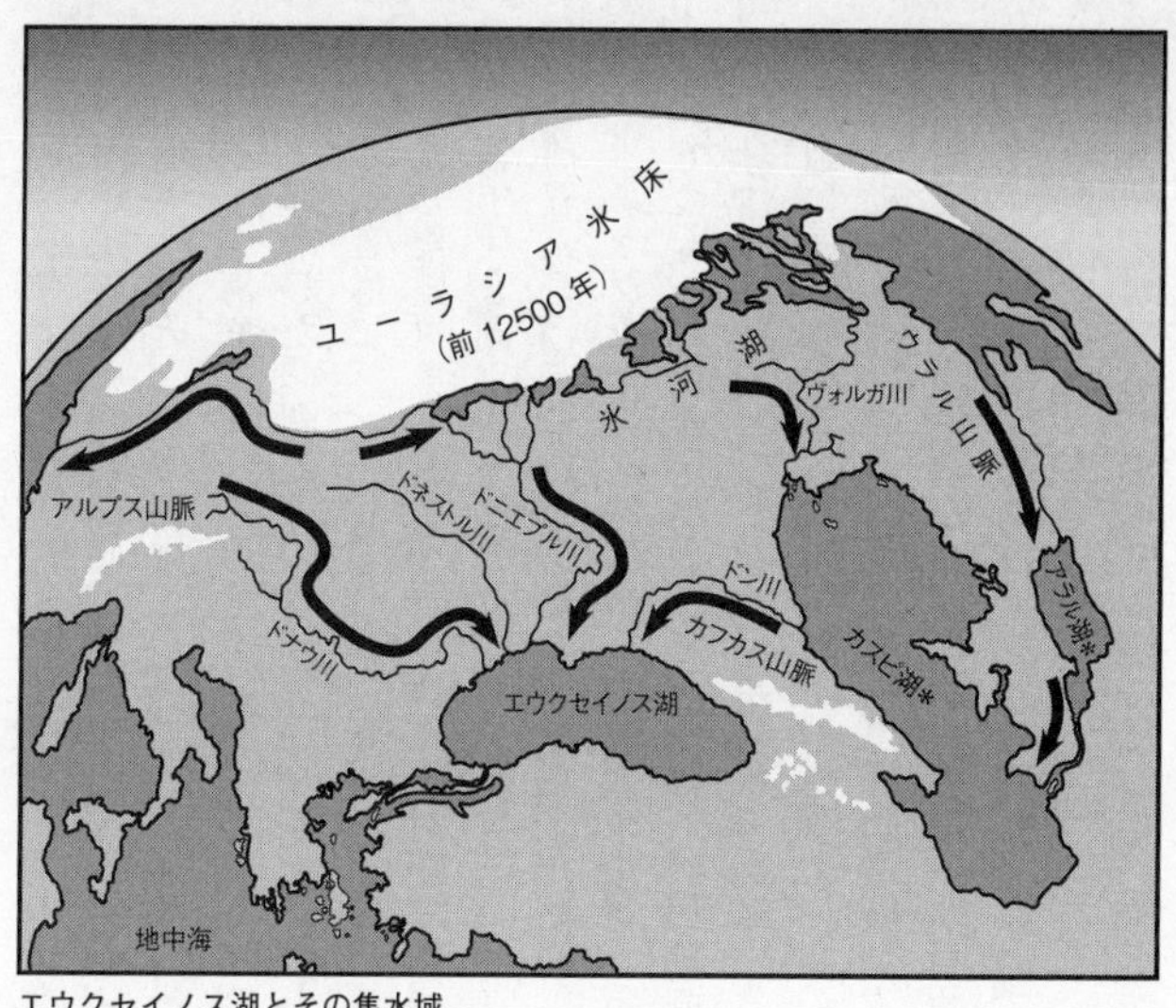

エウクセイノス湖とその集水域

なり、塩分が濃くなっていく。できることは、高台に逃げることだけだ。

人類を襲った最大規模の自然災害の一つは、前五六〇〇年ごろに訪れた。地中海の水位が上昇して、マルマラ海よりも一五〇メートル下方にあったエウクセイノス湖の深い湖盆を氾濫させ、黒海が形成されたときである。

一五年ほど前までは、黒海からはつねに水が流出して、マルマラ海とつながっていたのだと誰もが考えていた。エウクセイノス湖で大洪水が起こったという発見は、地質学者にも考古学者にもまったく思いがけないことだった。海洋学者のウォルター・ピットマンとウィリアム・ライアン、および彼らとともに黒海の研究にかかわった若干の国際科学者グループにとってすら、それは意外な結果だった。彼らは深海コア、大昔の湖岸線の水中音波探知、花粉試料、および古代の軟体動物の貝などから丹念に手がかりを集め、そこから推測した。コアと探知結果から、地中海より一五〇メートル下方にあって、海底に沈んだ巨大な淡水湖の湖岸線がどこに位置していたかが、部分的にとはいえ判明した。調査チームは海面水位が下降したときに形成された砂利の堆積物を確認するとともに、水位が急速に上がって水没した砂丘がそのまま帯状に残されているのも発見した。コア試料に小さい海生の貝が急に現われた時期もあった。AMS法で放射性炭素年代を測定することで、ピットマンとライアンは淡水から海水に急に変化した年代が前五六〇〇年ごろであることを突き止めた。

　エウクセイノス湖ははるか北方へ後退する氷河がつくりだした産物だった。氷床のとてつもない重みが地表を陥没させ、周辺に高台を残したのだ。マットレスの上についた身体の跡と、どことなく似た効果である。氷床が北へと後退するにつれ、高台の周縁凹地に融解水や氷の塊、岩屑が残された。この周縁凹地も氷床とともに北へと後退し、水の流れを南に向かわせ、現在黒海がある巨大な窪みへと流れ込ませた。二〇〇〇年間、膨大な量の融解水が南へ流れたので、水は現在のボスポラス海峡がある狭い箇所を通って、エウクセイノス湖から地中海へあふれでた。一年に約三〇〇立方キロという大量の水だ。

　ヤンガー・ドライアス期になると、氷床からの流入はほぼ停止した。やがて湖の表面から蒸発する水の量のほうが、注ぎ込む量よりも多くなった。流出水路には泥と岩屑が堆積し、しだいに土の汀段（ていだん）が形成された。エウクセイノス湖はこのころにはやや汽水性の湖になっており、ゆっくりと水が引いて、地中海よりも一五〇メートルは低い水位になっていた。湖が縮小するにつれ、渓谷や三角洲（さんかくす）が形成された。肥沃な湖岸の土壌には、小麦などの植物が自生するようになった。浅瀬には魚も豊富に見られた。黒海の堆積物は塩分濃度がきわめて低いので、ここの水は動物にも人間にも好ましいものだったことがわかる。

　ミニ氷河時代、地中海の海水面は現代の海岸線よりも一五メートル低かった。ところが、ローレンタイド氷床が崩壊すると、氷河時代の終わりから上昇していた海水がさらに増加した。前五六〇〇年には、マルマラ海はせばまっていく汀段の縁（へり）までひたひたと打ち寄せるようになっていた。風と潮に動かされながら、海水は引いては土の防壁まで満ち、やがて後退していった。そしてあるとき必然的に、おそらくは風によっていつも以上に高くなった水位と嵐（あらし）とが偶然に重なり、汀段の向こう側まで水がいくらか流れ込んだ。水は斜面を流れ落ち、ガリ浸食部分を伝って下方の湖へ流入した。数日のあいだに、流れは激流となり、やがて時速九〇キロ以上の速さで押し寄せる滝となった。水が汀段を深く削るにつれ、流れはさらに加速し、八五メートルから一四四メートルの深さの峡谷をえぐりだした。狭い谷間を連日、マンハッタン島を一キロの深さで埋めるほどの量の水が通過した。世界最大の淡水湖の水位は一日に平均一五センチという勢いで上昇した。

二年という短い年月のあいだに、かつてエウクセイノス湖があった場所は、流入してくる地中海と同じ高さまで水で満たされ、黒海に変わっていた。世界最大の淡水湖は汽水の海になり、まさに記録的な規模の環境大災害となった。ピットマンとライアンは、エウクセイノス湖の大洪水が人びとの記憶のなかに残り、聖書の大洪水となったのではないかと考えるようになったが、この事象をそう特定するのは単なる憶測の域を超えない。

移住

それでも、エウクセイノス湖のそばに住んでいた人びとは間違いなくこう考えただろう。超自然界の勢力の怒りを招き、先祖にもそれをなだめるだけの力はなかった、と。泥水は砂浜の上まで押し寄せ、ものの数時間で川の三角洲を氾濫させ、浅瀬に苦労して据えつけた魚獲りの罠を水没させた。上昇しつづける湖は沼地を水浸しにし、奥まったところにあったカヌーの乗り場を押し流し、丹念に手入れしてきた畑を全滅させた。塩水が入り込むと、何千もの魚の死体が浮いた。村人は藁葺（わらぶき）屋根の家と貯蔵庫が汽水の波にのまれるのを、なすすべもなく見つめた。ある段階までくると、海岸線は元気のいい若者の歩調ほどの速さで流域をさかのぼりはじめた。かつての湖付近にあった共同体はさまざまな警告を受けていたが、遅かれ早かれ、誰もがわずかばかりの身の回り品をつかんで、牛や羊やヤギを高台まで追いたてるはめになった。

洪水がどの季節に始まったかはわからないが、土地につなぎとめられ、貯蔵食糧や狩猟、漁を頼りに冬を乗り切ろうとしていた人びとにとって、その影響は壊滅的なものだっただろう。畑で作物が生育している時期に被害にあったにしろ、さらに悪いことに、収穫期や、手元に貯蔵食糧しかない時期だったにしろ、農耕民のもとには家畜しか残らなかった。あとは森から何かしら探しだすしかなかった。また、大洪水でどれだけの死者がでたのかもわからない。汀段の下方にあって、不幸にも激流の通り道にいた人びとや共同体は、明らかに瞬時にのみこまれたにちがいない。おそらく多くの共同体は、飢えや飢饉に関連した疾病に苦しめられたのだろう。

水位は約二年後には安定するようになった。何百という村が海底に沈んだ。はるか内陸にあった定住地がいまや深く入り込んだ湾の奥に位置するようになり、あるいは岸辺に吹きつける冷たい冬の嵐の猛威にさらされていた。だが、はてしなく森がつづく奥地の見知らぬ土地で、無数の川に分断されながらも、人びとの生活はこれまでと同様につづいていた。多くの農耕民は、老人を労わり、幼い子をかかえ、牛や小型の家畜を駆り集めながら、上流へ移動した。難民はさまざまな方角へ散った。多くの者はブルガリアの平原に忽然と現われ、それからドナウ川流域をさかのぼって、ハンガリー平原北部へ向かった。また別の一団はドニエプル川をさかのぼり、そこから西にある、農耕民がいまだかつて足を踏み入れたことのない大陸の中心部へ向かった。どちらの谷を越えたにせよ、彼らが探し求めたのは、これまで農耕民がつねづね好んできたように、作物を育てるのに充分な水が生育期にある場所だった。

ハンガリー平原に向かった共同体は、肥沃な土地の真っ只中（ただなか）に出たことに気づいたが、そこにはすでにすっかり定着した農耕民社会があった。移住者らが定住したのは平原の西側だったようだ。彼らは両側から迫る深い森や粘土質の土壌は避け、川沿いに帯状に定住地を築いた。数世紀もたたないうちに、新参者はこの地方の耕作しやすい土地を占領するようになったが、それでは人口密度の高い農村を支えるには不充分だった。

おそらく前五六〇〇年以前から、人口過多になった一部の共同体は、平原から北および西にある未踏の谷間へ、大移動していたのだろう。ヨーロッパ中部および西部を横断した彼らの移動経路は、渦巻き模様の押し型と刻み目で装飾された、きわめて特徴的な土器を追えばたどることができる。彼らが居住した丸太のロングハウスの土台からも手がかりは得られる。考古学者はこの文化を帯文土器文化複合体と呼んでいる。人類史上でもきわめて重要なこの人口移動で、農耕民はまずドナウ川上流まで一気に移動し、それからライン川とネッカル川上流へ向かい、さらにライン川を下ってポーランドに入り、最終的にベルギー南部およびフランス北部へと移動した。数世紀のうちに農村の集合体は、ハンガリー西部から北海沿岸低地帯にかけて、耕作の容易な黄土（レス）地帯と川沿いの谷間に定住していた。

狩猟民と農耕民の思わぬ交流

　開拓民が足を踏み入れた世界は、深い森がさながら深緑色の重装歩兵密集隊（ファランクス）のように、丘の斜面も谷間もすべておおいつくしているところだった。暗い森のなかでは、倒木の幹や根が地面の上で腐っており、ときおり獣道はあるけれども、ほかに通れる道もなかった。水生植物の茂る深い沼地や池のまわりは、足元一面を鮮やかな緑色のコケの絨毯（じゅうたん）がおおっている。たまに空き地があると、密生した木々のあいだから木漏れ日が射（さ）す。そういった場所では、バイソン、鹿、ヘラジカなどが草を食んでおり、狩猟者が近づくと静かに姿を消す。森林は温暖化とともに、バルカン半島から大西洋岸まで、イタリアからバルト海まで広がった。

　今日では、古代の植物はほとんど残っていない。あるとすれば、西ヨーロッパの鄙（ひな）びた場所や、ポーランドのビャウォヴィエジャ原生林の恐ろしいほどの暗がりくらいだが、そのような場所には今日もまだバイソン、ヘラジカなどの動物が生息する。オークの大森林は、耕作地や薪、あるいは鉄の精錬のために木炭を求める人類の飽くなき欲求の犠牲となった。だが、八〇〇〇年前には、森は地平線の彼方（かなた）まで広がっており、狩人（かりゅうど）たちが下生えを焼いて、新芽を食べにくる獲物をおびき寄せている場所を除けば、汚されることなく、手つかずの状態になっていた。木々のあいだで暮らしているのは、数千人の森の狩人だけだった。彼らはひっそりと暮らす用心深い人びとで、弓矢をたずさえ、林地に生える雑多な植物をよく知りつくしていた。湿地のクランベリー、きのこ、野生のにんにくなどである。真冬の時期なら足音を立てずに木々のあいだを歩けるので、鹿やヘラジカの後をつけられることも彼らは心得ていた。よい香りの野生の蜂蜜(はちみつ)は洞(うろ)のある木の蜂の巣から採れ、そのような場所はこうした暗い土地に慣れ親しんだ人にだけ知られていた。彼らは、蜂が巣をつくっている腐った木や、木の根っこ、目立たない渓流、それに一見、特徴のない湿地など、それとはわからない道しるべで、それぞれの狩猟範囲を定めていた。ローマ時代や中世と同様、この当時も森は謎(なぞ)めいた暗い場所だった。石器時代の狩人で森に住んだ者はいないので、農耕民も森の少ない、さらさらした土壌の黄土地帯から離れることはなかった、と考える専門家もいる。だが、本当のところはわからない。

農耕民は彼らの祖先と同様に耕作しやすい土地を慎重に選び、近くにいる共同体を出し抜きながら、まだ占有されていない肥沃な土地を探し、新しい土地に定住した。数世代のうちに、川沿いの谷間と森の周辺には、孤立した家屋や集落や村が広がった。それぞれの共同体が住みついた場所は、基本的には無人の土地だった。これらの土地は、まだ人の手によって耕されたことはなかった。作物の収穫は多く、狩りの獲物やどんぐりなどの植物性食物によっても、食糧は容易に確保できた。だが、新参者たちはまったく人のいない土地に移動したわけではない。湿地牧野や川岸近くに定住した彼らは、その土地の狩猟採集者が大昔から守ってきた領域に侵入していた。川を見下ろす低い尾根の上に野営する数家族の農耕民が用心深く、土着の民と接触する様子は目に浮かぶ。彼らが住居をつくるために地面をならしていると、どこからともなく弓をもった狩猟者が現われる。たがいに相手の話す言葉は理解できず、両者は武器を構えてにらみ合う。農耕民はおそらく友好の仕草を示し、挨拶(あいさつ)しただろう。数分後、狩猟者は近くの森に姿を消す。

季節が移り変わるたびに、土着の人びとは物陰からのぞき、秋になって新参者たちが枯れ草や下生えに火をつけて土地を開墾する様子を、煙を吸い込まないように注意深く風上から眺めていただろう。彼らは森の周辺や木々の奥深くで草を食む牛や豚の後をつけ、共同体の人びとが谷の周辺部でオークの森から熟したどんぐりを総出で拾いはじめると、静かに立ち去る。しばらくののち、二つの集団は再び出会う。狩猟者らは蜂蜜とヘラジカの獣皮をもってきて、村はずれの地面に並べる。農耕民はエンマ小麦の粉と貝殻を見せる。こうした物々交換のやりとりは、数年後には定期的に行なわれるようになる。世代を経るごとに何が起こったかについては、推測する以外にない。一部の狩猟者は農耕地域にさらに引き寄せられたにちがいない。おそらく彼らは牛飼いの役目を引き受けるか、あるいは森の奥に迷い込んだ牛を捕まえたことだろう。やがて、いくつかの集団は農耕民になるか、少なくとも農耕を副業とするようになり、大昔からの採集生活様式は徐々(じょじょ)に過去のものとなっていった。しかし、何世紀ものあいだ、辺境地には狩猟者がいて、二つのまるで異なった世界のあいだで散発的なやりとりが見られた。ときには、牛泥棒や狩猟域をめぐって暴力沙汰も起きたにちがいない。周囲の土地はまもなく込み合ってきた。争いは土地にたいしてきわめて異なった考えをもつ人びとのあいだで生じただろう。しかし、必然的に農耕民が勢力を伸ばしていった。

帯文土器文化の墓地があるフロムボルンとシュヴェッツィンゲンは、ドイツ南西部のライン川上流域にあり、ハイデルベルクの西に位置する。この二つの墓地は前五三〇〇年ごろより一世紀半にわたり、狩猟者と農耕民のあいだに見られた交流に思わぬ光を投げかけた。アメリカとドイツの考古学者が、墓地から発掘された人びとの骨と歯に残っているストロンチウムの同位元素の値をくらべて、彼らの移住形態を調べたのである。ストロンチウムは、食物連鎖によって栄養分が岩盤から土壌と水を経て植物および動物に移動するにつれ、人間の体内に入ってくる。歯のエナメル質は母親の胎内にいる期間と子供時代に形成されるので、ストロンチウム87とストロンチウム86という二つの同位元素の比は生涯を通じて変化しない。一方、骨のなかのストロンチウムの割合は再吸収され蓄積されることによってつねに変わる。したがって、一つの地域から別の地域へ移動した人は、骨と歯のエナメル質にあるストロンチウムの同位元素比の違いから識別しうる。フロムボルンの墓地からサンプル検査した男女の人骨のうち、六四パーセントは東の地域の人間特有の割合を示し、移住者のようだった。そこから四五キロ離れたシュヴェッツィンゲンの墓地もやはり同時代のものだが、移住者の割合はずっと少なく、そのほぼ全員が女性だった。これはライン川流域の対岸の高地に住む人びとと異民族間で結婚が進んだ結果だと、考古学者は考える。移住者のストロンチウムの割合は、高地の人びとのそれと一致するからだ。移住者は、定住地の周辺にいた狩猟採集グループからきたのかもしれない。

初期の帯文土器文化の定住地は、ほぼかならず、川の流域周辺にある水はけのよい肥沃な黄土地帯に築かれた。川の流域の畑は自然に湿度が保たれ、生産性が高く、頑丈な道具がなくても手で容易に耕せた。それはつまり、肥料などまかなくても同じ区画を何度も利用できたことを意味していた。とはいえ、いずれ土地は枯渇し、村は新たな場所へ移動することになり、それによって再び新しい農業経済の伝播に寄与することになった。どの共同体も土地を開墾しては、そこに定住したので、次の世代は川の流域沿いに、あるいはもっと開けた土地を抜けて移動し、遠く彼方の処女地に別の村をつくることになったからだ。

湿地牧野や深い森の周辺にある帯文土器文化の村を訪れる人は、沼地や川沿いのヤナギの木立を抜け、曲がりくねった道を通ってやってきたことだろう。新参者は不意に、開墾された一画の土地に行き当たる。そこでは小麦が育てられていて、炭化した切り株があいだからのぞいている。畑から数メートルのところには、丈夫な柱を組み立ててつくった藁葺屋根のロングハウスがあり、風雨にさらされている。泥壁には近くの家畜の囲いで集めた牛の糞（ふん）と粘土で、こまめに修復された形跡がある。囲いでは、何人かの少女が牛の乳搾りをしている。一〇〇メートルほど離れたところでは、男たちが六人がかりで丸太を使って骨組みをつくり、新しい住居を建てている。直立柱はすでに立てられ、長さ二〇メートル、幅七メートルの土地を囲んでいる。そうした住居には、何世代かの家族が一緒に暮らしており、冬のあいだは家畜も片隅に入れてやる。

こうした定住地のうち長期にわたって存続したところには、さまざまな家族が所有する何区画かの耕作地があっただろう。作物は、網代垣(あじろがき)で食欲旺盛(おうせい)なヤギや羊から守られていた。砂地に残された柱の跡から、現代の研究者はロングハウスの土台と畑の境界線をたどることができる。あいにく、住居の床だったところはのちに耕されたか、痕跡も残らないほど腐食してしまっていた。このような発掘作業から、帯文土器文化の定住地にはこうした家が一軒しかないこともあれば、数軒の住居で構成されている場合もあったことが判明している。かなりの規模にまで発展した定住地も若干あり、十数軒の家が並ぶことすらあった。だが、こうした家が同じ時期に使用されていたかどうかは、議論の余地がある。

帯文土器文化の共同体は世帯、もしくは拡大家族を中心に動いており、家族ごとにロングハウスを所有していた。各戸はそれぞれ自主管理されていたが、別々に暮らしていたにもかかわらず、たいていの家族はそれとなく寄り集まって家を建てていた。おそらく土地の開墾や家の建設などの共同作業を容易にするためだろう。人びとはまた往々にして農耕に最も適した場所に住みつくので、やがて親類や隣人がその近くに集まるのだった。ときにはそうした集合体が長い線状に連なることもあった。たとえば、今日のド

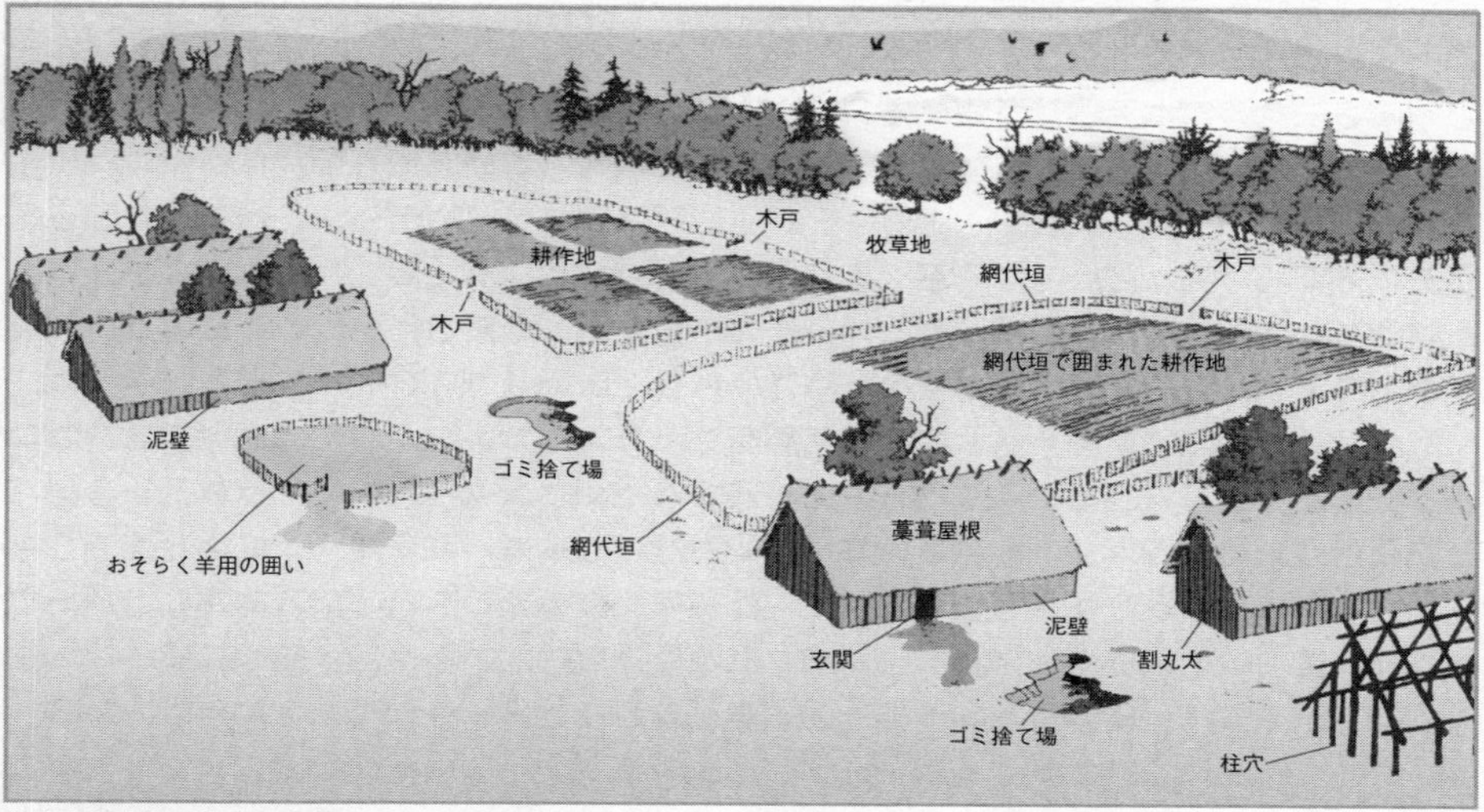

帯文土器文化の農場の再現図

イツのケルン市の西では、農業共同体は大きな川の岸沿いに帯状に定住し、それぞれのロングハウスは隣家と五〇メートルから一〇〇メートルずつ離れていた。

帯文土器文化の人びとが集まったのは、地下水が地上近くに滞留している場所だった。湿った土壌は降雨と同じくらい重要だからだ。毎年、乾燥した夏が終わり、秋になると、村人たちは耕地に茂っている藪(やぶ)を焼き払った。灰と煙が森の木々のあいだを抜けて、暖かい西風で運ばれ、空は黒く染まっただろう。野焼きの作業も、共同体の人びとが総出で森のあちこちへ、どんぐりとハシバミの実を拾いにでかける時期には終わる。木の実は籠に何杯分も村へ持ち帰られ、女たちが貯蔵庫に保存して入念に管理した。

長い冬の時期は一年のうちでも静かなときだが、冬は狩猟に最適のシーズンでもある。熟練した狩人なら、木立のなかの雪の絨毯の上を音も立てずにこっそりと歩きまわれる。猟師たちはバイソン、鹿、ヘラジカなどの後をつけ、開けた空き地で探し、巨大な木の幹の陰に隠れて、矢を射やすい場所まで近づく。

三月になると、どの家族も外にでて耕作地の雑草を抜き、掘り棒と素朴な鍬を使って土を掘り起こした。それから彼らはまっさらな畑に種をまいた。四月には、川の氾濫の被害を受けない場所に、春まき小麦などの穀類がまかれ、この時期に一年で最もよく降る雨がたっぷりと水やりをした。収穫は初夏に、野草など食用の植物の旬(しゅん)と同時期に行なわれた。暑い日がつづいて地面がすっかり乾燥するころには、穀物は安全な場所に貯蔵されている。七月、八月、九月の高い気温は地面をひび割れさせ、冬の雨がくるまで自然に土を空気にさらした。そのころには、畑を耕す季節になる。

生活様式の変遷

本書はここまで、長期の気候変動がもたらした波及効果について述べてきた。氷河時代後、まず温暖化が始まり、つづいてヤンガー・ドライアス期を迎え、その後、完新世初期に急速に温暖化し、前六二〇〇年にローレンタイド氷床の崩壊をきっかけにミニ氷河時代が引き起こされた。クロマニョン人とその後継者たち、そして南西アジアの狩猟採集者たちが、その移動力と好機を逸しない生き方で大変動する気候にいかにやすやすと順応してきたかも見てきた。移動生活が、レヴァント地方のオークとピスタチオの森における定住生活に変わるにつれて、環境と共存して保ってきた均衡関係は変わりはじめた。だが、当時もまだ、人びとはヤンガー・ドライアス期の深刻な干ばつにも、野生の穀類を人の手で栽培するという単純な方法で順応してきた。数世代のうちに、採集民は農耕民に変わり、多くの実りをもたらす穀類によって、のちにはまた家畜によっても、自分たちの土地に根を下ろすようになった。

新たに温暖化が始まると、農耕は急速に伝播したが、広くあまねくではなかった。初期の穀類の栽培には、水利に恵まれた土地の軽い土が必要だった。川か湖の近くの湿った土壌で、なるべく森林を開墾する必要のない場所が望ましかった。昔ながらの生活手段は人間の生活の中心でありつづけ、日照りや病気で作物が実らず、家畜が大量死した場合には、それが命綱となった。狩猟と野草の採集、漁および野鳥狩りは安全策であり、農耕社会のなかに、かつての移動力と同じくらい効果的な柔軟性をもたらしていた。この時代、人はまだ広い土地にまばらに暮らしており、耕作地は充分にあり、近くに野生の食糧が豊富にあったからだ。

地中海がエウクセイノス湖に押し寄せたとき、湖岸に定住していた何百もの農耕集落は、ドナウ川などの河川沿いに急速に内陸へ移動した。彼らはそのとき、原始的な農耕技術をたずさえていき、いつでもそこにあって勝手にとれる野生の食物に過度に依存する危険を緩和した。彼らが飢えや死に苦しめられたのは間違いないが、初期の農耕社会の柔軟性ゆえに、新しい黒海の沿岸でも内陸部でも迅速な移動は可能だった。その後、温暖な気候がつづいた二〇〇〇年間に、彼らの子孫は暗い森と大河のあるヨーロッパ温帯地域の中心部へ向かって、北へ西へと先を争うように移動していった。

だが必然的に、肥沃な土地では人口が増え、大きな共同体はさらに拡大し、優良な耕地は占有された。前五千年紀には、新たな土地への進出が始まった。人びとは乾燥した地域や、重い土壌の土地に移動し、素朴な鋤をはじめ、より頑丈な耕作器具を使って粘土質の土を掘り返し、土を空気にさらして水はけをよくした。食べていかれる土地は食いつくされてしまったのだ。人びとは食べるためにもっと苦労しなければならなくなった。

何世紀ものちの中世になると、ヨーロッパの共同体はほぼいずれも、毎年の収穫を当てにしながら最低生活水準で暮らすようになり、余剰分は翌年にまく分のみという生活になった。ことさら日照りつづきだったり、豪雨に見舞われたり、晩春に霜が降りたりした年には、飢えや死の恐怖が訪れた。西暦一三一五年から一三二一年にかけて周期的に豪雨が襲った時代には、何千もの人びとが飢饉がらみの感染症と飢えで死んでいった。それまでの数世紀間に、ごく単純な技術しかもたない農民が周囲の土地にあった自然林をほぼ一掃し、そこにいた獲物も食べられる野草もとりつくしていたのだ。安全策が取り除かれると、一時的な食糧難ですんだはずの事態が飢饉となり、生き延びられたはずの小さい農耕集落は崩壊していった。

前五〇〇〇年になると、人類を苦しめた大きな気候変動もおおむね終わった。海面水位は近代に近いレベルで安定し、巨大な氷床はほぼ消滅し、地球の植生は、人間の活動によって手を加えられた以外は、ほとんど今日のそれと変わらない状態になった。完新世は一万五〇〇〇年前以降、最も長期にわたって地上に安定した温暖な気候が訪れた時代だ。だからと言ってかならずしも、この期間つねに気候が良好だったわけではない。あるいは世界のどこでも雨が充分にあったわけでもなかった。

第7章　干ばつと都市　紀元前六二〇〇年〜前一九〇〇年

私は実り豊かな種、偉大な野生の雄牛から生まれた
私はアヌの長男
私は「大いなる嵐」であり、「大いなる下界」から生じた
私はこの国の支配者……
私は族長のなかの運河(グーガル)を支配する者
私はすべての国の父親
シュメールの叙事詩『エンキと世界秩序』のなかのエンキ神

前六二〇〇年から前五八〇〇年までつづいたミニ氷河時代は、エウクセイノス湖からユーフラテス川にかけて存在した多くの農耕共同体にとって大惨事の時代となった。太陽はくる月もくる月も、もはや肥沃(ひよく)ではなくなった大地を執拗(しつよう)に焦がしつづけた。雲一つない空から砂埃(すなぼこり)が降り注ぎ、湖も川も干上がり、死海はこれまでになく水位が下がった。農耕社会は容赦ない干ばつのなかで、縮小するか消滅していった。多くの人びとは牧羊業に鞍替(くらが)えし、昔ながらの飢餓対策手段に訴えて住む場所を探し求めた。乾燥化と寒冷化の被害の少ない土地へ移動し、そこで家畜を飼って細々と生活したのである。そして前五八〇〇年になると、よい時代が戻ってきた。大西洋の循環のスイッチが入

り、地中海の湿った偏西風がにわかにまた吹きだした。数世代もすると、農耕民は避難していた土地から肥沃な三日月地帯一帯に広がり、より温暖で水利に恵まれた場所を求めて、ティグリスとユーフラテスの川岸へと移動していった。

一部の農耕民はかなり川下に定住地を築いた。淀んだ水路と無数の小川が流れる氾濫原に、二つの大河が入るあたりである。この一帯は水が豊富で、貯水池や畑に引き入れるのも容易だった。前五八〇〇年になると、メソポタミア南部の土地には小さい農業集落が点在するようになった。

メソポタミアの調査

「川に挟まれた土地」、メソポタミアの南部――現在のイラク南部――は、耕作地と沼地、および砂丘からなる世界で、そのほとんどは荒涼とした塩砂漠である。このあたりの土地に雨はほとんど降らない。自然の猛威は四方から押し寄せてくる。夏の気温の高さは世界有数であり、冬には激しい風が吹き、大嵐に見舞われ、川の氾濫で村が一瞬にして押し流されることもある。メソポタミアは昔から神々までもがしばしば害悪をおよぼす土地であり、支配者は暴力的手段に訴えがちだった。それでも、ここは農耕のさかんな土地だった。

前五八〇〇年に小さい集落にすぎなかったものは、三〇〇〇年の歳月のあいだに、世界最古の都市へと発展していた。エリドゥ、ニップール、ウル、ウルクなどの都市の中心部は、灌漑用水路を張りめぐらした畑と、迷路のように張りめぐらされた細い運河からなる緑色のパッチワークに囲まれている。ここに都市が出現したのは、農耕民が水を引ける土地に足止めされるようになったからであり、また周囲の土地がほとんど乾燥しきっていたために、自由に移動できなかったからだ。都市は村とは異なる存在だった。ただ規模が大きいだけでなく、小さい社会よりも経済面での分化が必要であり、またより中央集権化した社会機構が要求される。こうした大規模な活動はほぼ必然的にさらに大きい政治組織や都市国家に発展し、いずれは帝国にまで拡大して、広範な地域にわたって都市とその支配者を結ぶ緩い同盟関係が結ばれるようになった。

一九二〇年代と三〇年代に、カリスマ的考古学者のレオナード・ウーリーがシュメールの都市ウルにあったジッグラト(塚状の神殿)と王家の墓、および住宅地区を発掘した。ウーリーは壮大な規模の発掘調査を行ない、想像力をはたらかせた。彼にとってウルは滅びた都市ではなく、にぎやかな通りのある活気にあふれた居住地だった。誰かが訪ねてくると、ウーリーは発掘地の曲がりくねった路地を案内して、四〇〇〇年前の古い煉瓦造りの廃屋に連れていった。ウーリーはそうした家の所有者の多くを、実際に名前まで知っていた。家屋のなかから見つかった楔形文字の銘板からわかったのだ。屋根のデザインの細部から排水設備まで、あるいは階段の高さにいたるまで、彼は指摘するのだった。ウーリーの手にかかると、ウルは活気を取り戻し、狭い通りと市場は職人と商人でごった返し、重い荷を背負ったロバが、銅のインゴットや上流からの材木を運ぶ

第7章で言及した地名

様子がありありと浮かぶようになった。

五〇〇〇年前、ウルは古代世界で最大の都市の一つとして栄えており、大地の王であるエンリル神が、「人びとをのどかな牧草地に牛のように横たわらせ、シュメールに水を与えて、喜びあふれる豊かさをもたらした」(Samuel Kramer『The Sumerians』より。これはシュメールの文献として、いまだに最も人気のある資料だ)土地だった。

やがて川が流れを変え、ウルは滅びた。

私はこの地を何十年も昔に訪れたことがある。近くに空軍基地ができるずっと以前のことだ。城壁や壮大な建造物を期待して行ったが、目ぼしいものはほとんどなかった。修復されたジッグラトは、かつて活気にあふれた都市があった埃っぽい塚の上にいまもそびえている。私は頂上まで登り、どの方角を見ても地平線の彼方（かなた）までつづく塩砂漠を眺めた。気候の変動と流れを変える川、そして土壌の塩分濃度の増加がおよぼす容赦ない力が、ウルをはじめとするこの時代の都市国家の運命を定めたのだった。

皮肉なことに、ウルもその近隣の古代都市もみな、それ以前の気候変動に人間が対応した結果、生みだされた産物だった。これらの都市は、ある意味では、気候による打撃から生まれたものだが、その規模ゆえに、さらに広範な環境の圧力にはかえって脆弱（ぜいじゃく）さをさらけだしたのである。

この土地の歴史は氷河時代末期、ペルシャ湾がまだ乾いた陸地だったころに始まる。そのころ、世界の海面水位は今日より九〇メートルも低かった。ティグリス川とユーフラテス川は深い渓谷を流れ、今日の河口域から八〇〇キロ南へ行った先のオマーン湾へと注いでいた。大温暖化の時代に海面水位が上昇すると、新たにペルシャ湾が形成され、きわめて傾斜の緩いメソポタミアの平原に広大な沖積層が形成された。七〇〇キロにわたって三〇メートルしか落差がないため、川の流れは遅くなり、沼地や湿原があちこちに出現し、川の本流すら、年によって川筋が変わるようになった。

ミニ氷河時代になると、ペルシャ湾の水位は現代よりも二〇メートル低い程度になった。ローレンタイド氷床が崩壊し、最終的な融解水の流入によって海面水位が再び上昇すると、前四〇〇〇年から前三〇〇〇年にペルシャ湾は現代よりも約二メートル高い水位にまで達した。

地球上で最も過酷な環境は、メソポタミア周辺に多い。サハラ砂漠、パキスタン北西部の乾燥地帯、中央アジアの極寒の地域などである。

ここでは三つの異なった気候型がぶつかっている。冬には湿った地中海の偏西風によってもいくらか雨がもたらされるが、ほとんどの雪と雨は、中部および東ヨーロッパから南方へ進入する北極循環によって降る。インド洋からのモンスーン循環は暑季に湿り気を運んでくるが、降雨には至らない。大気の流れがこうして交差し合うということは、メソポタミアの気候が北大西洋循環の停止といった現象、あるいはインド洋のモンスーン・パターンに影響をおよぼす大規模なエルニーニョ現象などに呼応して、急速に変化しうることを意味する。こうした急激な変化の一部は短期のものだが、なかには数世紀間つづいて歴史を変えたものもある。

メソポタミア南部の太古の気候変動に関しては、まだ決定的な情報が欠けている。この一帯では沖積層が堆積(たいせき)し、川が流れを変えるために、花粉分析が難しい。しかし、その他の場所の湖底からの代用記録とアラビア海の深海コアは手に入る。

これらのデータから、前一万年から前四〇〇〇年までは地球の軌道パラメーターが変化したおかげで、夏の気温が上がり、降雨量も増えたことがわかる。こうした変化によって、北半球は以前よりも七パーセントから八パーセントは多く、太陽放射にさらされるようになった。メソポタミアの降雨量は今日よりも二五パーセントから三〇パーセントは多かったと思われ、その多くは夏のモンスーンによるものだった。それによって雨が蒸発する割合が高まるので、全般的な湿度は結果的に七倍も上がった。偏西風もモンスーン・システムも、いま以上に活発に活動していた。ヤンガー・ドライアス期とミニ氷河時代の四世紀間を除いて、メソポタミア北部の平原と南部の三角洲(さんかくす)は六〇〇〇年にわたって水の豊富な地域だったのである。

ミニ氷河時代のあと温暖化がにわかに再開すると、農耕共同体は牛と羊の群れとともにメソポタミア北部に広がっていった。

今日のイラクのモスル北部に当たるアッシリアや、ユーフラテス川の西にあるシリアのハブール平原など、北部の平原には、まもなく小さい農村が点在しはじめ、それぞれがモザイクのような耕地をもつようになった。牧畜民は冬には大河沿いで放牧し、春と初夏になると平原一帯に散らばるようになり、その後何世紀にもわたって、この季節ごとの移動パターンが繰り返された。降水量が今日より二五パーセントから三三パーセントほど多かったため、農耕民は灌漑農地はむろんのこと、冬と春の雨でうるおった耕作地にも頼ることができた。

数世紀のうちに、農耕民も牧畜民もはるか南部まで進出するようになった。たとえ湿った土壌であっても、灌漑設備なしには耕作は本質的に不可能な土地だ。ここでは雨季が長引けば、多くの恵みがもたらされた。冬の気温は低く、それはすなわち植物が長い期間、休眠状態にあることを意味した。雨は春から夏の初めまで降りつづいて生育期間を延ばし、夏の洪水もそれに一役買った。ユーフラテス川の氾濫はアナトリアの降雨と降雪に左右されるが、今日ではその発生時期が遅すぎて南部の夏は乾燥しきってしまい、作物の水やりにはまったく役に立たない。前四〇〇〇年以前は、生育期間がもっと長く、時期も遅かったので、氾濫は、堤防や貯水池が氾濫を抑制する役目をはたしていればしばしば水が最も必要な時期と重なった。

春と夏に雨が充分に降るかぎり、小さい農村と牧畜民は豊富な余剰食糧と、誰にでも行き渡るだけの牧草地と灌漑農地のおかげで、快適な暮らしが送れたのである。

ウバイド人

メソポタミア南部に最初の農耕民が定住したのがいつの時代だったかは、決してわからないだろう。古代の地表は何層にも積み重なった沈泥でおおわれているからだ。判明しているなかで最古の定住地は、ミニ氷河時代末期の前五八〇〇年ごろに出現した。これらは日干し煉瓦と葦(あし)でつくられた小屋が集まった小さい集落で、広さは一ヘクタールにも満たない。この地に住んでいた農耕民は、平らな砂地に目立つことなく溶け込んでいた。彼らの家はいったん見捨てられ、崩れかけると、沖積土のなかに還(かえ)っていった。煉瓦はその泥からつくられていたのだ。それとともに、彼らが残していった単純な灌漑設備の名残、つまり川から水を自然の貯水池に引くための小さい運河や、洪水の出水を適切な方向に流す低い堤防もまた消えていった。考古学者はこれらの人びとを、彼らがつくる特徴的な陶器――緑色をおびたきめの細かい粘土からつくられ、黒で彩色されている――によって見分けており、一九二〇年代に初めて識別された場所にちなんで、ウバイド人と呼ぶ。

ウバイドの農耕民は、溝を掘ってそこに水を流せば、耕作地を拡大しうることに気づいた。作物は水があればよく育つことは農耕民なら誰でも知っており、彼らはみな地下水面の高い肥沃な土壌を注意深く選んだ。灌漑というアイデアも決して新しいものではない。だが、メソポタミア南部は、そうした農耕方法が必要に迫られて広く利用された最初の土地の一つだった。ナイル川沿いでエジプト人がまもなく始めるように、ウバイドの村人も耕作地に水を引くことによって、大昔からの農耕方法を単純に拡大させた。彼らは土地の肥沃さよりも、平らな地形に見られる微妙な高低に関心を寄せた。上手に水を引いた耕作地なら、大量の作物が実ることを彼らはよく知っていたからだ。何世代も経るうちに、古老たちはエンマ小麦や大麦をいつ植えるべきか、霜で苗がやられることがなくなる時期はいつか、正確に判断できるようになった。粘土板に残された農耕民の暦から察するに、彼らは大災害をもたらす洪水や、川の水位が低い年の兆候も見抜いていた。それらは父から子へと、生存のための秘訣として伝えられた秘密の知識だったのだ。

単純な灌漑設備も、豊富な降雨も、ウバイドの農耕民にとっては幸いした。時代を経るにつれ、目立たなかった集落は、一つの大きな定住地のまわりに並ぶ小さい集落の集合体に変わっていった。前五二〇〇年には、判明しているなかで最も初期の入植から六世紀の歳月がたっていたが、こうした町で最大級のものは面積が一〇ヘクタールほどにもなり、二五〇〇人から四〇〇〇人の人口をかかえ、その多くはほかの人が生産した食糧で暮らすようになっていた。

これらの大きな共同体と、それを支える余剰食糧は、骨の折れる労働による多大な犠牲を払うことで実現したものだった。毎年秋および冬になると、人びとは男も女も狭い運河沿いに集まり、沈泥を除去し、鍬と掘り棒を使って雑草取りに励んだ。運河のなかには、川から五キロも離れた乾燥地帯までつづくものもあった。さらに別の作業班が、この間に粘土と泥土で堤防を強化し、夏の氾濫期に水を溜めておく自然の貯水池の周囲も固めた。どの家族も、沖積土で農業だけを営むわけにはいかなかった。すべてのことが、慎重に配備されたうえ、よく組織された作業班にかかっており、そのなかで人びとは公共の福祉のために汗水たらさなければならなかった。

一〇〇〇年以上にわたり、人びとの生活は方々に点在する小さい共同体、あるいは家や親類との絆を中心にまわっていた。農耕が始まったばかりの時代と同様に、そうした絆が人びとを灌漑設備などの共同作業にかかりだしていたのだ。しかし、それ以外にもう一つ、別の組織の層も必要だった。南部の共同体はいずれもごく初期の時代から、村の指導者がまとめ役となった共同作業に依存していた。

だが、苦労した甲斐はあった。大半の人はまだ、枝をたわめて屋根を葺いた日干し煉瓦と葦の小屋に住んでいたとはいえ数世紀のうちに、ウバイドの大きな共同体には、堂々とした建物や小神殿が出現するようになったのだ。かなりのちに書かれた楔形文字の銘板を信じるとすれば、古代メソポタミアの宗教はこの時代に芽生えた。詠唱と神話が繰り返され、人間の運命を支配して雨や肥沃な土壌をもたらし、豊作を約束する神々をたたえていた時代である。霊界との媒介者や、人間の生命の復活儀式を執り行なう人が、つねに権威をもつようになった。かつてのシャーマンや霊媒師が、この時代には急速に増えた余剰食糧に支えられて、本職の神官となったのである。

前四八〇〇年には、こうした定住地の一部は壮大な規模にまでなった。ユーフラテス川沿いのウルクはにわかに発展し、そのジッグラトから見える範囲の村すべてを傘下に置いていた。人びとの暮らしは神殿と市場を中心にまわっていた。ウルクは三角洲から遠く離れたところに住む民とも、交易関係を維持していたのである。

干ばつとの闘い

その後の一〇〇〇年間、人びとの生活は順調だった。誰もが、便利な河川や天然の貯水池の近くに点在した小さい共同体に住んでいた。そこでは魚も獲れるし、農耕も可能であり、重労働をともなわずに農地を灌漑することもできた。やがて前三八〇〇年ごろ、気候が急に乾燥してきた。これは南西アジアと東地中海地域に一〇〇〇年以上にわたって多大な影響をおよぼした傾向だった。日射率、つまり地表に入ってくる太陽光の割合は、世界各地で減少した。南西アジアから、遠くは南カリフォルニアまで、放射性炭素年代測定をした樹木年輪や湖底のコアにはっきりと記録された現象だ。こうした変化は、太陽にたいする地球の傾きが変わったために起きたもので、その角度によって地表に届く放射量は決まる。ほぼたちどころに、夏に降雨をもたらしていた南西からのモンスーンは弱まり、南に進路を移動した。雨季も活発ではなくなり、遅く始まって早く終わるようになった。このころには夏の洪水は収穫のあとやってくるようになり、実る直前の作物には充分な水が行き渡らなくなった。アナトリア高原で降雨量および降雪量が激減したのを受けて、夏の河川の氾濫はかつての洪水にくらべて、すっかり小規模なものになった。

気候はますます不安定になった。南部の村には干ばつが周期的に訪れるようになった。繰り返し襲う自然災害は、川筋を気まぐれに移動させ、景観をつねに変え、その土地につなぎとめられていた小さい定住地を荒廃させた。人びとは何世代ものあいだ、部分的にとはいえ降雨を頼りにしながら作物を育ててきた。だが、いまや灌漑だけに依存するようになった。食糧の余剰分は消え、それどころか不足しはじめた。

腹をすかせた村人に選択の余地はあまりなかった。彼らの運命は、工夫を凝らして灌漑された農地と結びついていたが、その農地もこのころには照りつける太陽のもとで乾燥し、ひび割れていた。考古学的な調査から、多くの人びとが単純に村を捨てたことが判明している。彼らは貧窮し絶望しながら、食べ物を探して当てもなく周辺をさまよったのだろう。これが昔ながらの飢饉にたいする対応であり、それは今日も変わらない。古代エジプトの農耕民は、前二一〇〇年に干ばつによってナイル川が氾濫しなくなると、集団で農地を離れて食糧探しの苦しい旅にでた。十九世紀末にインドでモンスーンが弱まったときは、何千万もの村人が放浪生活を始め、パンジャーブ地方は巨大な死体安置所と化した。ウバイドの惨事はそれほどの規模ではなかったが、長期にわたって雨季の短い時代がつづいたことは、メソポタミア南部の社会に何世代ものあいだ影響をおよぼした。

　生存者のなかには幸運な人もいた。彼らの共同体は半乾燥気候の広大な草原のそばにあったので、牛、ヤギ、羊の牧畜に頼って生き延びられたのだ。なかには牧畜を専業とし、つねに群れとともに移動するようになった人びともいた。その他の人びとは、干ばつの影響が少なかった東の高地へ移動していった。この地方は水が充分にあったので、灌漑農業に頼る必要はなかった。さらに、もとの場所にとどまり、灌漑農業と、自給農民が昔から頼っていた安全策を併用することによって、なんとか食いつなごうとした人びともいた。彼らは減る一方の獲物を狩り、魚を食べ、植物性食物を探しまわった。

　だがこうした安全策も、何世代も前から人が住みつづけた定住地の密集した人口は、とうてい支えきれなかった。これらの人びとは、自らの成功の犠牲になったのだ。彼らが暮らしていた土地は、充分な降雨と灌漑によって土壌を豊かにしなければ、最低限の環境収容力しかなかったからだ。何世紀ものあいだ、メソポタミアの農耕民はユーフラテス川から取水する支流運河を通じて、周囲の平野に灌漑用水を引いていた。支流運河は生長する木にも似ていた。主たる水路からの水が小さい運河によって耕作地へと引かれるにつれ、水路は徐々に枝分かれして細くなる。要衝は明らかに、川から主要な運河が分かれる地点だった。そこなら誰にどれだけの水を与えるか管理しえたからだ。降雨量が年ごとに大きく変わり、洪水時の最高水位が下がっているような気候状況ではなおさらだ。日射率が減少していた時代、これらの要衝には人口が密集するようになり、さらに大型の定住地も初めて築かれた。

前三五〇〇年に干ばつが厳しさを増したころ、ウルクは大きな町をはるかに超えた規模になっていた。それぞれ独自の灌漑システムをもつ周囲の村落が、四方八方に一〇キロ先まで広がっていた。これらの小さい定住地は都市のための食糧や物品を供給していたが、誰もが他人に頼って生存していた。陶器を専門につくる共同体もあれば、冶金や漁を専業とする村もあり、それぞれが独自の商品をウルクの市場にもち寄った。防衛はますます重要な課題となった。というのも、給水システムや物資を狙う近隣部族から、誰もが自分たちの利益を守る必要があったからだ。同じころ、土地所有者は犂と役畜を使って二期作を始め、休閑期間を短くしており、一方、運河にはさらに多くの労力が投入されていた。

灌漑工事はいまでは年間を通じてつづけられ、一族の指導者によって厳重に監督され念につけるようになった。最初の官僚である。毎年秋には、拡大家族から男たちが集まり、暑い太陽に照らされながら泥土の積もった運河を掘り、流れのせき止められた水路から葦と下生えを除去した。さらに別の集団が一列になって新しい運河を掘り、新しい土地を開墾した。運河ができあがると、それぞれの区画は日を浴びて固くなった土をやわらかくするために、たっぷり灌漑された。各世帯がそれぞれの土地を耕したが、固い土の塊をくだき、種をまく前に耕地を平らにならす仕事は、大きな作業班が一緒になって取り組んだ。

冬のあいだずっと、各世帯は一ヵ月に一度、降雨量によってはそれ以上の割合で耕作地を灌漑用水路からの水でうるおし、育っている作物のために草取りをした。ごく初期の時代には、水の供給は中央政府の問題ではなく、むしろ各世帯や共同体の関心事だったが、都市が強大になるにつれて状況は変わっていった。収穫期になると、健常者は夜明けから日暮れまで、作物の刈り入れが終わるまで畑で働いた。この「家族農場」モデルは何世紀もつづいたが、最終的にはより中央集権的な灌漑設備に取って代わられ、それは都市政府の重要な一部となった。役人は各地に出向いて収穫の大半を徴収し、国家の穀倉に税として納めさせた。人びとはますます食糧を国に依存するようになり、勤労奉仕にたいして配給されるものに頼るようになった。

収穫期の大労働のあとも休息する暇はなかった。何百人もの男たちが夏の洪水を期待しながら額に汗して働き、拡大しつづける町や都市から離れた自然の氾濫原まで水を引いた。同じころ役人は、洪水の出水にも浸からない塚状の神殿の上部に建てられた大きな穀倉に作物を運ぶ作業を監督していた。これらの倉庫は、勢力を増してきた聖職者が管理していた。

こうしたことはいずれも、多くの人手を必要とする。イェール大学の考古学者フランク・ホールは、こういった人手は「土地をもたない貧困者」から得たのだと考える。雨季に充分な雨が降らず、故郷の村を捨てた人びとである。これらの貧困者が労働力プールとなり、拡大する都市の庇護下でそれを動員することによって、村を基準にしたウバイドの農民の制度は、はるかに生産的な制度に変貌しえたのだ、とホールは考える。食糧を配給されたこれらの労働者たちは、神殿、城壁の建設をはじめとする公共事業にも従事した。

このような労働はみな、人間の運命と宇宙の邪悪な勢力を支配していた神々の名において実行されたものだった。いくつかの村は合体して都市になった。都市はいずれも、茶と黄色ばかりの景観のなかで、作物の生い茂る鮮やかな緑の農地に囲まれていた。

シュメールの都市国家

気候変動による危機はさらに深刻になった。前三二〇〇年から前三〇〇〇年までの二世紀間に、大西洋循環の停止がおそらく引き金となり、急激な乾燥化と寒冷化が引き起こされると、政治的にいっそうの混乱をきたすようになった。ウルクは過去数世紀にわたって北部との交易路を支配しており、メソポタミア北部とアナトリア高原に交易のための植民地すら築いていた。干ばつが厳しさを増すと、植民地の多くは崩壊した。メソポタミア北部では、多くの村人が大きな定住地に流れ込み、ウルクをはじめとする南部の都市はさらに多くの難民を受け入れることになった。人口が増えるにつれて、以前からある大きな定住地のあいだにはさまれ、それまで人の住んでいなかった緩衝地帯に新たな都市が形成されるようになった。

前三一〇〇年には、南部の都市は世界最初の文明を築いていた。シュメール文明は激しく競い合う都市国家の寄せ集めだった。各都市にはよく組織された後背地が控えており、支配下にある領地は、勢力の拮抗（きっこう）する近隣部族の土地と隣り合わせだった。それぞれの都市国家は世俗の指導者と宗教指導者に導かれ、独自の守護神をもち、その統治下に何千もの民をかかえていた。各都市とも平らな景観のなかに、数千年前の質素な神殿に代わるジッグラトがそびえていた。このジッグラトで、統治者は予測のつかない暴力的な自然界の勢力をなだめ、守護神に嘆願した。エリドゥでは、エンキが水とすべての動植物の神とされていた。雄牛と月の神ナンナは南部のウルを支配していた。ニップールは風と鍬の神であるエンリルの王国だった。彼の息子ニヌルタは雷雨と鋤を支配した。どこへ行っても、神々は地と水の産物を象徴していた。

シュメールの暮らしのイデオロギーは、激しく気まぐれな力に翻弄（ほんろう）される土地を反映していた。ここでは、雨は間の悪い時期にやってきて、収穫のあとに襲う洪水は村全体を氾濫させるかもしれない。瞬く間に砂漠と化すか、数日のあいだに給水システムを失うような土地では、支配者も落ち着いてはいられない。増水したティグリス川とユーフラテス川がなんの前触れもなく川筋を変えた場合に、ときとしてそういう事態が起こった。シュメール人自身、祖先が砂漠から得てきた豊富な作物には驚嘆していた。あるシュメールの伝説によれば、いつも洪水を起こしていた黄泉の国の原始の水は、ニヌルタ神によってせき止められたのだった。それからニヌルタはティグリス川の出水を農地に引いた。

見よ、いま、地上にあるすべてのものは、
この国の王ニヌルタに歓喜の声をあげ、
農地はたくさんの実りをもたらし……
収穫は穀倉にも丘にも山と積まれた。

一九二〇年代に、レオナード・ウーリーはシュメールの都市ウルの公記録保管所から農民の暦を掘りだした。ある農夫は息子に、こう教えている。「堤防の切れ目や、用水路や塚をよく監視しなければいけない。農地を灌漑するときは、水嵩が増えすぎないようにすることだ」。息子はことあるごとに神をなだめるよう命じられた。川の水位は前触れもなく上がりうるし、命を育む水が農地まで届かないこともあるからだ。シュメール人は降雨量の少ない年を恐れた。「農地はうるおわず……どの土地へ行っても作物はなく、ただ雑草のみが生える」（『The Sumerians』）

彼らを責めることはできない。歴史の教訓は、乾いた河床や放棄された村など、周辺のいたるところで見られたからだ。神殿には過去の経験が詳しく記録されていた。それは世代ごとの短期の記憶をはるかに超えて、時代をさかのぼったものであり、文字で残されたそのような記録としては最古のものである。彼らは数の多さに安全性を見出したようだ。都市はもともと乾燥してきた気候に人びとが順応した結果であり、それがメソポタミアの文明の特徴となった。

考古学者のロバート・アダムズは、一九六〇年代にメソポタミア南部の定住地を広域調査し、前二八〇〇年までにシュメールの人口の八〇パーセントが、少なくとも一〇ヘクタール以上の土地からなる定住地に住んでいたことを発見した。この「過度都市化」の形態は、数世紀しかつづかなかった。前二〇〇〇年には、この数字は五〇パーセント以下に減った。再度、大干ばつに見舞われた都市から、人びとが離散したためである。

都市同士の争い

シュメールの各都市は土地、水利権、交易、および労働力をめぐってつねに争っていた。粘土板に刻まれた楔形文字の碑文は、外交的な勝利や戦争、卑劣な取引について、今日でも妙に聞いたことのあるような言いまわしで誇らしげに語る。新たな都市が建設されると、昔からの境界線が侵害され、給水量の減っている時代には政治的な利害関係を増大させた。こうした対立関係のなかには何世紀もつづいたものもあり、双方の都市で人びとを鼓舞する美辞麗句が生みだされた。「悟るがいい、貴市は完全に破壊されるだろう！　降伏するのだ！」と、前二六〇〇年にラガシュ市は宣言した。隣のウンマ市とのあいだで、ラガシュの主神ニンギルスの「愛(め)でた土地」であり、「平野の首(グ・エディン)」として知られる地方をめぐって争いが起こり、紛争が頂点に達したときのことだ。北部にあるキシュの有力な支配者メサリムがこの争いの仲介をし、この土地を両市のあいだで二分割した。メサリムは非の打ちどころがない宗教儀礼にのっとり、ウンマの最高神のサラと、ラガシュのニンギルスのあいだで取引を交渉した。ほかでもないエンリル神の監督のもとで、メサリムは土地を綿密に測量し、その正当性を示す記念碑を建立した。この協定にもとづいて、ラガシュは年間の収穫の一部を「年貢」として納めさせることで、ウンマに土地を貸し与えた。

しかし、絶えず変動する政治情勢のなかでは、都市の勢力は支配者の能力いかんで大きく変わり、この取り決めは必然的に反故(ほご)にされた。農耕、地代の支払い、灌漑用水路の使用法をめぐる論争は、何世代ものあいだくすぶりつづけた。両市とも戦争を始める口実を探した。軍隊は不意打ちをかけ、神殿や村に火をつけ、灌漑用水路の流れを変え、戦利品を積んで立ち去った。大げさな美辞麗句と、奇襲攻撃、それに血みどろの戦いが、シュメール人の暮らしの背景の一部として日々繰り返された。このころには常備軍をもつことが当たり前になった。なにしろ、政治的に分裂した世界では、実際、そうした争いの多くは解決できないものだったからだ。シュメールの支配者はみな、ころころと変わる同盟関係、国境紛争、外交、および戦争が渦巻くなかで暮らしていた。政治的権力の中心は一つの市から別の市へと揺れ動き、大げさな物言いをし、ときには誇大妄想的な指導者たちのエゴによってさらに助長された。彼らはエンシクと呼ばれ、都市の神の地上の代理人であり、王領の財産管理人とされていた。シュメール人の都市国家は、各地の農作物を組織的に管理することには成功したが、大きな都市間の連合はおおむね失敗に終わった。小さい都市国家がばらばらに存在し、それら全体に畏敬(いけい)の念を抱かせて、まとめあげる共通の力がないとなれば、争いを解決する見込みはなかった。

都市国家は、乾燥化によって引き起こされた長期の問題が生みだした産物だった。それは民を養い、地元の利益を守る最善の策を提供していた。メソポタミアの都市が初期に繰り返し試みたことは、環境危機に対処するためのユニークな方法だったのだ。

シュメール人は限られた地域に縛りつけられていたが、ウバイドの先人たちよりは広い世界に住んでいた。ウバイド人の世界は、若干の近隣の村と上流にあるいくつかの共同体の外にまでおよぶことがまずなかった。ウルクはその型を破り、交易拠点のネットワークをつくった。そのあまりの広大さに、考古学者のなかにはそれを初期の「世界制度」にたとえる人もいる。シュメールには木材も金属も半貴石もなかったが、穀類をはじめとする必需品を提供することができた。交易は拡大し、その多くはロバのキャラバンで運ばれ、半乾燥地帯を苦もなく横断していった。ロバは道中の草原の草や耕作地の刈り株を食べた。毎年夏になると、ヤギ革の浮袋で支えた大きな木製のいかだが、半貴石や銅のインゴットやさまざまな日用品をずっしりと積んで、ティグリス川を下っていった。いかだの船頭たちは大量の荷を積んだいかだをときには漕ぎ、ときには漂わせながら川を下った。積荷を届けたあとは、いかだを組んでいた貴重な木材を売り、ロバの背にしぼませたヤギ革を積んで戻っていった。五〇〇〇年後、ビクトリア時代の考古学者オースティン・ヘンリー・レアードが、古代都市ニネヴェからペルシャ湾沿いのバスラまで、収集した何トン分ものアッシリアの彫刻を、同じようないかだを使って運んでいる。

人びとは何世紀もかけて南から北へと移動した。ウバイドの共同体は、前五千年紀にはすでに北部に植民地を築いていた。ウルクはアッシリアとアナトリアに交易の前哨基地を築いた。牧畜民はつねに乾燥した土地から移動をつづけ、あるいは川沿いを行き来していた。シュメールの支配者は三角洲の北方で台頭してきた都市や、遠くはシリア北西部の都市とも競い合った。彼らは交易路を攻撃して競合相手を併合したが、本拠地のそばでも内輪もめや些細な対立が絶えず、それによってしばしば征服は中断された。統一国家の達成に成功した者は誰もいなかったが、やがて前二三〇〇年にウンマのルガルザゲシ王がウル、ウルクを併合し、のちにラガシュも領土に加えることによって、南部の統一をはたした。王はそれから古都ニップールの神官の承認をとりつけ、こうして緩やかにとはいえ、事実上、南部の支配を確立した。

南部の都市と北部は昔から敵対関係にあった。北部には以前から、大きな領土国家が存在した。その一つはキシュ市に率いられたものだった。ウンマとラガシュを仲裁したあの王の国である。北方の君主は広大な王国を権威主義的に支配し、現在のシリアにあるエブラやマリといった都市と交易関係を築いていた。彼らは軍国主義的なイデオロギーで支配し、征服と支配が王権の中心的教義となっていた。専制政治の手腕に長けていた彼らは、土地の所有権を管理し、南部の都市国家よりもずっと強力に中央集権化された経済を維持していた。

前二五〇〇年ごろ、シュメールのすぐ北にあるアッカド人の都市が、南部の諸国をたびたび攻撃するようになった。アッカドの支配者は領土を征服するより、遠方の町を襲撃し略奪することを得意としていたが、有能な支配者サルゴンが前二三三四年にバビロンの南、アガデに王朝を築いてからは、そうしたやり方も改められた。その年、サルゴン王の軍は、ウルのルガルザゲシ王の率いるシュメール都市国家の連合軍を破った。彼はエリドゥを襲撃し、ルガルザゲシに首枷をはめてニップールの門に連れていった。南部の民を服従させると、この大将軍ははるか北方のマリを支配下に置き、トロス山脈の「杉の森」と「銀の山」の土地を征服した。こうして、サルゴンはメソポタミアの完全な支配者となった。

大きく拡大されたこの帝国は、急激な気候変動にたいして、これまで以上に脆弱になった。それがいかにもろいものだったかは、今日のシリア国内にある、ユーフラテス川上流の西側、ハブール平原の考古学遺跡を見れば一目瞭然である。

アッカド帝国

初期のころのハブールは肥沃な土地であり、豊富な雨によってうるおい、ユーフラテス川が氾濫する場所にも近かった。ここは長期にわたる干ばつの影響もまだ受けていなかった。前二九〇〇年ごろでもまだ、ユーフラテス川と支流が何十もの小さい農村や、各地に点在する平等主義的な共同体を支えていた。そのうち最大のものでも、面積は一〇ヘクタールに満たないほどだった。三世紀後、雨量が減り、より季節的なものに変わった。山腹に残る川の堆積物を見ると、ハブール平原でも、北部のアナトリア高原でも、水の流れがさらに不規則になったことがわかる。

南部の場合と同様、人びとは食糧と仕事にありつける大きな中心地に移動した。そのなかの一つは、ハブール平原には、三つの大きな都市とそれに従属する町や村が発展していた。そのなかの一つは、ハーヴェー・ワイスによって発掘されたもので、現在ではテル・レイランの考古学遺跡として知られている。テル・レイランは、降雨量の多かった時代に出現した多数の小さい農耕集落の一つとして始まった。前二六〇〇年以降、村は急に六倍にふくれあがり、新たな土地に入念な計画のもとに築かれた都市として繁栄した。テル・レイランは丘の上の城砦だけでなく、その下に町も広がっており、陶片で舗装された幅四・七五メートルの道路が、その町をまっすぐに二分していた。中央通り沿いは日干し煉瓦の壁になっており、各戸の出入口は裏通りに面していた。

テル・レイランの無名の支配者たちは、後背地を農業地帯に変え、よく組織して結束を固めた。ワイスと同僚は二〇〇平方メートル以上も貯蔵庫がつづく一画を発掘した。廃墟となった貯蔵庫には、扉や壺を封印する印章のかけら一八八個が、丁寧に脱穀し選別された大麦、エンマ小麦、デュラム小麦の種子に交じって残されていた。穀類は耕作地で加工されて、城砦に運ばれていた。

前二三〇〇年になると、テル・レイランはハブール平原でも有数の大都市になり、面積は一〇〇ヘクタールにおよんだ。アッカド人は近くにあるテル・ブラクの要塞（前四千年紀までさかのぼる都市）からテル・レイランへ進撃し、この一帯を巨大な日干し煉瓦の城壁と土の塁壁で固め、要塞化した。彼らは近隣の町や村を徹底的に襲撃し、農地と穀物の管理を官僚の手でしっかりと掌握した。

テル・レイランの家や中庭で、ワイスはこの都市がどのように統治されていたかを知る有力な手がかりを見つけた。というのも、籾殻がまず見当たらないのだ。この市の住民が消費した穀類は、あらかじめ不純物が取り除かれ、アッカドの当局によって食糧として配給されたにちがいないと、ワイスは考える。働き手はそれぞれ穀類と油を割り当てられ、それらの食糧は市の窯でつくられた標準サイズの陶器で配給された。庶民は作物および公共事業への労働という二重の方法で、国家に税金を支払った。何百人もの庶民が灌漑用水路やその他の水路で働いた。ワイスは市の西側で一つの水路の断面を調べ、運河の歴史をたどった。それによって、固い石灰質の土壌での掘削作業が困難なものであったことや、大きな玄武岩の塊で堤防が築かれていたこと、水で運ばれた泥土と小石が水路から除去され、巨大な山となって積みあげられたことなどが判明した。大規模な水道設備と大量の余剰穀類は、年ごとに川の氾濫の度合いが変化しても、ある程度の保障をもたらした。もっとも、それはユーフラテス川が平均的な氾濫を起こすのに充分なくらい降雨があればの話だが。

アッカドの支配は一世紀ほどつづいた。当時の気候は季節によっていちじるしく異なり、おそらく今日よりもいくらか温暖だった。風食作用も充分に手に負える程度だった。乾いた風によって運ばれる砂も問題ではなかった。アッカド人の支配下で繁栄した国家は、遠隔地との交易で繁盛し、反抗的な都市があれば強力な軍隊を使って服従させられる国だった。彼らは熱狂的な帝国主義者のごとく振る舞い、その支配は軍事力と交易によって支えられているだけでなく、誇大なイデオロギーと集約的な農業生産によっても維持されていた。

前二二〇〇年に災害が襲った。テル・レイランの下方の町にある掘割を調べると、どこか北方で大きな火山の爆発があり、それによって大量の灰が大気中に放出されたことがわかる。一八一五年に東南アジアで起きたタンボラ山の大爆発のように、この爆発はおそらく厳冬をもたらし、何年間か夏のこない年がつづいたのだろう。火山の爆発と時を同じくして、南西アジアの広範な地域に影響をおよぼした二七八年間の干ばつが始まった。この乾燥した時代は、グリーンランドの氷床コアや、遠くはペルー南部のアンデス山脈の氷河で採取されたコアにも見られる。北大西洋循環は、驚くほど急激に減速した。それまで変わらず吹きつづけた湿った地中海の偏西風もこの時代には当てにならなくなり、どこもかしこも深刻な干ばつに見舞われた。

数年のうちに、テル・レイランの耕作地は、泥土の積もった灌漑用水路が縦横する黄塵地帯となった。小型のサイクロンが砂埃を巻きあげて、大麦と小麦のしおれた苗のあいだをジグザグに進んだ。以前は春になると豊かな牧草地となった場所で、痩せて骨ばかりになった牛と羊が草の根を掘りだしていた。入念に組織された農業地帯が機能しなくなるにつれ、アッカド帝国は積みあげたトランプのように崩壊した。テル・レイランの壁は崩れ、ゴーストタウンになった。ハーヴェー・ワイスと現地調査員たちは、一万四〇〇〇人から二万八〇〇〇人が都市を去って南へ、または水に恵まれた土地に向かったと見積もる。当時の基準からすれば、相当な数の人である。近くのテル・ブラクはかつての規模の四分の一に縮小した。ハブール平原でさらに徹底した考古学調査をした結果、この一帯はすっかりさびれ、三世紀のあいだその状態がつづいたことがわかった。

北部における都市の崩壊は広い地域に混乱を起こした。何千年も前から、牧畜民は冬季にはユーフラテス川とティグリス川の流域で家畜に草を食べさせ、春になると平原に移動していた。このころには干ばつのせいで夏の牧草地はほとんど砂漠と化していた。臨機応変な遊牧民は、昔から干ばつの時代にやってきたことを実行した。水が安定供給される場所から離れずに、川沿いに下流へ向かうことである。この移動によって彼らは、やはり食糧不足に苦しんでいた南部の農業共同体と真っ向から衝突することになった。作物が育っているところへ食欲旺盛（おうせい）なヤギの群れが放たれ、農耕民が厳重に囲っていた牧草地に進入したとなれば、どれだけの怒号があがり、混乱が起きたかは想像しうる。その脅威があまりに深刻だったため、ウルの支配者は全長一八〇キロにわたる「アモリ族撃退壁」と名づけた防壁を建設し、牧畜民の移住を食い止めた。だが、その努力も水泡に帰した。果物の木が枯れはじめ、当局が灌漑用水路を整備して激減した水量を増やそうと手をつくしていた時代に、ウルの後背地は人口が三倍にふくれあがっていたのである。粘土板に刻まれた楔形文字によれば、ウルの役人は穀類の配給を大幅に削減せざるをえなかった。ウルの農業経済はまもなく崩壊した。

三〇〇年にわたる干ばつは東地中海の各地で混乱を引き起こした。それまで何世紀ものあいだ、ナイル川の氾濫は豊作をもたらし、ファラオが支配するエジプトの古王国は水に恵まれた地域であり、ファラオは自らをこの大河の支配者だと考えていた。前二一八四年にナイル川の氾濫の勢いが衰えた。一五〇年間、氾濫がごく小規模にとどまったため、エジプトは飢饉に見舞われた。中央政府は機能しなくなり、メンフィスではファラオが次々に入れ替わり、国家はそれぞれの地方に分裂した。一世紀以上を経たのち、前二〇四六年にメンチュヘテプ二世がエジプトを再統一した。教訓を学んだこの王や、その後継者たちは、農業にたっぷりと投資をして食糧の貯蔵を中央で管理し、自らを神ではなく、民を導く羊飼いとして定義し直した。王の無謬性（むびゅうせい）を主張することは政治的に不利になり、死刑宣告に等しいことを学んだのだ。

エジプトが滅びなかったのは、王が誤った考えを正し、神聖な力と人間性を駆使して、民に代わって自然に影響をおよぼしたと人びとが信じたからだった。エジプトの偉大な王たちが栄華を誇れたのは、彼らが現実的であり、豊かな自然のなかから民の手で整備されたオアシスをつくらせたからだ。堅実な行政と中央集権化された政府、および科学技術面の創意工夫が、説得力のあるイデオロギーと合わさったことにより、この国は川の氾濫の規模が大きく変化しても、都市と農村で人口が着実に増えても、確実に生き延びられたのである。

メソポタミアの文明もやはり生きながらえた。それは前一九〇〇年以降、降雨が以前の季節パターンに戻ったからだった。人びとはハブールとアッシリアに戻ってきた。テル・レイランは再び栄えて、アモリ人の国の中心地となった。悲劇的な干ばつで壊滅的な打撃を受け、はるかに乾燥した気候にはなったものの、古代メソポタミアの制度とイデオロギーは生き残り、のちの時代の大帝国をつくるための青写真となった。メソポタミアの支配者は、神々の助けを借りて過酷な環境を手なずけた。大気と海洋の循環が気まぐれを起こして、その創意工夫やその領土を脅かさないかぎりだが。つまるところ、中央集権化と土地の組織化という巧妙な戦略は、情け容赦ない世界にたいする最良の防衛手段だったのである。

第8章 砂漠の賜物 紀元前六〇〇〇年〜前三一〇〇年

あらゆるものの造物主であり、生命を維持させるもの……
牛を追い立てる勇敢な牧夫、
牛たちの避難所となり、生命を維持させるもの……
アメンヘテプ三世（前一四〇〇年ごろ）の建築家である
スティとホルによる太陽神への賛歌

エジプトはナイル川の賜物かもしれないが、古代エジプト文明は砂漠の賜物だった。
トビー・ウィルキンソン『ファラオの創世記』（二〇〇三年）

砂が刺すように吹きつけるなか身をかがめて進むと、風が顔を無感覚にする。砂は鼻と口をおおっている布の隙間（すきま）から入り込んでくる。何百万もの砂粒がランドローバーのドアに当たって跳ね返り、背後についたかすかなタイヤの跡をかき消す。コンパスとカーナビがなければ、数分もたたないうちに迷子になり途方に暮れるだろう。この場所でかつて人びとが動物を狩り、浅い湖のそばで暮らしていたとは信じがたい。あるいはここにあった広大な草原をさまよい歩いていた姿も想像できない。いったいサハラ砂漠で人はどうやって暮らしていたのだろう?

砂と岩、そして風化した露頭と砂丘からなるこの世界の先には、まったく異なる世界が開けていた。ナイル流域だ。その肥沃さゆえに、人類のあらゆる文明のなかで最も長命の文明を育んだこの土地は、アフリカの熱帯地方から地中海地方まで広がる砂漠を横断している。何千年ものあいだ、まったく異なるこの二つの世界は隣り合ったまま拮抗してきた。双方の世界の異なった運命があらわしているものは、気候からの圧力に人類がどう対応しようとつきまとう脆弱さなのだ。

サハラ砂漠

サハラというアラビア語は「砂漠」を意味する。この言葉はこの地を充分にあらわしてはいない。サハラは大西洋から紅海まで、地球の円周の六分の一にわたって広がり、砂丘と岩だらけの不毛の大地、砂利の平原、涸れ谷、そして塩類平原が九一〇万平方キロをおおっている。ここでは、広大な盆地のなかに封じ込められたエルグと呼ばれる砂の海がつねに移動しており、ときには高さ一八〇メートルにもなる砂丘を形成する。日中の気温は五八度にもなり、夜間には氷点下まで下がる。雨は季節を問わず降るものの、せいぜい散発的に降る程度であり、東部の砂漠では年間の降雨量は五ミリ以下だ。それでも、この荒野の真っ只中に生命が存在する。砂漠の表面の下には、広大な帯水層があり、ときおりそれが表面に達してオアシスとなる。そのうち九〇ヵ所ほどのオアシスが今日も充分な水を農村に供給している。大西洋から紅海にいたるまで多数存在するもっと小さいオアシスには、少数の家族が暮らしている。今日、二〇〇万人ほどが砂漠に居住しているが、その多くは周辺部で暮らす牧畜民か通商人だ。彼らは乾燥しきったサハラの中央部で多くの時間を過ごすことはない。

六〇〇〇年前、砂漠に住む人口はもっと少なく、数千人程度にすぎなかったが、現在では生命の片鱗すら見えない土地にも、当時はかなりの数の牛牧畜民が暮らしていた。完新世の気候変動は、この地域とその社会に消すことのできない爪痕を残した。

サハラは砂と岩の世界であり、一年を通じて植生が見られる地域はごくわずかしかない。砂塵交じりの熱い風が、目につくものがほとんどない土地のうえをつねに吹いている。その光景は、ナイル川から紅海までの岩だらけのイースタン砂漠ではとりわけ壮観である。

サハラ中央部には、ひどく浸食された山地と高地がつづく。アルジェリアにあるアハガル山地は海抜二九一八メートルにも達する。その北東部にはタッシリ・ナジェール高地がある。生命の存在しない土地だと思われるかもしれないが、今日の完全に乾燥したサハラでも、七〇種の哺乳類と九〇種の留鳥と、およそ一〇〇種の爬虫類が生息している。ほとんど雨の降らない世界に、動物も植物も適応してきた。雨が少しでも降ると、地面に落ちていた種は芽をだし、急速に生長して、およそ八週間の生活環のあと枯れる。砂漠は、暴風雨のあとにだけ形成される、つかの間の生息地の世界なのだ。休眠期間が

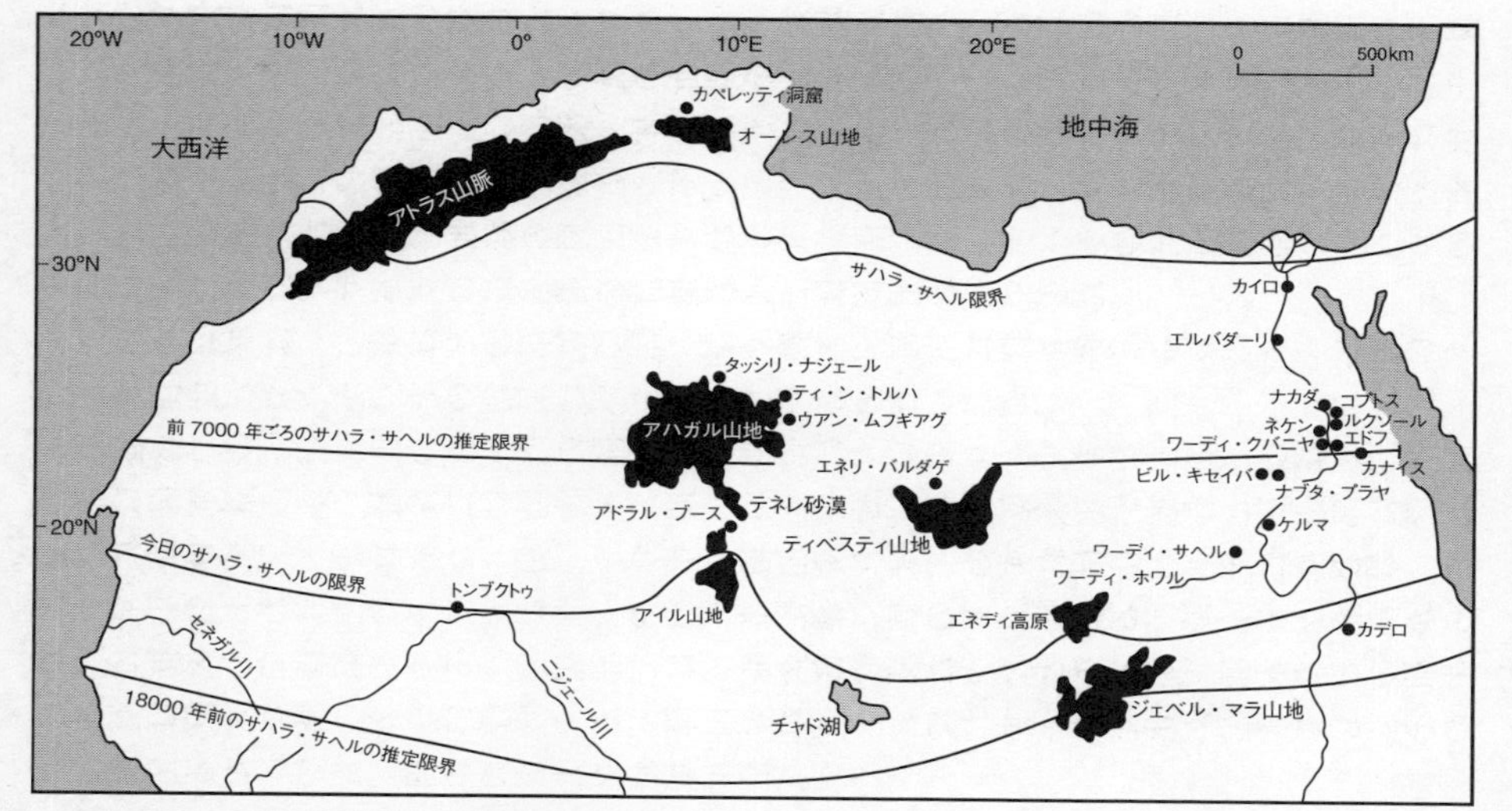

第8章で言及した地名を含むサハラ砂漠とエジプトの地図

長いというのは錯覚だ。植物が生長する可能性はつねにあるからだ。年間の雨量がわずかに増えるだけでも、周辺の広大な地域は活気づく。

砂漠は巨大な肺のように呼吸する。降雨のパターンにわずかな変化が起きても、そのたびに拡大しては縮小する。周辺部では、完全に砂漠だったところが、低木などの植生に一年中おおわれた砂丘に変わり、やがて半乾燥気候の草原になる。降水量が北部から南部にかけて、一キロあたり約一ミリずつ増加すれば、いずれはサバンナに変わる。この肺は降水量の多い時代には動物と人間を引き寄せ、再び乾燥化が進むと周辺部にそれらを追いやる。完新世のあいだの降水量の変化は、いずれも大きなものではなく、年間数ミリ程度だったが、その効果はいちじるしいものだった。

このポンプは一〇年ほどの単位で休みなく働き、海岸に打ち寄せる波のように思いもよらぬかたちで、サハラの最先端を前進させては後退させてきた。

一九八〇年代からは、地球の周囲をまわる気象衛星が、サハラ砂漠南縁部のサヘルの草原地域が南北に移動する様子を追っている。一九八四年は二十世紀で最も乾燥した年であり、南部への拡大面積は砂漠全体の一五パーセントにもおよんだ。翌年、今度はサヘルが北に一一〇キロ拡大し、砂漠の面積を七二万四〇〇〇平方キロも縮小させた。一九九〇年代には降水量の変化にともなって、大幅に縮小する時期と拡大する時期が出現した。衛星画像データは、降水量のわずかな増減が砂漠の周辺にどれだけ大きな影響をもたらすかを劇的にあらわした。春、サヘル一帯に数ミリ多くの雨が降れば、何千ヘクタールもの乾燥地帯に短い草が生え、砂漠の花まで咲くのだ。雨が降ったあとは数日間または数週間、浅い水たまりができる。牛牧畜民はたちまち新しい草地を求めて散らばっていく。家畜は草や低木が生長する端から、それらを食む。翌年には雨はほとんど降らないかもしれない。そうなると、腹をすかせた牛は恒久的な泉の周囲に集まってくる。飼い主は迫ってくる砂漠を避けて牛を南に移動させ、農地の刈り株を食べさせる。

熱帯収束帯

衛星画像に記録されるのは生きている砂漠だ。それは決して静止することなく、モンスーンの雨季をもたらす熱帯収束帯（ＩＴＣＺ）の小さい動きに合わせて、つねに変化している。熱帯収束帯が北方に移動すれば、インド洋のモンスーン循環はアラビア砂漠とサハラ砂漠に近づく。熱帯収束帯とモンスーンの雨が南へ移動すれば、サハラは乾燥する。

こうした変化は過去にはより劇的に起こった。二万年から一万五〇〇〇年前の氷河時代末期には、サハラはきわめて乾燥しており、その末端は現代よりはるかに南まで延びていた。前九〇〇〇年になってもまだ、熱帯の高気圧地帯は寒気に後押しされて熱帯収束帯に乾燥化の影響をおよぼし、モンスーンの雨季を弱めていた。赤道と北極のあいだの熱交換は急速に緩慢になり、高緯度のジェット気流を加速させ、熱帯地方の高気圧を強めた。その結果、大温暖化時代はサハラ砂漠では極端に乾燥した時代になった。三〇

○○年のあいだ、砂漠に人類はほとんど誰(だれ)も住んでいなかった。

ヤンガー・ドライアス期が終わり、前九○○○年以降、雨季は回復した。熱帯収束帯は北へ移動し、サハラの中央部と南部に雨をもたらした。北部だけは乾燥したままだったが、これはおそらくジェット気流が北へ移動し、この地をさらに乾燥させたからだろう。前八○○○年から前五五○○年ごろ、東アフリカとサヘル一帯であちこちの湖が大きく拡大した。東アフリカとサハラ砂漠の降水量は年間一五○ミリから四○○ミリほどに増加した。アジアの強力なモンスーン周期は、今日とはまったく異なるサハラの世界をつくりだしていた。

エジプトのクフ王と後継者たちがナイル川沿いのギザにピラミッドを建設していた前二五五○年ごろまで、砂漠には多数の淡水湖があり、いくつかはかなり広大なものだった。マリ北部にはクロコダイルとカバが生息していた。現在、この地域の降水量は年間五ミリしかない。そうした動物の骨が見つかるということは、水に恵まれた植物の豊富な土地があったことを示唆する。チャド湖などの湖底には豊かな植物群落があり、魚が群れていた。サハラ砂漠の強大な肺は砂漠の周辺から動植物のみならず、石器時代の狩人(かりゅうど)たちの集団も引き寄せた。彼らは湖岸や砂漠のオアシスに定住し、たまり水がある時期にはより開けた場所にも広く進出していた。彼らはじつに多様な食糧を狩猟し採集した。「地方ごとの名物は、最高のフランス人シェフですら唸(うな)らせただろう」と、地質学者のニール・ロバーツはいくらか大げさにそれを表現している。

この一見、多数に思われる人びとのうち――その数を誇張するのは簡単だが――大西洋から紅海までの広大な砂漠に住んでいた人間はわずか数千人にすぎず、そのほとんどが湖など、恒久的な水源のそばから離れることはなかった。半乾燥地帯の社会はみなそうだが、狩猟者たちはつねに移動をつづけ、ほとんど痕跡（こんせき）を残さなかったため、考古学者が研究しうるのは、砂漠の奥地にある山脈地帯やナイル川の東側、三万ヵ所以上で見つかっている岩面画と刻画しかない。これらの芸術の多くは、アルジェリアのタッシリ・ナジェールで発見されたものだ。八〇〇〇年以上昔、ここには水牛、象、サイ――いずれも現在ではこの地域から絶滅している――などの動物を、驚くほど写実的に描いた人びとがいた。棍棒（こんぼう）、投槍器（とうそうき）、斧（おの）、および弓矢で武装した男たちが獲物のまわりで浮かれ騒いでいる。イースタン砂漠で前四〇〇〇年ごろ、もしくはそれ以前に岩に刻まれた躍動感のある刻画も、サハラがより湿潤だった時代を描いている。岩に刻まれた動物のなかに、象やキリンが含まれるからだ。

やがて、前三五〇〇年以降、タッシリ・ナジェールの芸術はにわかに変化する。水牛などの絶滅した動物が姿を消し、代わりにお馴染（なじ）みの狩りの獲物や、家畜化された牛が登場するのだ。サハラの狩猟集団は牛の放牧を始めたのである。

ナイル川

古代のサハラ砂漠はさまざまな環境から成り立っていた。砂の海、岩だらけの山、半乾燥の草原、それにオアシスなどだ。さらに、ナイル川があった。南北にサハラ砂漠を横断する北アフリカ唯一の川だ。サハラを流れるそれ以外の川も、完新世の初めには重要な役割をはたしていた。この砂漠の中心をティベスティ山地から地中海まで流れていたと思われる川も、そうした一つだ。だが、前四〇〇〇年以降、サハラを襲った激しい乾燥化の時代をくぐり抜けたのはナイル川だけだった。この川は何十万年も前から変わることなく、砂漠のなかの荒涼とした土地を抜けて流れつづけている。ナイル川は砂漠を横断する連絡路であり、オアシスおよび避難所であり、蛇行する氾濫原の周囲にある乾燥した土地とはまるで異なった世界だった。

　ナイル流域はサハラ砂漠東部を、地中海に向けて緑の矢を放ったかのごとく二分している。氷河時代の最後に、この大河は深い峡谷を、今日よりもはるかに水位の低い海に向かって流れていた。氷河時代のあと海面水位が上がり、アフリカ東部の湖があふれて白ナイル川に注ぎ込むにつれ、川の流れは緩慢になった。夏の洪水は、かつては幅の狭かった谷に肥沃な泥土層を厚く堆積させた。毎年、夏に起こる洪水は氾濫原をほぼおおいつくし、あちこちに沼地や水たまりや湿原をこしらえた。そういった場所には魚があふれ、植物性食物も豊富だった。

　氷河時代末期の乾燥した時代にも、川沿いには少数の狩人が住んでいた。彼らの暮らしは、控えめに言っても不安定なものだった。ナイルの氾濫は年ごとに大きく変化したからだ。厳しい干ばつの時代には、湿地帯は干上がり、採集民にとって貴重な植物性食物は奪われた。このため、人びとは幅広い食糧資源を利用するようになった。たとえば、ファラオの時代より一万三〇〇〇年前、アスワンの下流にあった葦の小屋の小さい野営地ワーディ・クバニヤの住人は、ナイルの氾濫後に残された浅い水たまりに閉じ込められたナマズと、今日も川沿いに生えている野生のハマスゲを食べて暮らしていた。

幅広い食糧に頼ったこれらの狩猟社会は、乾燥のつづく完新世になっても存続した。だが、このころにはずっと管理しやすくなっていた川沿いでは、地中海沿いのナイル川の三角洲からスーダンの奥地にいたるまで、人口はどこでも徐々に増えていた。湿地帯や浅瀬が自然に拡大するにつれ、魚や野生の食用植物は一部の人びとに充分な食糧を供給するようになった。エジプト中部やスーダンの白ナイル川沿いなどには、これらを食糧にして一年の大半を同じ場所で暮らす人びとがいた。定住地のなかには恒久的な場所になったため、死者を浅い穴に横たえて石板でおおい、儀式を執り行なうところも出現した。それでも、洪水の規模は年ごとに変化し、人口が増えても限られた領域から外にでることはできなかった。口論が暴力沙汰に発展することも明らかにあった。墓地に埋葬された死者のなかには、石矢の傷から死亡した人もいて、逆とげが骨のあいだから見つかっている。

前九〇〇〇年ごろ、地中海から現在のスーダンの首都ハルツームまでのナイル流域では、おそらく一〇〇〇人ほどが魚と野草をおもに食べて暮らしていただろう。緑の豊かな氾濫原は、途中から急に乾燥した草や低木が点在する広大な砂漠に変わる。のちの時代のエジプト人にとって、川と乾燥した土地のあいだのこの境界地域は、彼らの世界と見知らぬ世界を区別するものだった。外の世界の人びとは、彼らの文明の形成に幅広い影響を与えてはいたが。

異邦人の土地、つまりナイル川の西にあるサハラ砂漠東部（対岸にあるイースタン砂漠と混同せぬように）は、世界でも有数の乾燥した土地である。そのほとんどが、数百キロにわたって植生がまったく見られない土地だ。ルドルフ・クーパーに率いられたドイツの科学者チームは、この情け容赦ない土地を氷河時代より変容させてきた複雑な環境の変化を何年間もかけて研究している。彼らの証拠は、とうの昔に姿を消した湖や小川の複雑な堆積物や、考古学遺跡で見つかった炭の試料や動物の骨から得られたものだ。古代の湖底を調べてみると、前四〇〇〇年より以前、エジプト領のサハラ東部が今日よりいくらか降水量の多い土地だったことがわかる。水に恵まれた場所には、アカシアの木や、ギョリュウの藪（やぶ）などの低木が生えていた。

こうした熱帯サバンナの最北の前哨地（ぜんしょうち）は、今日の境界線から北に五〇〇キロから六〇〇キロ行った先に広がっていた。この土地には、干ばつにも耐える植生がところどころに見られ、それは今日、サハラ砂漠のすぐ南にあるサヘル地域で見られる光景にいくらか似ていた。植生が最も豊かなのは変化に富む地形のなかの低地で、たまに暴風雨が襲ったときに大量の表面流去水がたまる場所だった。同じような植生は今日のリビア南部にも分布しており、ここでは年間二五ミリから五〇ミリという降雨が、いくらかの牧草と、牛を飼う遊牧民のための薪を生みだしている。

前四〇〇〇年以前、サハラ東部は牛牧畜民が充分に暮らせる土地だった。一年の少なくとも一部を、草地の豊富なナイル流域の周辺部で暮らし、遠く離れた場所に点在する草地や水を求めてつねに移動する生活をいとわなければ、なおさらである。降雨量がわずかでも増せば、短命な植物や薬草が広い範囲にわたって生え、それとともに雨の多い月にはたまり水も出現した。

エジプトのサハラ砂漠のまばらな植生も、南部へ行くにつれ、今日のエジプトとスーダンの国境あたりから、より広い草原に変わっていった。ここにはアカシアの木が自生していた。これは間違いなく地下水面が高い証拠だった。地被植物は、今日のサハラ南部のサヘルに分布する砂漠の低木、つまりサバンナのそれとほぼ等しい。

気候最適期にあったこの時代、スーダンの砂漠の一部は驚くほど水に恵まれていた。ナイル川の東側にあり、ドンゴラの直線流域の南西にあるワーディ・ホワルは、多数の湖と網目をなして交錯しながら、本流の川筋に沿って一年を通して流れていた川で、洪水のときはナイル川と合体していた。ナマズ、サンフィッシュ、ナイル・パーチなどが豊富にいるが、これらはこのワジ〔涸れ川〕がナイル川に流れ込んだときに、この大河から移動してきたものである。

ドイツの科学者が調査した考古学遺跡からはさまざまな獲物が発見され、そのなかには象やサイ、オリックス、それに浅い湖にすむクロコダイルも含まれていた。この地域の住民はヤギと羊を飼っていたが、何よりも牛に頼っていた。

　これまで多くの研究者が、サハラで牛の大群がのどかに草を食んでいる光景を描写してきた。これはまず間違いなく、ヨーロッパの草地における牛の放牧のイメージがあるからだ。現実にはこの一帯の牧畜生活は、砂漠の片隅で細々と食いつなぐような厳しいものだった。これらの牛は私が若いころヨーロッパで見たような、青々とした牧草地で満足そうに反芻する、毛並みも肉付きもいい牛ではなく、痩せて見苦しい砂漠の牛だった。羊やヤギとは異なり、牛は一つの牧草地から別の場所へ、さほど犠牲をださずに移動することができる。乾燥した環境では、つねに水源を探しながら、速いペースで遊牧生活を営むことが要求される。牛には定期的に水を与える必要があり、それも二四時間ごとが望ましく、最長でも三日ごとには飲ませなければならない。暑く乾燥した環境では、牛はつねに水を飲む。これは脱水状態になるのを避けるためではなく、大量の水で体を冷やすためだ。牛は一日に良質の餌を約二キロ与えられれば、体重が落ちることはない。牛に充分な草か飼葉を食べさせるには、入念な管理が必要となる。牛追いの少年たちは早朝の涼しい時間に牛を移動させて、草を食ませなければならない。昼間の暑い時間帯には、牛は日陰があればそこへ行って反芻する。ということは、そのころまでに消化管に充分な餌が必要となる。牧夫たちは雌牛が出発するまで、子牛を野営地の囲いに入れておく。夕方になれば、母牛は子牛に乳をやろうと捜すので、放し飼いにしても牛はベースキャンプに戻ってくる。群れに水を飲ませるのも同じくらい時間がかかり、それは自然の水たまりでも、干上がった川床に掘った井戸からの水でも変わらなかった。サハラの牛は逆境を生き延びてきた。どの群れもその一生の大半を深刻な環境ストレスにさらされながら過ごし、栄養分の乏しい草を食べてきた。ドイツ・チームの遺跡から発掘された牛の骨は痩せて未発達であり、肩高が一一五センチほどしかない。この矮小種（わいしょうしゅ）が数世紀にわたって生き残った。スーダンの砂漠にあるワーディ・サヘルから出土した前三千年紀の家畜化された雌牛の完全な頭骨は、長い角をもった小型種で、前一五〇〇年にナイル川沿いの王都ケルマの墓に埋められていたものと同種だった。

こうした困難はあったものの、砂漠では牛の牧畜は大昔からつづいていた。だが、それはどうやって、またなぜ始まったのだろう？

サハラの牛とオーロックス

サハラの牛の祖先は原始時代の野生の牛、オーロックスだった。ユリウス・カエサルはヨーロッパのオーロックスについてこう書いている。「ごく小さいうちにつかまえても、この動物は飼いならせないし、人間にも慣れない」。野生のオーロックスの最後の群れが絶滅したのは西暦一六二七年、ポーランドの暗い森でのことだったが、第二次世界大戦の直前にドイツの科学者がこの牛の復元を試みた。彼らは、よく跳びはね、気まぐれな気性の黄褐色の動物をつくりだしたが、それは獰猛（どうもう）だった祖先と似ていなくもない。

カエサルの部下たちは大昔のガリア地方の温帯の森や林地、雑木林でオーロックスを狩猟し、捕獲した。ローマ時代の狩人は至近距離まで獲物に忍び寄り、こっそりと後を追わなければならなかった。オーロックスは用心深く、驚きやすく、すぐに突進するからだ。だが、より開けた土地で、身を隠す場所がない場合は、どうしていたのだろう？何年も前、私はアフリカ中部のザンベジ川の土手沿いで古代の農村を探しているうちに、不注意にものんびりと餌を食べている象の群れの真ん中に入り込んだことがある。私は奥地にきたばかりで、象の存在を示す明らかなしるしもよく知らなかった。折れた枝、新しい糞、ガスのたまった腹が立てる静かなゴロゴロ音などである。象の群れを見て、私はその場から動けなくなった。彼らは私を見ても気にする様子もなく、また餌を食べはじめた。私は静かにもときた道を戻り、無事に象の群れから抜けだした。あとになってからようやく、象が私の存在に警戒心を抱いていなかったことに気づいた。私の姿は丸見えだったうえに、彼らのあいだをゆっくり歩いており、不意に脅しをかけることもなかったからだ。ここに、サハラの狩人たちがオーロックスを飼いならしたやり方を知る手がかりがあるかもしれない。

生物学者のマイケル・ムロセイウェスキーは、長期にわたってアフリカ中部でアフリカスイギュウを観察してきた。この野生の水牛は林地や草原に分布し、乾燥した環境でも見られる。大群が生息しているのは水の豊富な土地だが、乾燥した環境では、水牛は小さい群れでおとなしく移動している。よい牧草地と水を探すには、つねに群れとともに行動せざるをえないからだ。ムロセイウェスキーは群れを観察しただけでなく、群れとともに歩いた。ちょうど、私がザンベジの象にたいしてやったような具合に。彼は、水牛が木や丈の高い草の陰にいる肉食動物をはじめとする脅威にたいしては用心深いことを発見した。捕食者となりうる動物が開けた場所にいて、彼らのあいだをゆっくりと歩きまわっているときは、群れはずっと落ち着いていた。思うに、古代の獲物の群れも、同様の行動をとったのではないだろうか。たとえそれが、気難しいことで知られるアフリカスイギュウと同じくらい、どの記述を見ても、行動が予測できないオーロックスのような動物であっても、狩人が完全に姿を見せたままでいるかぎり、群れのなかを自由に歩きまわっても気に留めなかっただろう。このように自由に動けることは、大型獣を狩猟するのに、ごく単純な弓矢の技術しかもたなかった人間にとってはきわめて重要なことだった。彼らがそうした獲物に致命傷を与えられる唯一の方法は、数メートルの距離まで近づくことだった。忍び寄るためには、木や丈の高い草でおおわれている必要があったが、サハラの厳しい環境ではそういった場所は稀にしか見られない。幸い、牛は特殊な行動だけを危険と認識するように進化していた。隠れている捕食者である。他の草食動物の場合はそうではない。牛が開けた場所にいるときは、追いつめたり、母子を引き離したりしないかぎり、人間がそのあいだを歩くことも可能だった。そうすれば獲物を比較的簡単に狙い撃ちできる。おそらくうまいこと無害なふりをして、致命傷を与えられるくらいの距離まで近づいたのだろう。

ケープタウン大学の考古学者アンドリュー・スミスは、サハラ砂漠とその周辺にいた牛牧畜民を研究してきた。彼は前六五〇〇年ごろ、いまより湿潤だったサハラでレイヨウや野生の牛を獲物にしていた狩猟集団が使っていた小さい野営地を発掘した。ミニ氷河時代のさなかの前六〇〇〇年ごろには、北アフリカおよび南西アジア一帯は再び乾燥してきた。砂漠が広がり、湧水（ゆうすい）や小川は涸れ、半乾燥地帯の草原は枯れた。こうしたなかで、一部の砂漠の民が野生の牛を飼いならしたのだろう、とスミスは考える。

サハラ砂漠が水に恵まれていたことは一度もなかった。動物も人間もつねに食糧と水を探して移動しつづけた。環境がさらに悪化すると、砂漠に生息するオーロックスの小さい群れは、さらに規模が縮小し、緊密な繁殖集団になった。牛は水源を離れたがらなくなるので、狩人が彼らのあいだを動きまわり、随意に間引くことも容易になった。必然的に、牛と人間は密接にかかわり合うようになった。狩人はオーロックスの行動をよく知るようになり、個々の群れの動きを制限して一つの場所から移動させないことによって、食肉をつねに確保しうるようになった。気性の荒い牛を間引いたため、彼らはまもなく群れを遺伝子的にも制御するようになり、それが牛のなかで心理的にも行動面でも急速な変化を引き起こした。新たに家畜化された牛は扱いやすく、子を産む割合も高くなったかもしれず、そうなれば乳をだす量も増えただろう。砂漠の奥地にある岩面画から判断すると、牧畜民はまもなく皮の色と角の形状を選ぶようになった。

サハラの狩人たちは南西アジアの民とはほぼ無関係に、オーロックスを家畜化したと多くの専門家は考える。家畜化が始まったのは、干ばつと、獲物に精通したこと、そして氷河時代の手強い獣を前にしても、人間がやはり好機を見逃さなかったことが重なり合ったおかげだった。

人間が砂漠でいつ牛を家畜化しはじめたのか正確にはわからないが、前七五〇〇年くらいまでさかのぼる可能性もある。エジプトの砂漠にあるビル・キセイバとナブタ・プラヤの遺跡で見つかった骨を信じるとすればだが。牛は前五五〇〇年には確実に家畜化されていた。前五四〇〇年ごろにはすでに、ティベスティ山地のエネリ・バルダゲに家畜が存在していた。家畜化された牛の骨は、アルジェリアのオーレス山地にあるカペレッティ洞窟で見つかっている。この遺跡は前四六〇〇年から前二四〇〇年にかけてのものである。時代とともに骨の数は劇的に増え、牛が狩りの獲物に急速に取って代わり、主要な食肉供給源となったことを示している。前五〇〇〇年以降になると、ナブタ・プラヤに大量の羊またはヤギ、および牛の骨が出現する。羊とヤギはまず間違いなくナイル流域からもちこまれたものである。羊もヤギもサハラ原産の動物ではないからだ。

考古学者のフィオナ・マーシャルとエリザベス・ヒルデブランドは、牛は前七〇〇〇年ごろまでにサハラ砂漠東部のどこかで、おそらく砂漠のプラヤ〔粘土平野〕を拠点とする狩猟採集集団によって家畜化されたと考える。こうした場所は、植物性食物を目当てに獲物が集まってくる。オーロックスを飼いならしたことによって、食糧はずっと予測可能なかたちで供給されるようになり、すぐ近くで生かしたまま保存しうるようになった。野生の牛は、飼いならされるずっと以前から、宗教的に大きな意味をもっていたこともわかっている。前一万年以前から、この地域では牛の角とともに埋葬されることが重要視されていた。

サハラ砂漠は前五〇〇〇年以降、再びいくらか湿潤になった。南西アジアのほとんどの地域で降水量が大幅に増えた時代である。サヘルに見られるような低木と草原が北のほうに移動し、半乾燥地帯の牧草地が大きく広がった。こうした土地は牛や小型の家畜の牧草地として利用することができた。同時に、野生の獲物の個体数も増えた。数世紀もしないうちに、牛牧畜民は砂漠一帯に急速に広がった。ナイル流域から青ナイル川、および白ナイル川の合流点へ、そしてずっと西方のアイル山地まで、さらに西にある現代のマリのトンブクトゥ地域にも彼らは進出した。これだけ広範囲に散らばっても、牧畜民が使っていた道具は驚くほど似ており、そのなかには精巧な作りのやじりや、斧や丸のみなど木の加工用の道具のほか、家畜の乳を入れておく椀型の壺もあった。これは驚くべきことではない。氷河時代にシベリアやアラスカにいた狩人と同様、これらの人びとも技術より情報を頼りにしていたのであり、牧草地や水がどこで見つかるかといった知識と、何キロも離れた場所にいる何百もの独立した牧畜民の野営地を結ぶ社会的なネットワークに依存していたからだ。サハラでは今日でも、同じような社会的な絆が結ばれている。

サハラ一帯は二つのおもな地形、つまり開けた平野と山地からなり、牧畜民はいずれの土地も利用していた。湿潤な時代には浅い湖が多数あったため、人びとはおおむねその近くで暮らしていた。雨は七月から九月まで砂漠の南端で降った。今日、ツェツェバエがヒトの睡眠病の病原体を運び、牛にも死をもたらす地域だ。牧畜民はツェツェバエが少なくなる乾季に、南部へ移動したのかもしれない。一方、山地の近くで暮らしていた人びとは異なったかたちで季節ごとに移動しており、乾季になると水利のよい谷間へ移動し、雨季にはより開けた土地に戻った。雨が局地的に降り、水や牧草地が当てにならない環境の本質そのものが、誰もが一年を通して莫大な距離を移動しなければならないことを意味していた。

サハラ砂漠での牧畜は、入念に計算された数当て賭博のようなものだった。牧畜民は恵まれた年には群れの規模を拡大しえたが、その後の年月に日照りか病気に見舞われれば家畜の大半は失われるだろうと考えていた。賢明な牧畜民は、家畜をいくつかの野営地に分散させて感染症から守った。それはまた局地的に気まぐれに降る雨にたいする保険でもある。降雨量はほんの二五キロから三五キロの範囲内でも極端に変わることがあった。また、牛が雌雄同数の子牛を産むのは、生物学的に避けられない事実であり、牧畜民のもとには繁殖に必要な数を大幅に上回る頭数のオスが生まれた。オスの子牛は殺されるか、去勢されて太らされ、牛乳が不足した場合に備えて肉の供給源として飼育された。こうした余剰分はきわめて貴重な社会的手段であり、妻を娶るために払われ、社会の絆を固め、儀式的な義務をはたすためにも利用された。したがって、それは富と自尊心、社会的名声、そして遠隔地の野営地に暮らす人びととの家族的および個人的な関係を象徴していたのである。雄牛は精力的な指導者の象徴であり、重要な族長の象徴となった。二五〇〇年後に、スーダンのケルマにあった王国の有力な支配者が、生贄(いけにえ)にされた大量の牛とともに埋葬されたのは、偶然のことではない。牛は富であり、王権そのものだったのだ。

先王朝時代

エジプト人はナイル流域の黒っぽい沖積土ゆえに祖国をケメト、「黒い土地」と呼び、周囲の砂漠の「赤い土地」と対照させていた。前四〇〇〇年ごろになると、ナイル流域の人口密度はサハラにくらべてはるかに高くなっていた。一〇〇〇年後、エジプトの文明が興ったころには、地中海から七〇〇キロ上流の第一瀑布(ばくふ)までの区間に、五〇万人ほどが暮らしていたと思われる。流域の暮らしのリズムは砂漠の降雨だけでなく、気まぐれな洪水にも左右された。毎年夏、はるか上流にある熱帯地方の雨季でナイルが増水し、大量の水が流れてくると、川は土手を越えてあふれ、流域一帯を広大な浅い湖に変えた。村はいずれも高台にあって難を逃れているか、低い塚の上にあって氾濫した水の上に島のごとく顔をだしていた。流れが緩やかになると、川は冠水した土地に泥土を残し、やがて後退していった。

メソポタミアのティグリス川やパキスタンのインダス川のような荒れ狂う川とくらべ

て、ナイルは比較的予測のつきやすい川だった。通常の洪水であれば、氾濫原のおよそ三分の二は豊作となった。増水時の最高水位が平均より二メートル低い場合には、上エジプト地方は四分の三がまったく灌漑(かんがい)されないこともある。こうした不測の事態はあったものの、ナイル川は前四五〇〇年には巨大なオアシスとなり、周囲には広大かつ肥沃な土壌、豊富な牧草地、および何ヘクタールもの池、湿原、沼地が広がり、魚や食べられるものであふれていた。南メソポタミアの同時代人は毎年、自分たちの生存がかかっている単純な灌漑用水路の手入れに、何ヵ月も費やしていたが、かたやエジプト人は気楽に暮らしていた。

前五千年紀の初め、今日のカイロ市からルクソール市にいたるまで、ナイル川の長い流域には、バダーリ人（エルバダーリ村の近くにあった居住地にちなんで名づけられた）の共同体が広がっていた。バダーリ人は肥沃なナイル流域でかなり安楽な生活を送っていた。彼らの使用した道具は軽くて持ち運びに便利なもので、川のそばの居住地や墓地から出土している。きわめて洗練された薄手の土器が使用されたこともわかっている。自給農民にはよく見られることだが、バダーリ人も個人の地位や社会的な所属を示す方法として、身体装飾をとりわけ重視していた。彼らは石の化粧板(パレット)で顔料を粉にした。こうしたパレットはその後二〇〇〇年間、エジプト人の暮らしを特徴づけるものとして使われつづけた。パレット用のシルト岩は、紅海につづく自然のルート上にあるイースタン砂漠のワーディ・ハンマムットのブラック・マウンテンから運ばれたものだ。

バダーリ人も牛を飼っており、しばしば家畜や犬、サバンナのレイヨウを人間の死者とともに埋葬した。彼らはイースタン砂漠の牛牧畜民と定期的に接触していた。これらの牧畜民はナイル流域の定住地のあいだを移動したほか、砂漠の草原という広大な世界を、家畜の群れを連れて自由にさすらっていた。両者のあいだの接触が何世紀にもわたってつづいたことは、紅海沿岸でバダーリ人特有の人工遺物が見つかることからわかる。当時このあたりはイースタン砂漠のなかでもかなり水に恵まれた土地だった。バダーリ文化の最盛期には、砂漠の遊牧民だけでなく、おそらくは川沿いで牛を飼い、そのかたわらで農業を営む人びとも、砂漠の草原を苦もなく移動しえたのだろう。雨季になり、たまり水がある時期ならなおさらだ。こうした暮らしは、ナイル川伝いにはるか南へ下ったヌビアでもよく見られたはずだ。多くの土地では、バダーリ人のように流域に住む民族も、砂漠を一年の移動行程に組み入れ、物質的および精神的な世界の一部と考えていた。科学にとっては幸いなことに、牧畜民はイースタン砂漠の岩窟やワジに刻画のかたちで、彼らの信仰の一部を記録していた。ケンブリッジ大学のエジプト学者トビー・ウィルキンソンは、こうした絵画の多くは前四〇〇〇年以前のものだと主張し、論議を呼んでいる。ナイル流域で見つかった同時代の人工遺物と、様式がいくらか似ていると いうのがその根拠だった。そうだとすれば、ファラオがエジプトを統一し、支配していた時代よりはるか以前のことになる。

刻画には、一団の男たちが川船を牽引（けんいん）する様子も描かれている。それはちょうど、二五〇〇年のちに、王家の谷にある新王国時代の墓の壁に描かれた葬式用のはしけと似ている。かなり拡大解釈になるが、ウィルキンソンはこれらの図が、エジプト人の死生観をあらわすと考える。それは前三一〇〇年に最初のファラオが登場するはるか以前までさかのぼるものであり、そもそも砂漠と定住地のあいだを自由に行き来していたナイルの人びとのあいだで生まれたものだった。イースタン砂漠の刻画には神々の姿もあり、そのなかには豊饒の神ミンも含まれている。エジプトの神々のなかでも古い時代から信仰されていた神である。イースタン砂漠中心部のエドフの西には、岩を切りだしてつくられたカナイスの神殿がある。その壁には、トレードマークの勃起した陰茎からすぐにミンとわかる神が、バナナ型の船の舳先に立ち、殻竿を振り回している光景が描かれている。この刻画の年代を、ウィルキンソンは大胆にも、前三五〇〇年より前のものであるとする。エジプトにまだ小さい王国が乱立していたころだ。のちの時代になると、ファラオが「民の羊飼い」の役割を象徴するものとして、牧杖と殻竿をもつようになる。ウィルキンソンの説が正しければ、牛牧畜民に由来するこうした象徴は、エジプト人が砂漠の遊牧民に恩義を感じていたことを示している。

　エジプトの王は敵を足で踏みつける獰猛な雄牛とされた。王の肖像画でお馴染みの場面だ。ネケンの帯状装飾に描かれた初期のころの王スコルピオンもそうだが、ファラオが雄牛の尾をベルトにつけたときは、王はこの猛獣の特性をおびると同時に、ナイル流域の暮らしにおいて牛が中心的な役割を担っていることを宣言していた。やはりネケンで出土した、前三一〇〇年ごろの有名なナルメル王のパレットは、エジプトが長年にわたる紛争のあと、一つの国家に統一されたことを祝うものだ。初代のファラオであるナルメルが雄牛の尾をつけていることや、征服者としての王を象徴する雄牛が敵を踏みつけている様子が、このパレットから見てとれるだろう。これらの場面が展開する模様を、二頭の牛の神が用心深く見守っている。

これらのシンボルはみな、エジプト人がサハラの草原とナイル流域のあいだを移動しつづける牛牧畜民だった大昔までさかのぼるものだ。イースタン砂漠の刻画がウィルキンソンの主張どおり、実際に太古の時代のものであれば、古代エジプトの多くの信仰とイデオロギーの起源が、ナイル流域のみならず砂漠にも根ざしたものだったことを示す最初の証拠を得たことになる。

これらの信仰は前四〇〇〇年以降、より重要な意味をもちはじめたかもしれない。ナイル流域が深刻な干ばつに見舞われ、砂漠のポンプが牛牧畜民をサハラの周辺部に押しやり、流域の民が昔から行なってきた移住パターンを中断せざるをえなくなったときである。サハラがもっと水に恵まれていて、第一瀑布より南を中心に、ナイル川のほとんどが半乾燥気候の草原と接していたころ、ケメトは大砂漠の世界の一部だった。流域で暮らす共同体の多くは、砂漠で牛を放牧していた。同様に、奥地で牛を追っていた牧畜民も当然ながら、川沿いに村や小さい王国が存在することは知っており、おそらく彼らと交易し、刈り入れがすんだばかりの農地で家畜に刈り株を食べさせる許可を得ようと、

船の舳先に立って航海するエジプトの神ムート（ミン）。イースタン砂漠カナイス。
A. E. P. ウェイゴール『上エジプトの砂漠を旅して』（1909年）より

ナルメル王のパレット――ネケンから出土した前3100年ごろの化粧用パレット。これはファラオが下エジプトを征服したところを描いたもので、首を絡ませた２頭の獣が新しい国家の統一を象徴する。王は偉大な雄牛に扮して支配し、２頭の雄牛の神に見守られている。J. E. キベル『ヒエラコンポリス』第１巻（1900年）より

定住地を訪れていたにちがいない。土地は充分に行き渡るほどあったので、ナイル流域内の共同体や遊牧民がときおり流域に出入りしても、それが牧草地の争いに発展することはなかったかもしれない。牧畜民はナイル流域をおもに錨のようなよりどころとして利用し、またとりわけ雨の降らない年の避難場所にもしていた。

前四〇〇〇年以降、遊牧民はサヘルの後退とともに、ツェツェバエのいない東アフリカの高地へ移動した。ここでは今日もマサイ族などの牛牧畜民が暮らしている。また、それ以上に大量の遊牧民がナイル流域にも移動した。当時は川沿いで政治的にも社会的にも、急速な変化が起こった時代だった。

遊牧民はすでに何世代も昔から流域に住む農耕民と交流していた。おそらく牛の崇拝や、長老を強い雄牛や牧夫になぞらえる概念などの新しい考えも、彼らがもちこんだものだろう。現代の牧畜社会から想像するに、彼らの指導者である長老は長い経験と特別な儀式的能力をもち、超自然界に呼びかけて雨を予言していたにちがいない。イースタン砂漠の線刻画を信じるとすれば、指導者にたいするそうした概念はナイル川一帯でよく確立されていた。干ばつがいよいよ深刻になると、牛牧畜民は川のそばにとどまるようになった。砂漠の牧畜民と定住した農耕民は一体になり、異民族間の結婚が進んだ。牛牧畜民の一部は流域の広大なオアシスに根を下ろし、その他の人びとは近くの砂漠に残った。だが、牧畜民のあいだで培われてきた指導者にたいする基本的な概念は、いっそう重視されはじめたようだ。

干ばつと氾濫水位の低下は、エジプトの暮らしに大きな変化をもたらした。前四千年紀には、大麦と小麦はこれまでになく必需品となった。前三八〇〇年ごろ、砂漠の乾燥化が始まると、ナイル川沿いではスーダンから三角洲にいたるまで、農耕集落が栄えるようになった。現在のルクソール市より二五キロ南にある上エジプトのナカダでは、前四〇〇〇年になると、ナイル沿いに一キロほどずつ間隔を置いて小さい集落が並ぶようになり、一平方キロ当たり七五人から一二〇人を養えるだけの穀物を、氾濫原の周辺で栽培するようになった。木を伐採し、繁茂した草を取り除き、土手を築き、排水路を掘って氾濫のつづく土地の干拓をすることによって、農耕民はまもなくそれまで以上に広い土地を切り開くようになった。彼らが四倍から八倍は多くの土地を耕作地に変えたころには、一平方キロ当たり七六〇人から一五二〇人もの人間を養えるようになっており、その多くは神官や商人など、農耕に従事していない人びとだった。前三六〇〇年になると、村は合体して城壁で囲まれた町になり、のちにエジプトの都市の特徴となる日干し煉瓦(れんが)でできた長方形の家が並ぶようになった。初期のナイルの町の多くは、村の寄せ集めにすぎないものだった。だが、裕福なエリートは大邸宅に住み、上流および下流にある他の共同体との交流を楽しむようになった。ナカダは小さいながらも、重要な王国の首都になった。

「ナイル川はすべてのエジプト人の前にきわめて大きく立ちはだかっており、それは理由あってのことだ」と、イギリスの灌漑専門家で、一八九〇年代にエジプトで仕事をしたウィリアム・ウィルコックスは書いた。増水時には決壊したダムがものの数分で村を浸水させるので、運河や土手を強化するために、昼夜の別なく懸命の努力がつづけられたと、ウィルコックスは記した。ナイル川はナカダと上流にあった別の国、ネケンの人びとの前に、確かに大きく立ちはだかっていたにちがいない。ネケンの興隆は、前四〇〇〇年後に夏のモンスーンが南に移動したことによってサハラが乾燥化し、メソポタミアが干ばつに襲われたのと時を同じくしていた。前三八〇〇年以降、洪水の時期に下流に流れる水の量は激減したが、折しもこの地域では農耕人口が急速に増加していた。ナイル流域で飢えることはなかったかもしれないが、氾濫水位の低い年がつづいた結果、より大きな定住地を築いて、綿密に組織された農業を営もうとする動きが生まれた可能性はある。このころはまた、単純な灌漑設備がつくられた時代でもあったかもしれない。ナイル川沿いでは治水はとくに目新しいことではない。農耕民は何千年も昔から洪水の出水を農耕地に引いていたからだ。メソポタミアの場合もそうだが、灌漑はこの土地で独自に考案されたものだった。町へ移行した結果は、確かに劇的なものだったろう。この地域の人口は大きく増加し、川沿いに住む近隣部族との交易はさかんになり、小さい王国も出現して、何世紀ものあいだたがいに交易し、競い合うようになった。

ナイル川は彼らの居住地を土砂で埋めたり、押し流したりしたが、氾濫原の流域のそばにある葦小屋や泥の家からなる村が、村同士でも、川の上流や下流にある小さい町や王国ともかかわり合っていたことは想像しうる。「ハヤブサの市」ネケンは、このころすでにハヤブサの神ホルスの住むところとされていた。ホルスは三〇〇〇年以上にわたってエジプト人に崇拝された神だ。ホルス神の市は暗い赤紫色の壺の交易で大いに賑(にぎ)わっていた。この都市の近くにある醸造所は一日に一一五〇リットルのビールを製造しており、ゆうに二〇〇人分になった。泥の家やホルスの神殿が建ち並ぶ市のそばには、砂に埋もれたネケンの支配者層の墓所が曲線を描いてたたずむ。残念ながら墓は大昔に荒らされ、口縁部が黒い壺や、フリントのやじり、および木製の家具の断片などが雑然と残されているばかりだ。したがって、ネケンの支配者に関してわかっていることは、いくつかの王位の象徴くらいしかない。王権の象徴として崇(あが)められていたメイスヘッド〔鉾(ほこ)の穂先〕の一つに、儀式用に正装した支配者が描かれていた。この王は上エジプトの白冠をかぶり、氾濫時の出水を排除するために灌漑用水路の壁を破ろうとするかのように、根掘り鍬(ぐわ)を振るっている。王の顔の前にぶらさがるサソリは、王の名スコルピオンをあらわしたものだろう。王は王権の象徴である儀式的な雄牛の尾をつけ、ベルトの後ろから垂らしている。この王は「強い雄牛」であり、「力のある偉大な人」であり、「ホロスの雄牛」だった。

何世紀ものちに、エジプトの神官が王のリストを編纂(へんさん)した。整然とした（かつ架空の）系図は最初の王メネス〔ナルメルともいう〕までさかのぼり、さらにその先の伝説的な「ネケンの神聖な霊魂」の時代にまでおよんでいる。スコルピオン王は、案外、神聖な霊魂の一人だったかもしれない。彼の王権の一部は、雄牛の身体(からだ)で権力を体現した古代の牧畜民の信仰に由来するものだった。

さらにバットという、上エジプトの第七ノモス（州）の重要な女神もいた。彼女はのちに死者の町ネクロポリスの主神である「アメンティ〔冥界〕の雄牛」の妻ハトホルとなった。ハトホルは豊饒の女神であり、女性の守護神、かつファラオの養育者であり、王に国を治める超自然の力を与えていた。天空の雌牛のかたちでハトホルを崇める儀式は、牧畜民の社会の信仰に端を発するものだったのだろう。これらはメネス王が前三一〇〇年に多数の王国を一つのエジプトの国に統一する以前、サハラが乾燥した時代に、ナイル流域にもちこまれたものだ。

エジプト文明は多くの古代の文化がより集まったものであり、世界の秩序は天空を通過する太陽と、ナイル川の変わることのないリズムを中心に繰り返されているという古代思想から生まれたものだった。だが、神聖な王権や、エジプトのイデオロギーの慣習の多くは、指導力や死後の世界に関する原始的な概念に由来するものでもあり、砂漠の草原の過酷な現実のなかで暮らしてきた牛牧畜民の精神のなかで培われてきたものだった。サバンナが乾燥し、草原が消滅したとき、彼らの思想はその後三〇〇〇年にわたって存続する一つの文明を生みだす一助となったのだ。

第3部　幸運と不運の境目

蓄えを増やせば、燃える目をした飢餓も
そばにはやってこないだろう……。
種をまくためには
裸でいるがいい。
服を脱いで耕し、服を脱いで刈り入れ、
デメテル神の恵みをすべて、しかるべきときに収穫するのだ。
そうすれば毎年、作物は順調に実り、
のちに困窮することなく、他人に頭を下げずにすむ。
そうしたところで、助けてはもらえぬのだから。

ヘシオドス『仕事と日々』(前八世紀)

(西暦年)	気候現象植生帯	人間社会の出来事	気候上の誘因
			1860年以降、温暖化
2003			
	小氷河時代	産業革命	冷涼で変動しやすい気候——寒冷期がたびたび訪れる
		アンセストラル・プエブロ離散	北米の西部、中米、南米で大干ばつ
		ティワナクの崩壊	
		ユカタン半島低地南部でマヤ文明の崩壊	
1000			
	中世温暖期		火山の大噴火？による寒冷化
	中米で910年に干ばつ	東ヨーロッパにアヴァール帝国	
	536年の現象		
		ローマの衰退	
1		カエサルがガリア征服	ステップ東部で干ばつ
		ケルト族の移住	
	サブ・アトランティック期（ヨーロッパは冷涼、湿潤に）	ビスクピン	前850年に急激な寒冷化
前1000		イングランドのショー・ムーア利用される	大干ばつ——エルニーニョ現象？
	東地中海で干ばつ	ヒッタイト、ミュケナイ文明の崩壊	
		ウルブルンの海難事故	
		エジプト再統一（前2046）	大規模なエルニーニョ現象？
前2000		エジプト古王国が危機を迎え、滅亡	
	東地中海で干ばつ	アッカド帝国	前2200年以降、東地中海で300年におよぶ大干ばつ
	サブ・ボレアル期	エジプト古王国	
		シュメール文明	
前3000			

表3　気候上および歴史上のおもな出来事

第9章 大気と海洋のあいだのダンス　紀元前二二〇〇年〜前一二〇〇年

そして、これらの木々の実りは衰えもせず、枯渇もしない。
冬でも夏でも、一年中、収穫はもたらされる。
絶え間なく吹く西風がどこかの木を芽生えさせ、
別の木では実を熟させるから。

ホメロス　アルキノオス王の庭について
『オデュッセイア』第七歌

一八九二年、ペルーの船長カミーロ・カリージョがリマ地理学会の『ブレティン』に短い論文を発表し、太平洋岸で見られる異常に暖かい海岸性気候が、沿岸の豊かなカタクチイワシの漁場に異変を起こしていることに人びとの注意を喚起した。カリージョ船長はこう書いた。「パイータの船乗りで、しばしば小船で海岸沿いを航行する者たちは、この反流をエルニーニョ（幼子イエス）の海流と名づけている。クリスマスの直後に出現することが確認されているからだ」

当時、エルニーニョは単に地元の関心事であり、漁場を荒らし、そのころのペルーの主要輸出品だった海鳥の糞化石（グアノ）の自然の生産高を減少させる現象にすぎなかった。一世紀にわたって世界各国の科学者が研究をつづけた結果、このクリスマスの子供の地位は地球規模の現象にまで高まった。これは南方振動と呼ばれる大気圧のシーソーで、何百万もの人びとの暮らしに影響をおよぼすものであり、過去何千年にもわたって実際に被害をだしてきたものだった。シーソーは太平洋東部で東から西へ流れる海流と、西部にある巨大な暖水域のあいだで起こる。乾いた空気は冷たい東の海上に静かに沈み、南東からの貿易風に乗って西へと流れる。ところが、太平洋東部で温暖化が起こると、東西間の海水面の温度勾配が減り、貿易風は弱まり、太平洋東部と赤道付近のあいだで気圧が変化し、ちょうどシーソーのような具合になる。これが南方振動である。

気候学者のジョージ・フィランダーはエルニーニョを、大気と海洋のあいだのダンスと呼ぶ。踊り手は彼らにしか聞えない音楽に合わせて不意に旋回し、息のあったペアとは言えない。大気は厄介なパートナーからの刺激にすばやく敏感に反応する。だが、彼らが踊るファンダンゴを引き金に、太平洋南西部から温かい水が大量に東へ流れ、そこからエルニーニョ現象が引き起こされる。地球上で見られる短期の気候変動のなかで、エルニーニョ・南方振動（ＥＮＳＯ）現象は、季節の移り変わりに次いで強い影響力をおよぼしている。

太平洋は絶えず動きつづけるマシンである。西に向かって吹く貿易風は海水面の温かい水をつねに西へと押しやり、何千平方キロにもおよぶ暖水域を形成する。暖水が西へ移動するにつれ、海底からの冷たい水が代わりに南米付近の海面に上昇する。太平洋東

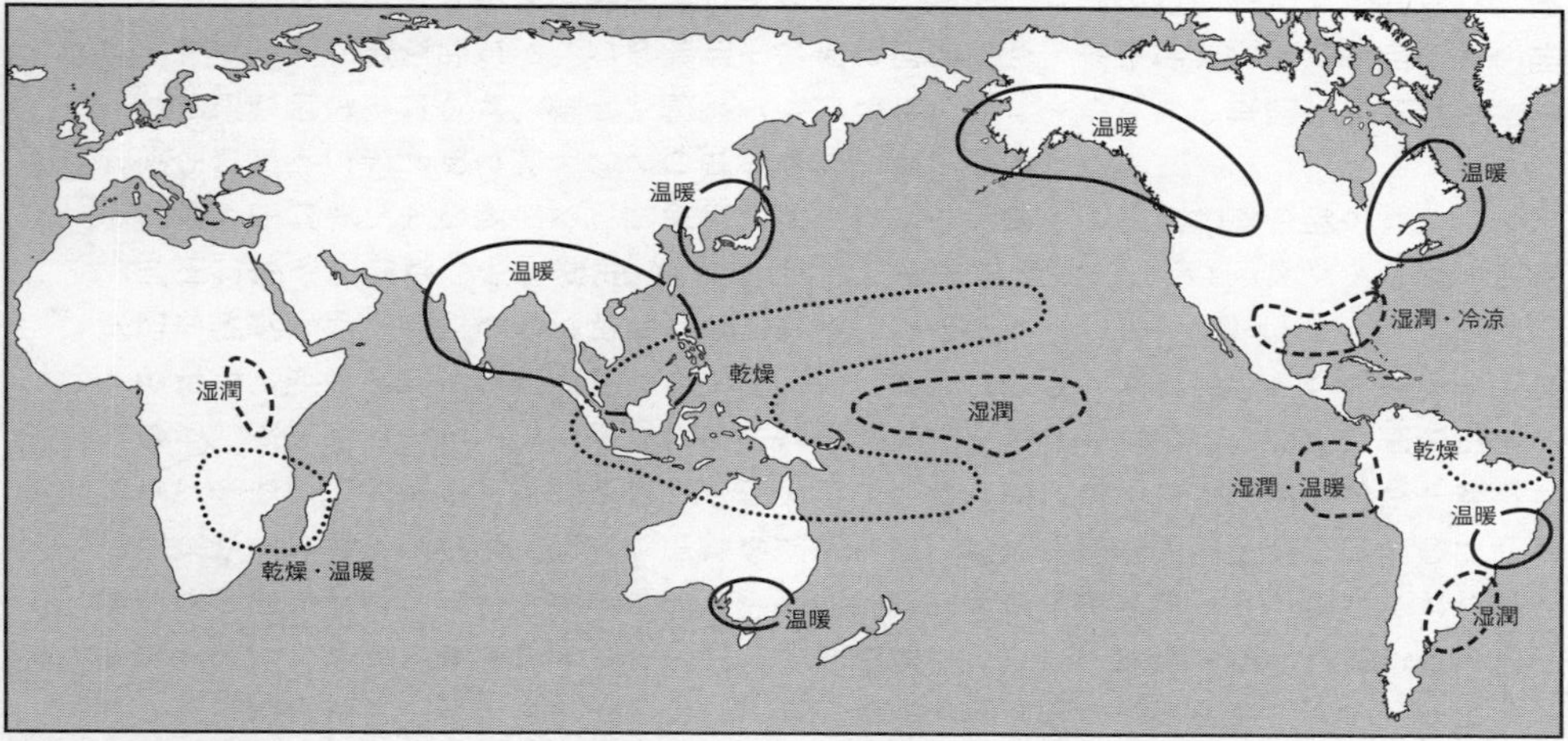

ENSO 現象が地球全体におよぼすおもな影響。古代にも同じパターンが見られたと考えて差し支えないだろう

部は沿岸近くですら猛烈に冷え込む。そこからはほとんど水が蒸発しないので、雨雲はめったに形成されない。ペルーの海岸にはほとんど雨は降らないのだ。メキシコのバハ半島と、アメリカのカリフォルニア州は乾季が長くつづき、年間を通じてほとんど雨の降らない年もある。はるか遠くの太平洋西部では、温かい海洋によって暖められた湿った空気が上昇して液化し、巨大な雨雲を形成する。熱と湿度は耐えがたいほどのレベルにまで上がる。しまいに、雲がにわか雨を降らせるようになり、やがてそれが土砂降りになり、東南アジアとインドネシア一帯にモンスーンが吹き荒れる。恵みの雨が田畑をうるおし、翌年の分まで灌漑用水路を満たす。無限につづく壮大なサイクルが太平洋の東部を乾燥させ、西部をうるおわせつづけるのである。

理由は定かではないが、数年ごとに（おもに南半球の春に）、このマシンの動きが鈍る。踊り手はテンポを変える。ＥＮＳＯ現象が進行しているのだ。恒常的に吹いていた北東からの貿易風が弱まり、ときには完全に凪ぐこともある。貿易風が弱まるにつれ、重力が働くようになる。ニューギニアの東部では西風が強まり、ケルヴィン波が起こる。この海面下にある内部波が、太平洋熱帯域に表面海水を押しやる。貿易風によって太平洋西部に集められた暖水のうねりは、東へと逆流する。海水は東へ移動するさいに、水温の低い水の上を流れ、海水面を一気に温める。そうなると、太平洋西部で海面水温が下がり、雲の形成が妨げられ、東南アジアとオーストラリアで干ばつが起こる。一方、はるか東のペルーの海岸やガラパゴス諸島では雨雲が生じ

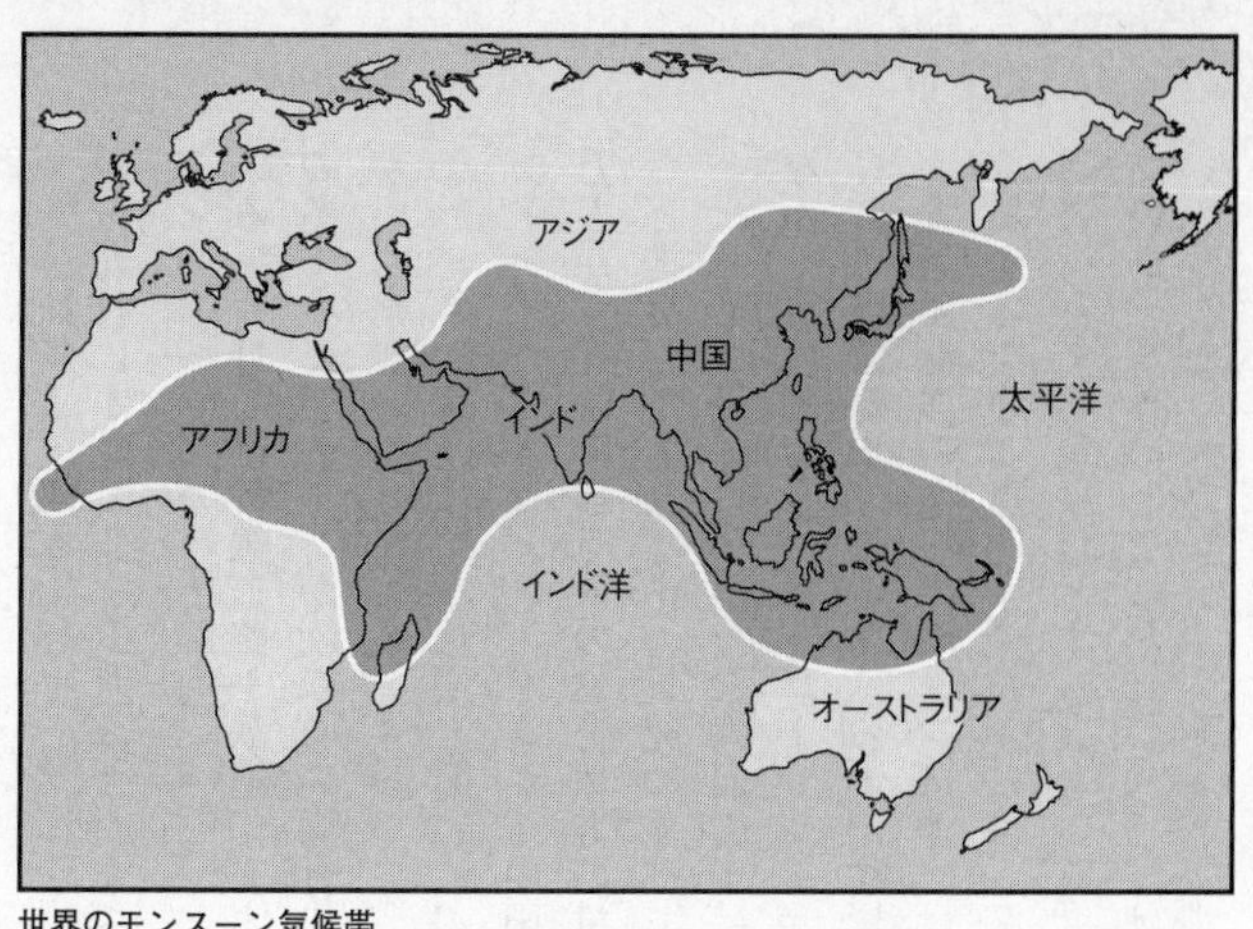

世界のモンスーン気候帯

る。一〇〇年分の雨が、数日間で降ることもありうる。南米上空で暖かい湿った空気の塊が急激にふくれあがり、地球をまわる大気の流れをかき乱す。ジェット気流は不意に北のほうへ移動し、北アメリカの西海岸の大半に豪雨と激しい嵐をもたらす。一つの流れはロッキー山脈を越え、中西部の上空から寒気を追いやり、このあたりはいつになく暖冬を迎えることになる。ブラジルの北東部とサハラの周辺部は日照りに見舞われる。エルニーニョはいまでは地球規模のものになったのだ。

ＥＮＳＯ現象はモンスーンや、いまや読者もお馴染みの熱帯収束帯（ＩＴＣＺ）の動きにも強い影響をおよぼす。モンスーンという言葉はアラビア語のマウシム（季節）に由来する。モンスーンは南西からの夏の黒い雨雲によって運ばれてくる雨の季節である。巨大な空気の循環によってモンスーンの強さは変わり、北半球の夏には北へ、冬には南へ移動する。モンスーンが順調な年は、雨は六月から九月にかけてインド西部とパキスタン一帯に降り、ときには後退するモンスーンによって十一月までつづくこともある。熱帯地方では何百万もの農民がこの循環に頼っている。今日では幹線道路や鉄道、および最低限の社会的基盤によって、そうした共同体の多くもモンスーンが吹かない場合の最悪の被害からは守られている。だが昔は、黒雲がいつ形成されるともわからず、モンスーンが吹かなかった場合、どうなったのだろう？　自給農民は恐ろしく定期的に、何百万という単位で死んでいった。歴史家のマイク・デイヴィスは、スーダンから中国北部にいたるまで、十九世紀のあいだに三〇〇〇万人から五〇〇〇万人の熱帯地方の村人が、干ばつ、飢餓、および病気によって死亡したと推計しており、十九世紀のすべての戦争の犠牲者を合わせた数をも上回ると考える。一八七七年以降に襲った二六回の干ばつのうち、二一回はエルニーニョが原因とされる。なかでも深刻なものは、ユーラシアが大雪に見舞われた年と同時に起こっているが、ENSO現象がモンスーンにおよぼす影響は一様ではない。

大気と海洋のあいだのダンスが、はてしなく広がる太平洋でいつ始まったのかは、誰(だれ)もわからない。専門家のなかには、ENSOは氷河時代に発生したと考える人もいれば、過去一万年の現象だとする人もいる。それが太古からの現象だったとしても、私は驚かないが、現在のところわれわれは、はるか昔のエルニーニョを記録した気候学上の綿密なデータは入手できない。それでも、大規模なENSO現象が少なくとも五〇〇〇年前から人間の社会に甚大な影響をおよぼしたという点では、誰もが同意している。エジプトとメソポタミアに最初の都市文明が出現した時代である。そのころには、自然の地球温暖化というシーソーの働きもあって、採集生活者は定住地で農耕を始めるようになり、村人は都市の住民に変わっていた。農地と灌漑設備につなぎとめられた彼らは、以前よりずっと短くなった気候の周期に依存し、移動できなくなっていた。前二二〇〇年になると、環境にたいする脆弱さ（ぜいじゃく）の度合いはこれまでになく高まり、とりわけエジプトのように、文明がナイル川の氾濫（はんらん）とファラオの神通力に頼っていた地域では、事態はいっそう深刻になった。この時代には、ENSO現象が地球の気候を左右する主役となっていたことは判明している。

干ばつによって崩れたファラオの無謬性

第7章で見たように、メソポタミア一帯が広く荒廃したのは、前二二〇〇年から三〇〇年間つづいた干ばつの結果だった。これに関しては、今日ではグリーンランドの氷床コアにも記録された地球規模の出来事だったことがわかっている。乾燥化とおそらくは一連のENSO現象が立てつづけに生じたために、都市は崩壊し、広大な地域にまたがる政治力の微妙なバランスも崩れた。この同じ干ばつがナイル川にも被害と惨劇をもたらした。この特定の大洪水に関しては、詳しく述べるだけの価値がある。これはENSOが遠い過去の出来事におよぼした影響力を物語るまたとない例だからだ。

エジプトでは、ファラオの権力と精神的な権威は絶対的なものだった。エジプト人の考えでは、星は神聖なものであり、支配者はいずれ天に昇って星になる運命にあるのだとされていた。「王は生霊のもとに行く……。王には梯子(はしご)が用意されており、それを伝って昇ることができる」と、ある王のピラミッドに書かれた呪文(じゅもん)は謳(うた)う。ファラオは神なる王であり、豊かな川によって育(はぐく)まれ繁栄した世界の神聖な秩序が具現化されたものだった。エジプトの支配者はその治世の絶頂期には力と英知、慈しみと恐怖、扶養と罰が入り交じった存在だった。ファラオは、命を育むナイルの洪水を制御する魔法の力を行使すると考えられていた。エジプトの王は決して過ちをおかさないとされていたのだ。

毎年夏になると、熱帯アフリカの降雨がナイル川に一気に流れ込む。毎年の洪水は、そのほとんどがエチオピアの高地に降るモンスーンの大雨に端を発していた。古代エジプトを動かしていた水のポンプである。エチオピアの山岳地帯では、高気圧と低気圧が複雑にかかわり合って気象状況に影響をおよぼす。夏はおおむねインドとアラビア海の上空に低気圧が居座り、インド洋に強い南西風が吹く。熱帯収束帯はエリトリアのすぐ北にあるので、エチオピアの高地には雨が大量に降り、青ナイル川とアトバラ川に注ぐ。こうした状況は太平洋西部で高気圧がつづくかぎり一般的に見られた。ＥＮＳＯ現象が起きた場合のように、太平洋上で気圧が下がると、インド洋上空では気圧は上がる。熱帯収束帯はずっと南にとどまり、インド洋の大型の低気圧は弱まり、ごくわずかに発達するか、東へと移動する。モンスーンの風は通常の風力の何分の一かに衰えることもあれば、まったく吹かないこともある。インドとエチオピアの高地は干ばつに苦しむ。北へ数千キロ行った先では、エジプトが洪水のはずれ年となる。ときにはそれが数年つづくこともある。

大規模なエルニーニョ現象と熱帯収束帯の移動は、古代エジプト文明が生まれた当初からこの地域に影響をおよぼしていた。あいにく、エジプトの古王国時代の樹木年輪の記録は見当たらず、同時代の観察記録は信頼性に乏しいものがごく断片的にあるにすぎない。それによると、前四〇〇〇年以降サハラ砂漠を襲った深刻な乾燥化の一環で、ナイルの洪水は勢いが衰えていた。前三〇〇〇年から前二九〇〇年には、それ以前の時代とくらべて増水時の水位は一メートルも低くなり、流量はゆうに三分の一は減少していた。

古王国時代のファラオはこうした事態をきわめて憂慮し、官吏に命じて洪水の水位の記録をつけさせた。官吏らは断崖に印をつけ、川沿いの要衝に刻み目のある柱を立てて、洪水の予知技術を大いに進歩させた。高度な計測システムはいずれも結構なものだったが、それによってインド洋の予測不能な気圧のシーソーにたいする防御対策がとられたわけではなかった。

人の寿命が短く、したがって世代ごとの記憶も乏しかった時代には、平年並み以上の洪水が一〇年間、あるいは一世紀もつづけば、たとえ人口が増え、町が拡大し、穀物の貯蔵施設がいちじるしく不足していても、国は安泰だという誤った認識を役人が抱きやすい。だが、ほとんどのエジプト人はまだ、毎年の洪水を当てにしながら暮らしていた。

前三一〇〇年から前二一六〇年までおよそ一〇〇〇年にわたり、エジプトは独裁色を強める一連の有力な王のもとで繁栄した。この時代はピラミッドが建設され、ファラオが神とされた時代であり、その絶頂期はペピ二世の長い治世だった。この王は前二二七八年に六歳で王位に就き、九四年間にわたって君臨した（ペピの統治期間には諸説あり、実際には六四年間ほどだったかもしれない）。この時代のエジプトは豊かな強国であり、それなりに満ち足りており、東地中海沿岸にあるビブロスの木材と、ヌビアからの象牙（ぞうげ）および熱帯の産物の一大交易を支配していた。だが、ペピの時代は乱世でもあった。在位三〇年目ごろ、メソポタミアの王――おそらくアッカドのサルゴン――にビブロスを攻略され、エジプトの主要な財源を破壊されるという事態が起きた。ペピは、貢物と税金の徴収の責任を負う州の長官ノマルケスたちの忠誠心も疑っていた。ファラオに権力と決断力があるあいだは、ノマルケスらも政治の風に合わせて適帆し、貢物を送りつづけた。ペピが高齢になり、国務から遠ざかるにつれて、事情は変わった。ペピは息子たちのほとんどよりも長生きしたため、世継ぎ争いが起きたのかもしれない。ノマルケスのうち野心的な者は大胆になり、独立国の王のように振る舞う者すら現われ、神聖な統治者への敬意を示さなくなった。

前二一八四年にペピ二世が死去すると、そのころには経済も悪化していたと思われ、あとには内紛で分裂した国家が残された。外国との交易は混乱したままで、強い指導者もいなかった。この危機的な時期に、ナイル川の氾濫の勢いが衰えた。数世代のうちに、エジプトは各州に分裂していった。王都メンフィスでは、実力のない短命の支配者がつづいた。ファラオの政治権力も、宗教的な力も、政治不安と社会変化、それに急速に深刻化する飢饉（ききん）を前に揺らいだ。

何世紀にもわたり、洪水はファラオが起こすものとされてきたが、この時代になると歴代の王たちが誇ってきた「正しい秩序」が問題視されるようになった。王は無力であり、神聖さを失っただけでなく、民を養うことすらできなかった。徐々（じょじょ）に砂漠に変わりつつある氾濫原の真っ只中（ただなか）で、町も村も自力で生き延びるしかない。ナイル川の水位が記録的に低いレベルまで落ちると、絶望した人びとは砂堆（さたい）に作物を植えた。場所によっては、足をほとんど濡（ぬ）らさずに川を歩いて渡れた。飢餓が深刻になると、村人は血眼になって食糧を求め、周辺部へ逃げ込んだ。決断力をもって行動したのは、実力のある有能なノマルケスだけだった。彼らには、凶作の年に備えて穀物を貯蔵するだけの先見の明があったからだ。アシュートのケティは墓の碑文に、誇らしげにこう記している。「私は昼の盛りに水を与える役割を担った……上エジプトが砂漠となったとき［?］、この町のためにダムを建設した……この地が砂丘と化したときも、私の手元には穀物が豊富にあり、穀物を配給して町の人びとを養った」

ケティのようなノマルケスは民がいかに犠牲になりやすいかよく知っており、ときには残酷なまでの、断固とした指導力がなければ飢えを食い止められないことを、苦い経験を通じて学んでいた。彼らは沖積層の低地の周囲に一時的なダムをつくり、氾濫時の出水をできるかぎり農地にとどめておいた。穀物は慎重に分配され、最も被害の多かった地域に配られた。州の境界は閉ざされ、大飢饉のさいによく見られるように、人びとが当てもなくさまようのを防いだ。パニックを防ぐために行政がこうして采配（さいはい）を振っても、社会は混乱をきたした。暴徒と化した民衆は穀物倉庫の警備兵を殺した。エジプトは一世紀にわたって大混乱の瀬戸際をよろめき進んだ。長い内戦が終結すると、上エジプトのテーベの支配者メンチュヘテプ二世が下流のライバルを征服し、前二〇四六年に二つの国（上・下エジプト）を再統一した。

こうして中王国時代が始まり、二世紀半にわたって繁栄した豊かな時代がつづいた。増水水位の低い時期もあったが、いずれもかつての大飢饉のような状態にはならなかった。あの時代の記憶は消えずに残ったようだった。何世代かのちに、預言者イピウテットが飢饉についてこう想起している。「穀物倉庫は空になり、その番人は地面に伸びた……エジプトの穀物は『行って取ってくる』ものとなり……あちこちに強盗が出没し、召使は見つけたものを盗んだ」

中王国時代のファラオは、王はつねに正しいとする無謬性（むびゅうせい）の概念を推し進めることはなかったが、神としての体面は保った。彼らは、その地位が脆弱性との限界で得られたことを承知していた。そこで、ファラオは民を使って灌漑されたオアシスをつくりだし、気まぐれな洪水にもできるかぎり影響されない農業国家を築いた。政府は穀物の貯蔵施設に多くの投資をし、人びとを養うためにきわめて中央集権的な官僚制度をつくりだした。ファラオはこの時代には自らを、若さにあふれる気ままな神としてではなく、自身の責任を深く自覚した思慮深い真面目(まじめ)な君主として位置づけるようになったのだ。盛衰はあったものの、エジプト文明は前一千年紀まで、ほとんど中断されることなく繁栄しつづけた。歴代のファラオは大干ばつの苦い経験から学び、大規模な灌漑設備を発展させ、貯蔵施設に工夫を凝らした。また、無謬性を主張するのは政治的に賢明でないとして、これを断念した。前一二〇〇年ごろ東地中海は再び干ばつに見舞われ、ナイル川の増水水位が下がったが、エジプト人は氾濫の少ない年も乗り切った。ただし、凶作と飢饉から逃れてきたよそ者の入国を食い止めるために、戦わざるをえなかった。

レヴァント南部の社会崩壊

前一二〇〇年ごろ広範な地域を襲った干ばつに関する証拠も、やはり気候学的な断片をつなぎ合わせなければならない。地質学者のカール・ブーツァーのように、この時代は気候上、大きな変化はなかったと考える専門家もいる。とはいえ、干ばつと飢餓が原因で社会が崩壊した証拠は見間違いようがない。前三千年紀末には、レヴァントの南部一帯に多数の小さい都市や町が栄えていた。これらはきわめて中央集権的で融通性のない共同体であり、指導者は用心深く食糧を蓄え、それを配給して住民を支配していた。

干ばつが一年で終われば、穀物倉庫の在庫を慎重に分配することによって、臣民を統制することは可能だった。短期の干ばつはむしろ、穀物倉庫を管理する側の権力を強めた。そうなると、より多くの人びとが彼らを頼るようになり、土地も労働力も安く手に入ったからだ。だが、相次いで干ばつに見舞われ、穀物倉庫が空になるまでその状態がつづいた場合、この戦略は役に立たなかった。

そんな事態になったら、都市の支配者にどう対応できただろうか？　すぐに頭に浮かぶのは技術革新だろう。新たな耕作道具とか、これまであまり利用されていなかった湧水、あるいは他の水源から水を引くための高度な灌漑システムといったものだ。だが、そういう技術革新はめったに起こらない。そこで考えだされる対応策は、社会の統治方法や、宇宙や環境にたいする社会の考え方にもとづくものだからだ。当時の東地中海の社会はいずれも、強力かつ気まぐれな神の力が、冬の寒さも夏の暑さも、洪水も干ばつも支配すると考えていた。したがって、まずとられる対策は、中世のヨーロッパのように、神々の怒りを鎮めることだった。よい時代には、中世の農民は大聖堂の建設に加わって神をたたえ、供物を捧げた。苦しい時代には、彼らは巡礼にでて、改悛者の行進に加わった。青銅器時代の支配者も、社会が干ばつに脅かされると神殿や聖堂を建てた。廃墟となった都市の最上層部で見つかるのは、こういった建築物である。

だが、神へのとりなしは失敗に終わった。威信を失った領主の支配下から人びとが逃げだすにつれて、大神殿は荒廃し、都市はゴーストタウンと化した。レヴァント南部の社会はどこもかしこも、完全に崩壊した。人口は激減し、残った人びとも小さい村や、恒久的な湧水の近くの放牧地に散っていった。ごくわずかな都市と町だけが生き残ったが、いずれも一年を通じて涸れない川沿いで、まだ充分に穀物を栽培できる場所にあった。

前二二〇〇年には、ナイル川沿いと東地中海で何十万、いや、おそらくは何百万もの人びとが環境にたいして脆弱になる限界を超えていた。それはその二〇〇〇年前には考えられなかった事態だった。寿命が短く、世代ごとの記憶が乏しい世界では、かつての大干ばつや、当時とられた対応策のことは誰も覚えていなかったのである。

ウルブルンの沈没船

前一三一八年、荷物を満載した貨物船が、トルコ南部の岩だらけの海岸沿いを西へ向かって進んでいた。今日、ウルブルンとして知られている岩の岬の近くだった。そこで起こったことの記録は残っていないが、おそらくこの船の船長は沖合で黒雲が広がるのを見ながら、慎重に暗礁との距離を保っていたのだろう。ことによると、近くの港に向かおうとしていたのかもしれないが、嵐になる前にそこへたどり着けないことは刻一刻と明らかになった。不意に猛烈なスコールが船を真横に傾け、舷側板から緑色の海水が押し寄せてきた。一陣の風があおられた帆を引き裂き、マストもろとも奪った。船員は必死になってオールでこぐが、埒が明かない。船は荒海でのたうちまわり、ウルブルンの岬へ無情にも押し流された。船は水中に沈んでいた岩に激突し、たちまちのうちに破壊された。船員は命がけで海に飛び込むが、その多くは泳げない。数分後、海は穏やかになり、空は青く晴れ渡った。海面には数本の木切れだけが漂っていた。

三〇〇〇年以上のちに、海綿採取者が、ウルブルン沖の深さ四五メートルの海底に「耳のついた金属製ビスケット」の山があることに気づいた。彼らの船長はすぐに、それが銅のインゴットだと考え、トルコのボドルムにある水中考古学博物館に発見を報告した。東地中海では、古代の船がこうした形状のインゴットを運んでいたからだ。一九八一年、チェマル・プラクとドン・フレイが、考古学者の夢である難破船の発掘調査に乗りだした。海底の険しい斜面を九メートル潜った先には、きわめて重要な人工遺物が何百となく、手つかずの状態で沈んでいた。

ウルブルンの船はじつに多様で高価な荷を積んでいた。一個の重さが約二七キロの銅のインゴットが三五〇個積まれていたほか、小さな軍隊用なら、青銅の武器と甲冑が充分につくれるだけの錫も積載されていた。大型のアンフォラ壺にはカナンとミュケナイの陶器が積み重ねて収納されていた。二〇〇個のシリアの壺に入れて運ばれた一トン分の樹脂は、エジプトの神官が神殿の儀式で使うためのものだった。積荷にはレヴァントからの硬材、バルト海の琥珀、鼈甲、象牙、カバの歯、オリーブの壺、それに多数の青いガラスのビーズも含まれていた。ウルブルンの船はアフリカ、エジプト、東地中海の沿岸、トルコ、キプロス、そしてエーゲ海の島々の物資を運んでいたのだ。

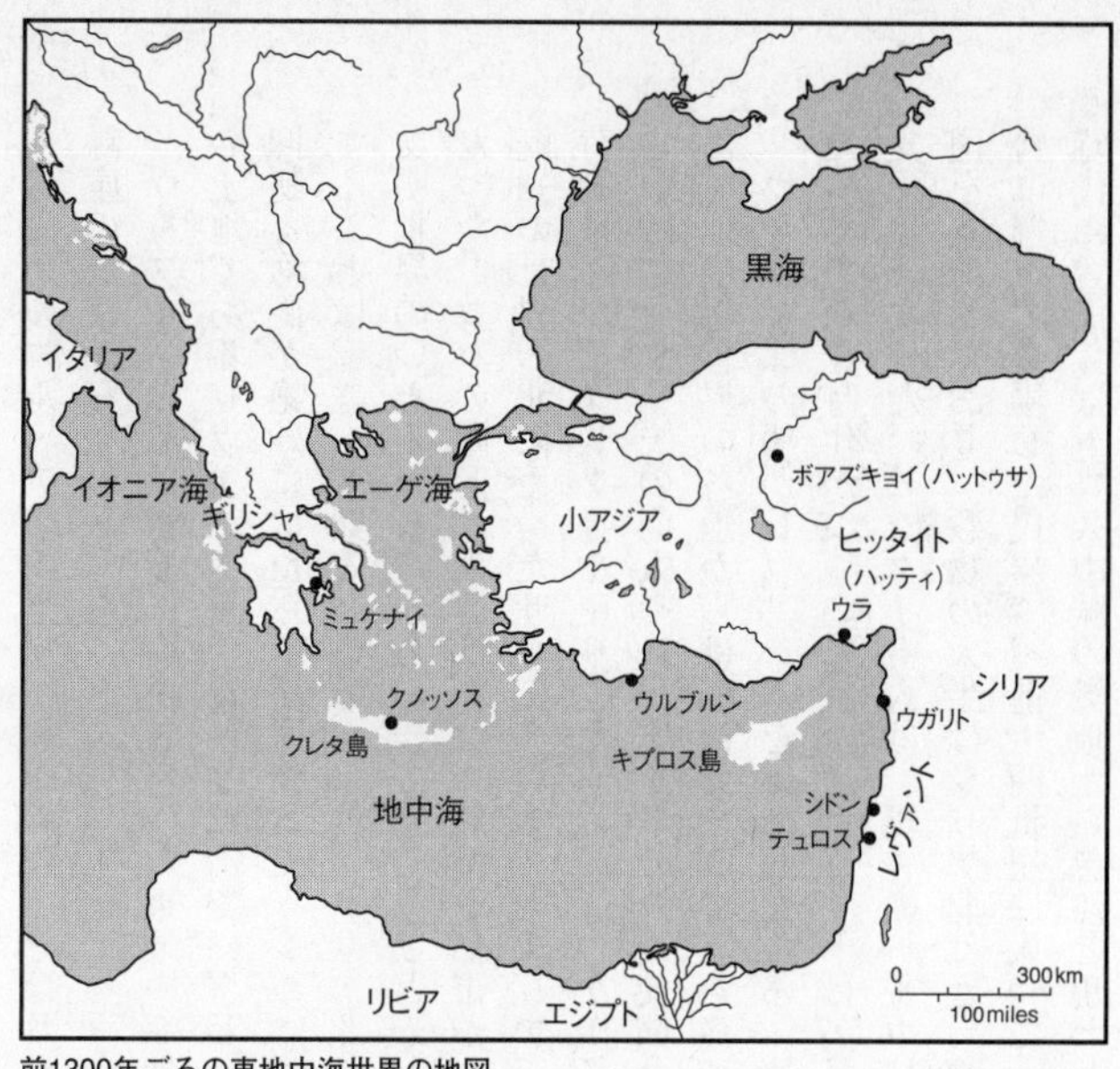

前1300年ごろの東地中海世界の地図

積荷の木材から判断すると、この不運な船は東から西へ頻繁に利用された周遊航路を進んでいた。つまり、シリアの海岸からキプロスへ渡り、トルコ南部の海岸沿いを進んでエーゲ海に入り、さらにギリシャ本土まで達する航路だ。おそらく船は、君主から君主に宛てた王室の委託貨物を運んでいたと思われる。そのような高価な積荷は珍しいものではなかった。それより数世紀昔に、アラシヤ（キプロス）の王がエジプトのファラオにこう書き送っている。「五〇〇［単位］の銅を貴殿に送ります。兄弟への贈り物として、これを送るのです」。書簡はナイル川沿いのエル・アマルナで、異端の王と呼ばれた有名なファラオ、イクナートンの記録庫のなかから見つかった。

ウルブルンの船は密接に関連し合った東地中海世界の中心地から出航した。カナン人の土地であるレヴァントが、貿易と政治でにぎわったこの世界の操縦室であり、ここは抑制と均衡が絶妙にはたらく場所だった。レヴァントの貿易を制した者が東地中海を制することは、誰もが知るところだった。シリア北部の海岸にあるウガリトのような港は、文明世界のいたるところからやってきた人びとがともに暮らし、多言語が飛び交う都市だった。ロバの隊商は東のはずれの砂漠や都市から集まってきた。抜け目のない商人は、既知の世界の北限だったサルディニア、シチリア、そしてイタリアへ向かう船に貴重な荷を積んだ。クレタ島やギリシャからのミュケナイ人はエジプト人や砂漠の遊牧民、あるいはアッシリアの商人やヒッタイトの外交使節とも自由に交流した。レヴァントの港は、地中海世界の各地からはるばるやってきた商船でひしめき合っていた。

ウルブルンの船がレヴァントを出港したころ、青銅器時代の大国間では、半世紀にわたって平和な時代がつづいていた。ウガリトは名目上、軍国主義的なヒッタイトの王の支配下にあった。ヒッタイト人は、現在のトルコにかつて存在した、ハッティという王国を支配しており、穀物の大半はシリア北部から調達していた。ヒッタイトは、国際舞台に遅れて登場した民族で、前十四世紀に入ってからアナトリアで台頭してきた。この時代に、彼らはトロス山脈の奥地から忽然と現われ、当時、レヴァントで主要な政治大国だったミタンニを打ち負かした。ヒッタイトは、現在のシリアのほぼ全域まで勢力を伸ばし、北部の高原をヒッタイトの君主の穀倉地帯に変えた。必然的に、この新興国はファラオと対立するようになった。エジプトは、前一四八三年のトゥトメス三世の治世以来、南レヴァントを支配していたからだ。

ヒッタイトのスッピルリウマ王が支配していた文明は、繁栄した強大なものだった。この国とエジプトとの確執は、カデシュの戦いまではてしなくつづいたが、前一二八五年にレヴァントを分割する条約で決着を見た。エジプトのラムセス二世は、この戦いを自らの最も華々しい勝利の一つだと豪語している。スッピルリウマの治世は、何世代も前から拡大しつづけてきた交易と繁栄が頂点に達した時代だった。レヴァントはこのころには、メソポタミアからイラン高原、ナイル川、ギリシャ本土までも含む貿易の国際的な中心地になっていた。

ヒッタイト人の暮らしは、戦士の文化を中心に成り立っていた。何万人もの農民は実質的には農奴であり、ハッティの食糧を供給していた。アナトリア中部にあるヒッタイトの首都ハットゥサは、深い峡谷を流れるハリュス川が森のなかで大きく湾曲したあたりの、劇的な景観のなかに位置していた。農耕に適した土地はほとんどない。だからこそ、ハッティはシリア中部の肥沃（ひよく）な土地へと、これほど攻撃的に国土を拡大したのかもしれない。シリアは交易路から多くの富を得ていたが、この国はヒッタイトの穀倉地帯にすぎなかった。

だが、ハットゥサは災害をこうむりやすかった。エジプトや東の地で勢力を増しているアッシリアとは異なり、ヒッタイトの王はおもな食糧供給源のそばで暮らすことはなかった。ハットゥサそのものは神聖な都であり、何世代もの王が神殿や聖堂を建ててきた儀式的な中心地だった。この国の穀物はアナトリア高原とシリアで生産され、その多くはウガリトや、キリキアの海岸にあるウラなど、さまざまな港から海路で運ばれてきた。

エジプトもハッティもエーゲ海の国とはつねに交流をつづけていた。ワインや材木、オリーブオイルが豊富にあるクレタ島の宮廷だけでなく、さらに西方のミュケナイの武人王とも、彼らは交易していた。ミュケナイは、ギリシャのペロポネソス半島にあるアルゴス平野を支配していた国だ。ミュケナイの船はナイル川にもやってきた。

そして、前一二〇〇年ごろ突如として、微妙なバランスを保っていたこの世界が分裂した。ヒッタイトの国は崩壊した。ミュケナイ文明は内部分裂した。アッシリアとバビロニアは苦難の時代を迎えた。レヴァントの都市は不況におちいり、考古学者が「海の民」と呼ぶ謎の海洋民族が来襲した。エジプトだけは生き延びたが、ファラオは歓迎されざる侵入者を撃退するのに多くの時間を費やすことになった。その一部はリビアからもやってきた。ラムセス二世の一三番目の息子メルネプタハは、カルナックのアムン神殿の碑文にこう自慢した。「リビア人は虐殺され、割礼を受けていない六二三九人分の陰茎は運び去られた」。青銅器時代末期の文明は衰退し、多くの地で終焉を迎えた。

こうした文明の幅広い内部分裂は、広範囲におよんだ新たな干ばつの来襲と時を同じくしていた。

ミュケナイとヒッタイトを滅ぼしたもの

前一二〇〇年のこの大干ばつも、それ以前の干ばつと同じくらい論議を呼ぶものだ。一九六六年に、古典学者のリース・カーペンターが『ギリシャ文明の断絶』と題した短い本を書いた。そのなかで彼は、ギリシャ本土におけるミュケナイ文明の衰退は、サハラ砂漠からの乾燥した風が北向きに変わったことと直接関係していた、と示唆している。乾燥した気候はペロポネソス半島のミュケナイ一帯だけでなく、クレタ島とアナトリアもすっかり干上がらせた。干ばつはミュケナイとヒッタイトの農業に大打撃を与え、双方の文明を崩壊に導いた。カーペンターの著書によって、気候変動は舞台の中央へと押しあげられた。

気候学者はほぼ誰もが、カーペンターの興味深い理論を根本的に間違った学説だとして退けた。例外はウィスコンシン大学のリード・ブライソンだけで、彼は大学院生のドン・ドンリーにこの問題を研究させた。ブライソンとドンリー、およびイギリスの気候学者ヒューバート・ラムはヨーロッパと地中海の上空の基本的な大気循環パターンを分析し、カーペンターがミュケナイ衰退を引き起こしたとする気候的シナリオに合致するモードがあるかどうか調べた。その結果、ギリシャは通常、湿度が不足する地域と過剰な地域の境目に位置していることがわかった。すなわち、地域ごとに雨量の差が激しいということだ。一九五四年十一月から一九五五年三月までの降水パターンを三人の研究者が調べると、ギリシャ南部のペロポネソスで見られたいちじるしい乾燥状況――例年の降雨量の六〇パーセントしかない状況で、二十世紀に入ってからは数度しか発生していない――は、前一二〇〇年にミュケナイが見舞われたとカーペンターが考えたものとよく似通っていることが判明した。

一九五四年から五五年には、冬の気圧の谷が平年よりも西に位置し、西地中海の上空にあって、トルコの上空は平年より強い高気圧におおわれていた。通常、ギリシャ南部に雨をもたらす暴風の進路は、北へ急カーブを描いた。アテネとアッティカ地域は例年よりも雨が多かった。アナトリアとギリシャ南部はいつになく乾燥した。

前一二〇〇年の歴史的事実として知られていることと、一九五四年から五五年の降雨パターンの相関関係を調べてみるとおもしろい。当時、ハッティは深刻な飢饉に見舞われた。前十三世紀の末期ごろ、ヒッタイトは行き詰まった帝国の中心地をアナトリア高原から、食糧の多いシリア北部へと移動させた。一九五四年から五五年には、この地域の降雨は例年より約四〇パーセント減少し、一方、気温は例年より二・五度から四度高かった。前十三世紀の同じころ地中海の対岸では、リビアの遊牧民がエジプトの定住地に水と牧草地を求めて移動し、流血の争いののち撃退された。一九五四年から五五年には、リビアの降水量は通常の年の半分だった。干ばつはこの地域を一様に襲ったわけで

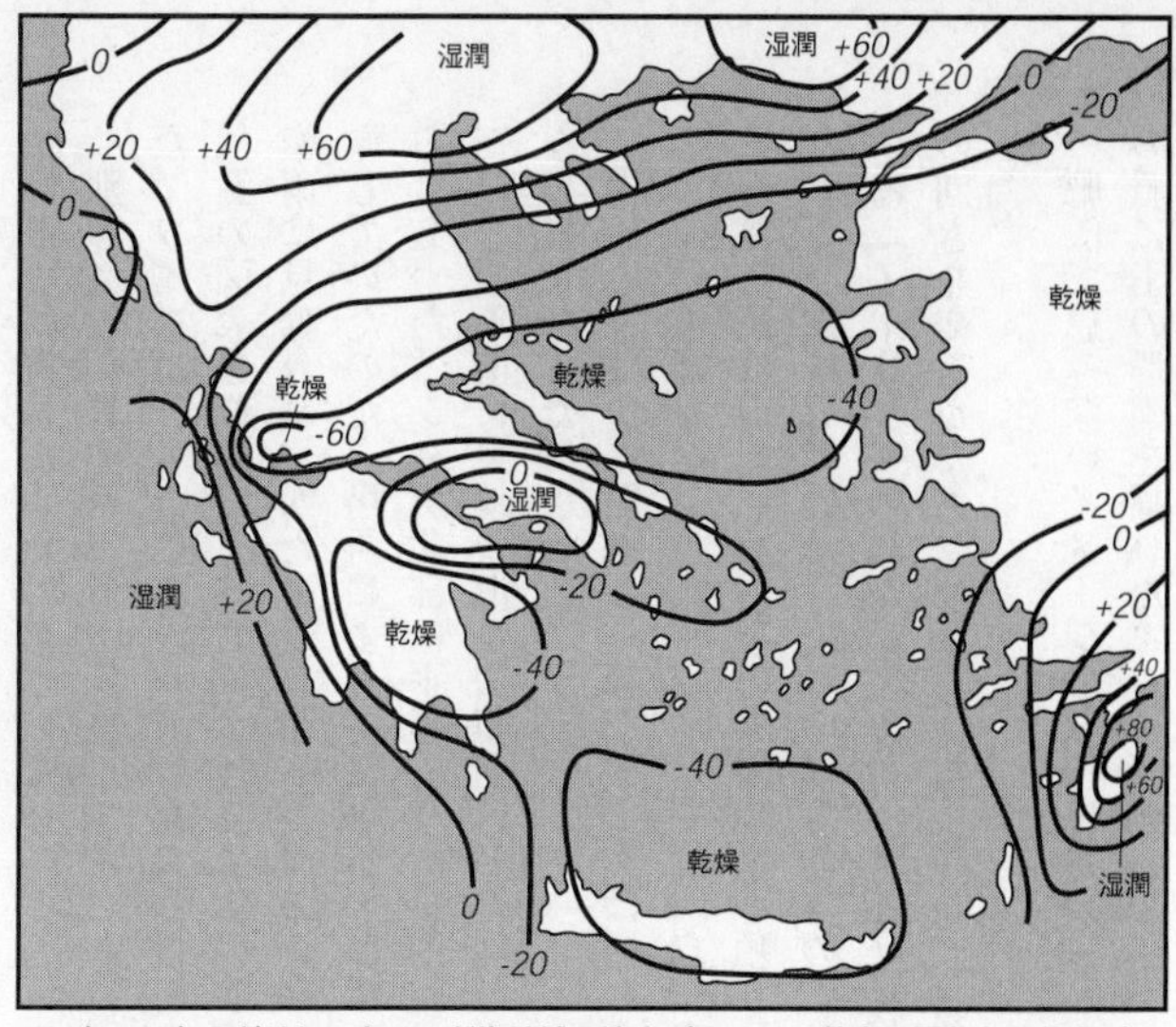

1954年、55年のギリシャとエーゲ海地域の降水パターン。数字は平年との差をパーセンテージであらわしたもの。前1200年ごろもおそらく同じ状況だったと思われる

はない。前一二〇〇年の花粉ダイアグラムを見ると、ギリシャ北西部の山岳地帯では降水量は平年並みだったことがわかる。ここは一九五四年から五五年にも平常だった。さらにハンガリーが洪水に見舞われた証拠もあり、ハンガリーでは一九五四年から五五年にも、平年より五パーセントから一五パーセント降水量が多かった。

カーペンターの説がおそらく正しい、と三人の研究者は結論した。一九五四年から五五年の気候パターンが前一二〇〇年にも起こったとしたら、ミュケナイの農業はその一年後すでに危険な状態におちいっていただろう。そうした年が三、四年立てつづけに訪れれば、

壊滅的な状況になったにちがいない。

別の気候の専門家バリー・ワイスがのちに、ブライソンとドンリーの研究を引き継いだ。ワイスは一九五四年から五五年にかけてのアナトリアおよびさらに奥地の降水量と気温の図表を作成し、それによってさらに多くのことが判明した。アナトリア南西部は豪雨に見舞われ、かたや現在のトルコの首都アンカラの東にある高原はいちじるしく乾燥していたのだ。場所によっては平年のわずか七パーセントしか雨が降らなかったところもあった。シリア北部は平年より雨量が四〇パーセント少なかった。ワイスの研究は、三〇〇〇年前に東地中海が広範囲にわたって干ばつに襲われたという仮定に、より確かな根拠を与えた。

古代の干ばつに関する詳細なデータは揃わないが、その影響が途方もないものだったことは間違いない。古代ギリシャでは、自給農業は決して容易ではなかった。ミュケナイの農耕民は当てにならない冬の降水を頼りに、谷間では穀物を、斜面ではオリーブとブドウを栽培していた。彼らの最も能率のよい耕作道具は雄牛の引く犂だった。ホメロスは『イーリアス』のなかで農耕の黄金時代を描き、「広い農地」で「農夫の一団が牛の向きを変えながら、何度も往復させ」、背後では土が黒く耕されている光景を描写した。

肥沃で恵み深いイメージは収穫にもおよんだ。鍛冶の神ヘファイストスは、アキレスの盾に王の農園を描いた。

刈り入れの人びとは仕事に精をだし、
研いだ草刈り鎌を振って実った穀物を刈り取っていた。
刈り取る人が進むとともに一部の茎は次々に地面へ落とされ、
残りのものは縄で束ねられた。
できあがった束を見下ろすように三人の男たちが立ち、
背後では、少年らが刈られた穀物を集め、腕いっぱいにかかえ、
束ね役の男たちに、何束も何束も手渡す。

「何束も何束も……」――このイメージは慈悲深いゼウスに支配され、無尽蔵に作物を収穫しうる世界を想起させる。だが、現実ははるかに厳しかった。宮殿や領主宅が点在する田園は、ほとんどが肥沃とは言えない岩だらけの土壌で、宮殿の貯蔵庫にも余剰農産物はあまり多くはなかった。大半の人びとは最低生活水準で暮らしており、起伏の激しい土地でどうにか食いつないでいた。このあたりは、ミュケナイ近くのアルゴス平野のような最も肥沃な土地ですら、不規則な降雨に悩まされていた。ミュケナイ文明の活力源は、ワイン、オリーブオイル、木材、上等な陶器の輸出であり、それらはレヴァント地方や、エーゲ海の奥地まで船で運ばれた。ミュケナイ人が大量の穀類を輸入していたのは間違いないが、それでも民衆は基本的に毎年の収穫を頼りに生活していた。

干ばつに見舞われても、日照りの年が一年だけであれば、ミュケナイ人も容易に生き延びられただろう。だが、乾燥した年が連続すれば話は別だ。当初は宮殿の領主も後背地に穀物を支給することができたが、二年目も凶作となると、配給制度を厳しく引き締めなければならなかったはずだ。カーペンターおよび、その後の気候学者たちの説が正しいとすれば、前一二〇〇年の大干ばつはミュケナイの領主に災難をもたらした。ミュケナイの繁栄は民に課した余剰穀物と海上交易に全面的に依存していた。宮殿は焼かれて見捨てられ、民衆は小さい村へ離散し、自給自足の生活を送るようになった。

文明はそれから四世紀以上、復興しなかった。暗い時代は人びとの記憶のなかに何世代ものあいだ消えずに残った。前五世紀になっても、アテナイの将軍トゥキュディデスは昔のギリシャについてこう書いている。「商業もなく、陸路も海路もなく、生きるのに必要な作物をつくる以外の土地を耕作することもなく、資本にも欠き、大きな町を建設することもなければ、なんらかの偉大な功績を残すこともない」

ミュケナイとクレタ島を襲った干ばつは、アナトリアとヒッタイト帝国も荒廃させた。前一二〇〇年には、ハッティは国内からの深刻な圧力に苛(さいな)まれていた。継承問題から王族間に不和が起こり、大王の権威もそれによって損なわれた。ハットゥサは前一一八〇年、トゥドハリヤ四世の時代に、おそらくは内戦から生じた火災で崩壊した。トゥドハリヤが戦った相手クルンタは、アナトリア南部の支配者だった。クルンタはハッティから分離独立したらしく、それによってハットゥサはウラにある主要な穀物輸入港へのアクセスを失っていた。このころには、ヒッタイト人はエジプトをはじめ、他国から食糧を輸入していた。ハットゥサの町と贅をつくした神殿の再建には大量の人手が必要とされ、ハッティ軍の毎年の兵役義務にも多くの人員が割かれた。いずれも食糧生産の労働に加えて要求されたものだった。突然の気候異変が起こると、国家の壮大な野心が病める帝国に追い討ちをかけるようになった。

干ばつが侵略を生んだ

専制的な君主はみなそうだが、ヒッタイトの王も飢えとともに社会混乱が起こることは知っていた。そこで、彼らは他国に援助を依頼した。エジプトのメルネプタハ王は、「ハッティの国を存続させるために」穀物を送ったことを碑文に記した。干ばつが深刻になるにつれ、紛争が生じた。その多くは、略奪行為をはたらく船団や、故郷を追われ飢えた人びとの集団の攻撃をかわすためであり、そのなかには謎の「海の民」も含まれていた。おもにエーゲ海から襲ってきたこの一味は、東地中海の文明世界を破壊しつくした。ウガリトにも敵が迫り、軍隊が戦うなか、この市の書記官は王室公文書館の窯で、新しい粘土板を焼く日々の仕事を淡々とこなしていた。ウガリトが攻撃されたとき、窯のなかにはまだ一焼き分の粘土板があった。そのうちの一枚に記録されていたのはヒッタイトの王からの書簡で、大型船に穀物を二〇〇単位（約四五〇メートルトン）積むように要請するものだった。王はこう書いた。「死活問題であり、ウガリトの王は即刻対応されたし」、と。前一二〇〇年以後まもなく、ヒッタイト帝国はそれぞれの構成要素に分裂していった。ヒッタイト軍の残党は海の民にたいして果敢に抵抗したが、それも徒労に終わった。

海の民は陸からも海からもやってきて、港や内陸の都市を包囲し、王国の宝庫を略奪し、定住地を探し求めた。彼らがどんな人びとだったか正確にはわからないが、乾燥した土地からの難民で、定住の地を血眼になって探していたのは間違いない。彼らは当然のことながらナイル川にも向かい、肥沃な三角洲(さんかくす)への移住を試みた。前一二〇〇年ごろ、リビア人と海の民が同盟を結び、シリアから陸路と海路の双方からエジプトを攻撃した。移動する遊牧民は牛車や女性や子供まで引き連れており、ナイル流域を襲撃するだけでなく、そこへの定住を計画していた。陸路をたどる人びとと並行して、何百隻もの船も繰りだした。エジプトの海軍はナイル川の東の河口で敵の艦隊と対峙(たいじ)した。弓兵が攻撃してくる船めがけて一斉に矢を放った。ルクソールのそばのメディネット・ハブにある王の神殿の碑文には、敵船を引っ掛け鉤(かぎ)でたぐり寄せながら、矢で乗組員を全滅させた旨が記されている。最終的にラムセスが勝利し、膨大な数の牛を獲得し、二〇〇〇人以上の敵を殺害した。敵兵は手を切断され、その手の山がファラオの前に運ばれた。その数はここでも書記官によって忠実に勘定され、それから切断されたペニスの数と突き合わせられた。

エジプトはこのときの攻撃を切り抜け、また前一一九三年の再度の攻撃もかわした。

おそらく侵略者は初めの遠征で弱体化していたのだろう。だが、ファラオも難儀していた。近隣諸国と同様、エジプトも増水水位の低下と作物の不作による打撃を受けており、それが物価の高騰と社会不安を招いていた。王家の谷のあるネクロポリスで働く人びとは、食糧が配給されなくなったため、ストライキを打った。汚職が横行し、墓泥棒が頻繁に出没した。何よりも深刻なのは、無尽蔵に思われた南のヌビアの金が枯渇したことだった。地下の死者の世界のほうが、生者の世界よりも多くの金を蓄えていたかもしれない。ファラオはこれまでつねに、莫大な富を誇示しながら外交政策を推し進めてきた。金を差しだし、縁組みをもちかけては、他国の支配者の機嫌をとってきたのだ。だが、もはや外交面における影響力はなくなった。エジプトは世界の舞台から姿を消し、そのあとには、もはやファラオが参入することのない、きわめて競争の激しい多様な政治の舞台が残された。

再び繁栄の日々が戻るには、アッシリアが地中海沿岸まで進出するほど強大になり、新しいギリシャの文明が過去の残骸からよみがえるには、何世紀も経ることになる。

人類は新たに脆弱さをさらけだす

こうした重大な出来事の陰では、大気と海洋の目に見えない勢力がはたらいていた。南方振動の不規則なシーソー、熱帯収束帯の気まぐれな南北への移動、および北大西洋の海洋循環だ。モンスーンの雨は前進しては後退し、モンスーン風が弱まった年や、まったく吹かない年には、干ばつと凶作をもたらした。新たに脆弱さをさらけだすようになった人類は、地球の気候の音色に合わせて踊っていた。それにもかかわらず、高貴な領主や偉大な王たちは権力と軍事征服に酔いしれていた。何百万もの人びとが汗水たらして働き、君主や軍隊や都市の人びとを食べさせていた。穀物や原料や贅沢品はみな、無数の無名の働き手を支配する少数の人の手に流れ込んだ。

もともと都市が出現したのは、一つには人びとを養う機構としてであり、彼らの労働を管理して豊かな食糧を確保するためだった。一事成れば万事成るとはいえ、成功は多くの犠牲をともなっていた。短期的に発生する重大な気象現象にたいし、ますます脆弱になったのだ。雨が降るかぎり、エジプトと東地中海の文明はよい時代を享受することができ、ときには、浮かれた時代すら訪れた。だが、雨季がこなくなると、豊かさはなんの警告もなく、不意に終わりを告げた。要塞と神殿はまだ健在で、周囲には日干し煉瓦の家がぎっしりと建ち並び、混雑した市場もあった。だが、隊商も船もこのころには穀類を運んでくることはなく、倉庫の棚は空になった。行く当てはなく、よい時代が戻るまでの、当座しのぎの代用食という安全策もなかった。狩猟集団であれば移動して、恒久的な水源に近い、食糧が見つかる場所へ移動しただろう。農耕共同体にも、狩りの獲物と食用植物という頼るべき緩衝物がいくらか残った。小さい居住地に分散することも可能だった。当時の世界はまだ人口も少なく、領土の境界線も厳密なものではなかったからだ。しかし、エジプトでもハッティでも、都市にはこれまで一度も田畑を耕したこともなければ、灌漑用水路の修理も、刈り入れもしたことのない住民が何千人もいた。都市は、移動のできない恒久的な定住地であり、川の氾濫と日照りに完全に左右されていた。住民はその日照りを、神々の怒りだと考えていた。現在ではそれも、地球の気候のはてしないシンフォニーの一部だったことがわかっている。

都市や町に人びとが移動した時点から、人間はある限界を超えていた。大きな定住地から動けなくなり、人間の手で管理された農地に依存せざるをえなくなった瞬間から、人はこれまで以上に、突然の気候変動にたいして脆弱な存在になったのだ。今日では繁栄と崩壊の中間地点はない。むろん、気候変動がヒッタイト帝国の終焉や、ナイル川沿いにおけるファラオの権力の低下を「引き起こした」わけではない。だが、これらの社会にどんな弱点や不公平、または非効率が内在していたにせよ、干ばつはそれらを露呈させ、致命的な欠点に変え、そこから社会的混乱を招く力が解き放たれ、王たちを忘却の彼方（かなた）へ葬り去ったのである。

第10章　ケルト人とローマ人　紀元前一二〇〇年〜前九〇〇年

数え切れないほど多くのらっぱ吹きと角笛吹きがいた……全軍が一斉に鬨（とき）の声をあげた。それにも増して恐ろしいのは、目の前にいる裸の戦士たちの外見と身振りだ。誰もが血気さかんな年ごろで、筋骨隆々としており、先頭に立つ集団はみな金の首鎖や腕環で贅沢に飾りたてている。

ポリュビオス　戦時のケルト人について

ガリア人として知られた荒々しいケルトの戦士は、アルプス山脈の北の荒野に住み、ローマの言い伝えのなかで恐れられた存在だった。一騎打ちをけしかける彼らの挑発に、ローマの軍団は恐れをなした。彼らは定住地の人びとを悩ませ、静かな農村になんの予告もなく急襲を仕掛け、夜明けの襲撃で家畜を連れ去った。ローマの母親たちは昔から、これらの「野蛮な」部族の話を子供に聞かせ、気をつけなくてはいけないと諭した。前三九〇年には、ケルト軍がローマそのものを包囲した。いかにも敵らしい敵であるケルト人を、著述家のアミアヌス・マルケリヌスはこう描写した。「上背があり、色白で血色がよく、目つきは険しく恐ろしい。言い争いを好み、横柄な態度にでる」

ケルト人がもともといた世界は、都市に住むローマ人の知らない寒冷で湿潤な北部の

ケルト族の考古学遺跡、およびローマの領土

土地であり、農耕を営むには厳しい環境だった。彼らは北方の大陸気候帯に暮らしており、そこは地中海地方とは気候型がまったく異なっていた。北部では暖かい夏に豪雨が降る。冬は乾燥し通常は穏やかだが、ときおり厳しい寒さが訪れることもある。ケルトの農耕民は祖先と同様に、北ヨーロッパに降水をもたらす湿った偏西風に左右されながら暮らしていた。グリーンランド以北の上空に高気圧が発達すると、西風は前触れもなしに弱まる。干ばつは作付けしたばかりの畑を襲う。霜が降り、雪の降る日がつづけば、高地も低地も厳しい寒さに見舞われる。頑丈な造りの家のなかで昼も夜も火を絶やさなくても、老いも若きも震え、ときには凍死した。自給農業の厳しい現実と食糧不足は、好戦的な不屈の社会を生みだした。

ヨーロッパの気候の境界線

当時もいまと同様、ヨーロッパの気候の境界線は変わりやすかった。南部には、冬に雨が多く、夏は暑く乾燥する温暖な地中海気候帯がある。西部は海洋性気候で、夏は涼しく、しばしば湿潤になり、冬は比較的温暖だ。雨はほとんど秋に降る。かつてケルト人が暮らしていた大陸性の気候帯は、北部と東部に広がる。これらの気候帯は不変に思われるかもしれないが、その境目は移行帯とも呼ばれ、過去三〇〇〇年間にジェット気流の変化にともなって、大きく変化してきた（移行帯という用語は、二つ以上の異なる生態系の境目をあらわす。そうした場所は異なる獲物や植物性食物が手に入るため、し

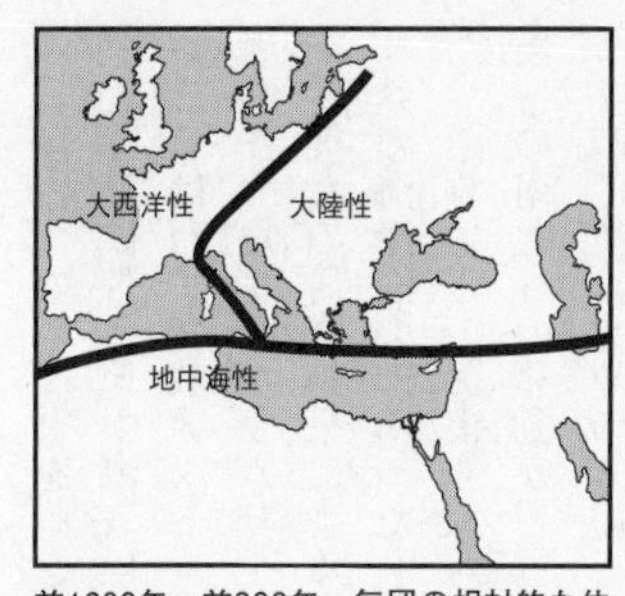

前1200年～前300年　気団の相対的な位置関係

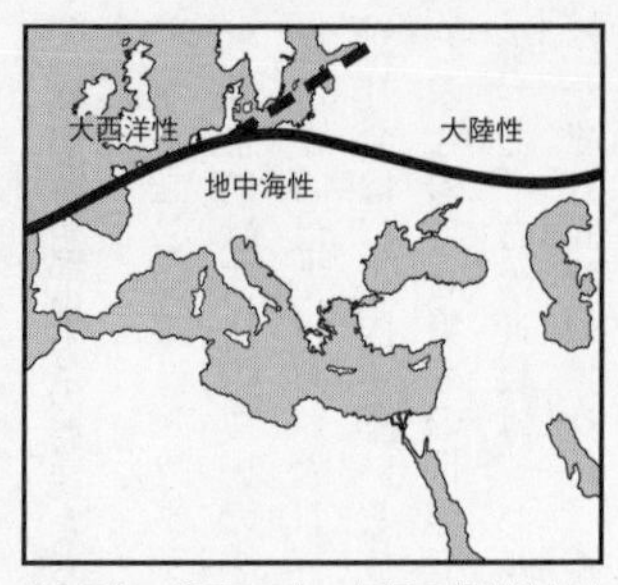

前300年～紀元300年　気団の相対的な位置関係

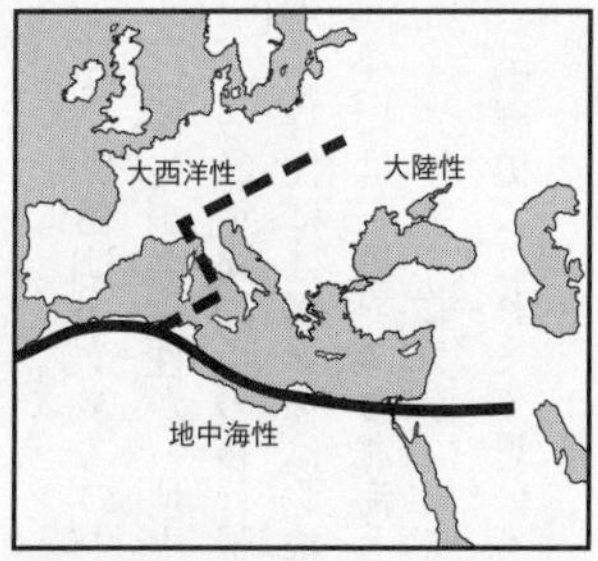

紀元500年～900年　気団の相対的な位置関係

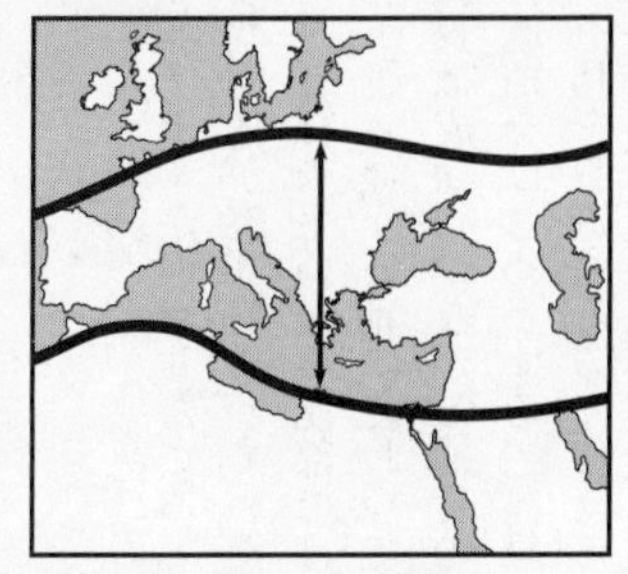

完新世末期の温帯　地中海移行帯

ヨーロッパの変わりゆく生態地域。Carole Crumley 編『Historical Ecology』1994, School of American Research 刊の許可を得て掲載

ばしば古代の人びとを惹きつけてきた）。

大陸気候帯と地中海気候帯の境目は、現在はフランスの中央山地の南端沿いにあり、ここではわずか数メートルのあいだに植生が温帯性から地中海性へと変化する。考古学者のキャロル・クラムリーは過去三〇〇〇年間にこの移行帯がどう移動したかを追跡した。彼女の研究結果によると、寒冷な時代には境界線は北緯三六度まで南下し、北アフリカの海岸沿いにあった。温暖な時代には、境界線は北海とバルト海の沿岸まで北上した。距離にしておよそ八八〇キロの差があり、緯度では一二度を下らない。こうした気候帯の南北への移動が、ヨーロッパの歴史にこれまで思いも寄らなかった劇的な影響をおよぼした、とクラムリーは考える。

地中海北部地方の農民たち

前一二〇〇年にヒッタイトとミュケナイが崩壊したころ、ヨーロッパの地中海北部の気候帯には、自給農民の小規模な共同体が寄り集まっていた。そこは東地中海の文明の動乱からはかけ離れた世界だった。森林の生い茂る北部では、昔からの平等主義的な農耕社会は、小国を率いる族長同士が競い合う世界に変わっていた。同盟関係がつねに変わるこの寄せ集めの世界では、族長は成功につながる通貨の獲得をめぐって他の族長と争った。この通貨は、バルト海の琥珀をはじめとする、高級な装飾品という形態をとり、なかでも武器や装身具、斧などの道具を製造するのに使える輝く青銅が好まれた。青銅は死者とともに埋葬され、神々に捧げられた。青銅は見せるための金属であり、ドイツ中部のハルツ山地の近くにある主要な銅鉱の近くでは、大量の金属製品が持ち主とともに埋蔵されていたことが知られている。青銅は日の光でも、火明かりでも、戦場でも輝き、権威や社会的地位、そして戦場での武勇を主張するものだった。これらの人びとは強大な王をいだくことはなく、中央集権化された官僚制度ももたなかった。人びとの生活は農地や家庭、そして村の仕事場を中心にめぐっていた。ほとんどの人は集落や村のなかの小さい円形住居に住んでおり、三〇〇〇年前に最初の農耕民が暮らしていたころと大差ない生活を送っていた。

どんな規模の小さい村でも、その暮らしは収穫によって左右され、長期および短期の気候の変化にも影響された。何千年ものあいだ、ガリアの地は今日よりも乾燥し温暖だったが、前三五〇〇年ごろから徐々に寒冷化していった。当初、冷涼な気候が日々の生活に与える影響はごくわずかだった。共同体の多くは小麦と大麦に過度に依存していた。小麦は大雨に弱いことで有名であり、冷夏には収穫高が激減する。不作になると、食糧不足はたちどころに実感された。

自給農民は小麦と大麦に頼りきっていたため、気候が大陸性に変わるにつれて、不作の年にはますます甚大な被害を受けるようになった。そこで、彼らは新たな作物を植えることによって、寒冷な気候に適応した。とりわけ生育期間が短く、保存性に優れ、干ばつに強いキビが好まれた。何年も前のことだが、私はアフリカ中部でキビを栽培する農民のもとで過ごしたことがあった。生育期間に雨が降らなくても耐えられるこの丈夫な作物を、彼らは重宝していた。天候に恵まれた年にはキビはたわわに実り、農民を喜ばせた。彼らは余剰分を発酵させ、大量のビールをつくって消費した。このビールは重要な社会通貨となり、家を建てたりする共同作業の対価となった。ヨーロッパの農民も同じ理由からキビを重視した。キビは酵母を入れないパンや粥(かゆ)用の穀物になるだけでなく、発酵飲料の材料にもなり、ガリア人の生活に欠かせない祝宴で消費された。ケルトの豆(ソラマメ)も利用されるようになった。豆は生長が早く、さまざまな気候にも耐え、とりわけ冷涼湿潤な環境でもよく育った。

北部の農耕民は、しばしば極端になり、安定することがめったにない気候状況にもやすやすと適応した。湿潤と乾燥、温暖と冷涼のあいだで、気候は短期間に前触れもなく入れ替わった。こうした短期の変動に関する証拠は、デンマークの湿地から得られる。古植物学者ベント・オービエは前二千年紀の特徴がよく現われている地表を調べ、およそ二六〇年ごとに、冷涼で湿潤な時代と温暖で乾燥した時代が周期的に訪れていたことを発見した。こうした周期が何によって促進されたかはわからないが、前一一五九年にアイスランドで発生したヘクラ火山の噴火など、主要な火山活動と関連していたと考える専門家もいる。

火山と気候の変化

十六世紀ドイツの医師カスパー・ポイツァーはヘクラを地獄の門と呼んだ。「地上のどこかで大戦争や大虐殺が繰り広げられているときはいつでも、山のなかから恐ろしいうなり声や泣き声、歯ぎしりが聞えることが、長年の経験から人びとにはわかっていたからだ」。黒い溶岩が流れだし、頂上から煙を吐く荒涼とした山にはワタリガラスの群れが生息する。迷信深い人びとは、ワタリガラスは黄泉(よみ)の国の入口でさまよう死者の魂なのだと考えていた。ヘクラ山は海抜一四九一メートルで、レイキャヴィクから東へ一一〇キロほどの植生もまばらな高地にあり、西暦九三〇年にアイスランドで大昔の議会アルシングが創設されて以来、二三回噴火している。

ヘクラだけではない。アイスランドは十世紀以来、一世紀に四、五度の割合で大きな噴火に見舞われている。大規模な噴火では、大気中に大量の火山灰と煙霧質(エアロゾル)が放出され、日射を大きくさえぎるため、地球に届く熱量が激減する。アイスランドの火山の大噴火による灰は、ヨーロッパ各地に煙のように広がった。一七八三年から八五年のあいだに、噴火は無情にもアイスランドの人口の四分の一を死滅させ、草原を焼きつくしたため、牛も四分の三が餓死した。ベンジャミン・フランクリンは、たまたまこの時期にパリに滞在していた。夏のあいだずっとフランス全土に垂れこめた硫黄質の煙霧で目が痛む、と彼はこぼしている。その原因はアイスランドの火山噴火にちがいない――今日ではラーキ火山だったことがわかっている――と、いみじくもフランクリンは考えた。この火山から発生するガスがゆっくりとヨーロッパの東方へ、そして南東へと広がっていたの年来にない厳しい冬となった」

だ。フランクリンはこう明察した。「したがって、一七八三年から八四年の冬はここ何年来にない厳しい冬となった」

アイスランド最大の噴火が気候におよぼした影響も、一八一五年四月にタンボラ山が三ヵ月にわたって噴火したときとくらべれば、かすむだろう。氷河時代末期より、最大級のこの噴火では、スンバワ島にある火山の上部が一三〇〇メートル分も吹き飛ばされた。少なくとも一万二〇〇〇人が爆発で死亡し、さらに四万四〇〇〇人が近隣の島々に降った灰のせいで餓死した。空高く舞いあがった濃厚な噴煙は、日射の吸収を二〇パーセント以上も妨げた。一八一六年は、「夏が来ない年」としてたちまち記憶されるようになった。この夏の月ごとの気温は、平年より二・三度から四・六度は低かった。雹や暴風雨は生育途中の作物を傷めつけた。イギリス南東部では収穫のほとんどが、「すぐに使用することもできないほど、ずぶ濡れ状態だった」。寒い日がつづいたため、夏の休暇でジュネーヴに滞在していた詩人のパーシー・ビッシュ・シェリーと妻のメアリー、および詩人仲間のバイロン卿は、休暇中、室内にこもっていた。彼らはたがいに物語を聞かせ合って楽しみ、このときメアリーが創作したものは恐怖小説の古典『フランケンシュタイン』になった。

タンボラ山ほどの威力はなかったが、アイスランドの噴火もヨーロッパの気候に短期とはいえ深刻な影響をおよぼした。収穫を当てに暮らしていた自給農民にとっては、とりわけ大きな打撃だった。グリーンランドの氷床コアや放射性炭素年代測定、および泥炭湿地などの堆積物に見られる火山性テフラ（砕屑物）の薄い層にある特徴的な微量元素などをもとに火山が特定できるようになったおかげで、広範な影響をおよぼした大規模な噴火をときおり識別できるようになった。ヘクラの大噴火によって発生した特徴的な灰の層は、グリーンランドの氷冠から採取したＧＩＳＰ２氷床コアの、前一一五九年の部分から見つかる。スウェーデンの湿地で泥炭層を調べれば、このころが寒冷で湿潤な気候だったことがわかる。アイルランドの樹木年輪の変化を調べると、その年の付近は年輪幅がいちじるしく狭まっている。

火山活動の結果、たとえば五年にわたって冷夏がつづいたとしても、種まきと刈り入れのはてしない繰り返しがしばらく中断したにすぎず、それは自給農民の宿命だと片づける人もいるだろう。だが、五年という年月は、それを耐え忍ばなければならない人間にとっては長い歳月だ。どんな豊作の年でも、当時の人びとはつねにぎりぎりの生活を送っていたからだ。歴史家のヨハン・ホイジンガはかつて中世に関してこう述べた。「悲しみと喜びの違いも、幸運と不運の差も、われわれが感じるより大きかったようだ……冬の身を切るような寒さや陰鬱な暗さは、実際に悪いものとして感じられた」。彼の言葉は二五〇〇年前の農耕民には、さらに切実に当てはまる。当時は、ほとんどの共同体が最低限の生活を送っており、不作の年をどうにか乗り切ると、翌年にまく分の穀物しか残らなかったからだ。

恵まれた年でも、農民は絶えず冬の飢餓におびえながら暮らしていた。人びとを飢えさせるには、雨が多すぎるか少なすぎるか、あるいは秋や春に霜が降りるか、家畜の病気が流行して、繁殖用の家畜や役畜が大量死すれば事足りたのだ。昔ながらの親類縁者のつながりと、社会の相互援助、および減少しつつある野生の食用植物と狩りの獲物だけが、各家庭を飢えから救った。北部では飢えの脅威はつねに迫っていた。豊作の時代がつづいて農業の生産性が上がると、村の人口はそれに呼応して増え、拡大する共同体はさらに多くの林地と牧草地を確保するようになった。人はつねに自給農業の規模を過小評価している。拡大しつづける村の農民は、必然的により多くの土地を手に入れるようになり、優良地が耕作地に変わると、彼らはさらに周辺部の土地にも目を向けた。その多くは浸食されやすい斜面の土地だった。人口の増加と豊作、および土地の環境収容力のあいだには、目に見えない微妙な均衡関係が保たれている。人はほぼいつの時代も、限界近くまで土地を耕作し、ときには限界を超えてしまうこともある。冬になればしばしば、村人は飢え、死人がでた。

飢えと栄養不良は、青銅器時代の暮らしでは切実な問題だった。アルプスの山中で殺された前三一〇〇年の凍結死体、有名な「アイスマン」のエッツィの骨からは、九歳、十五歳、および十六歳時に明らかに栄養不良状態だったことを示す「ハリス線」が見つかっている。エッツィには成長阻害も見られた。これもやはり食事に苦労した証拠だ。彼の経験はおそらく典型的なものだったろう。飢えと飽食の差は紙一重であり、その境目は容易に越えうるものだったのだ。

したがって、前一一五九年のヘクラの噴火は凶作を招き、北ヨーロッパの広域に飢えを蔓延(まんえん)させた原因なのかもしれない。

牧畜民の生活

だが、寒冷化は火山活動とは無関係につづいていた。北部の農民は寒さに強い作物を育て、多角化をはかって牛の牧畜に力を入れることによって、それに対応した。牛は単に肉と皮、角、骨を提供するだけではない。牛は生きているときも価値があり、繁殖させればつねに若いオスの余剰も生まれる。経済が多様化し、富や名声にたいする欲が生じてくると、牛は政治・社会的生活における貨幣となった。今日のアフリカの牛牧畜民と同様、古代ヨーロッパの農耕民も恵まれた年には家畜を増やし、それが冬期中の死や干ばつの年にたいする保険になるだろうと考えた。牧畜民は親戚(しんせき)のあいだで家畜を分散させ、感染症の危険を最小限にとどめた。毎年、移動と放牧が一定のパターンで慎重に繰り返され、そのためには広大な土地が必要になり、以前よりもはるかに計画的な土地利用が求められた。

冷夏がつづいたうえに農地が拡大し、さらに大規模な牧畜と人口増加が重なると、土地をより経済的に利用し、農業活動ごとに入念に使い分ける必要が生じた。前一三〇〇年以降になると、農耕民は各地で単純な犂刀(りとう)を使って境界線を示す溝を掘り、土手を築くようになり、あたり一帯の土地を分割して密接にかかわり合った農地制度をつくりあげた。同時に、耕作も牧畜もこれまで開拓されていなかった土地や高台まで拡大された。

青銅器時代のこうした土地制度の名残は、のちの時代の農業や二十世紀の産業を前にして姿を消した。広大な農地制度のうち、今日もなお残っていて、考古学調査の行なえる場所はわずかしかない。そうした一つがイギリス南西部のダートムーアにある吹きさらしのショー・ムーア高原にある。ここには一連の低い石垣があり、その一部はダートムーア一帯を含む先史時代の広大な土地の境界線につながっており、それ以外のものは小さい牧草地を囲っていた。ある溝からは、羊と牛の蹄の跡が見つかっている。

一二〇〇年以上にわたり、牧畜民はダートムーアの農地制度を利用して暮らし、耕作地のそばの小さい石造りの小屋で何週間も、何ヵ月も生活をした。彼らの放牧活動はこの土地を荒廃させた。この一帯はもともとハンノキやハシバミの茂みが混在し、高台は酸性の草地になっていた。一〇世紀にわたって牧畜が行なわれたあと、この土地は過度の放牧で滋養がなくなり、荒地となった。前八〇〇年ごろ、ヨーロッパの気候は急に寒冷化し、かなり湿潤になった。牧畜民は移動し、戻ってはこなかった。このころには、北部の大陸気候帯と地中海地域を分割している移行帯はずっと南へ移動し、北アフリカ上にあった。その後五世紀にわたって、現在のフランス全土とドイツ南部はきわめて不順な気候状況になり、冬は寒さが厳しく、湿った海洋性の気候と乾燥した大陸性の気候が入り交じった地域になった。

太陽と気候の変化

北欧伝説にある「フィンブルの冬」は、太陽も月も星も狼(おおかみ)によってのみこまれる伝説上の季節だ。もしかしたら、こうした話は気候が悪化した時代の民衆の記憶なのかもしれない。

急激な寒さは、前八五〇年に広範な地域を同時に襲い、それと同時に太陽の黒点活動が急に弱まり、宇宙線の流入が増えて、大気中の炭素14の生成量が大幅に増加した。こうした変化はいずれも、太陽の活動が減少したことを示している。太陽は数世紀間、文字どおり輝きを失っていたのだ。太陽活動の衰退は、高緯度および中緯度が冷涼かつ湿潤な気候に変わった背景で進行していたメカニズムだったようである。興味深いことに、同様の太陽活動の減少と炭素14の増加は、ずっとのちの小氷河時代のさなか、西暦一六四五年から一七一〇年のいわゆるマウンダー極小期にも同時に起こっている。

前八五〇年に起こったような気候の急変と太陽活動とのあいだになんらかの関係があるかどうかは定かでないが、過去一〇〇〇年間に地球の気温が大きく変わった時代と、樹木年輪に見られる炭素14レベルの大きな変化がほぼ同時に起こっているのは確かだ。このことは長期にわたる太陽放射の変化が、何千年ものあいだ地球の気候に深刻な影響をおよぼしてきたことを示唆する。

ケルト人にとっては幸いなことに、彼らの農耕方法や牛牧畜の慣習はきわめて柔軟性に富み、不安定な気候にも充分に適していた。急激な寒冷化の結果、人間の定住地に生じた主要な変化に関しては、まだその一部が解明されはじめたにすぎない。ブリテン島の高地では、人びとが標高の高い地域から撤退した。花粉ダイアグラムから、森林地帯が草原に変わるにつれて、植生に大きな変化が見られたことも判明している。だがこうした変化は、冷涼な気候によるだけでなく、それと同じくらい、森林が急速に伐採され、牧畜がさかんになったためでもあった。

北海沿岸低地帯では、降水量の増加から地下水面が上昇して染みだしが増え、それによって地下水を通じた鉄の移動が促進された。その結果、あちこちの湿地や湖で鉄鉱石が急速に形成され、鉄器をつくるための原料がより容易に手に入るようになった。数世代前までは、鉄鉱石はおもに鉱山から掘りだされていた。鉄器づくりは村の工芸となり、鉄の刃のついた耕作用具は幅広く利用され、経済を大きく発展させた。

多くの地域では、気温の低下と降水量の増加は新たな農耕方法とあいまって、農業の生産性を促進する効果があった。とりわけ鋤と鉄器の利用は大きな影響をもたらした。土地が囲い込まれ、森林がもはや恒久的に再生されなくなると、良質の土壌の環境収容力は急速に上昇した。ローマ人がガリアと呼んだ地方の大半と、ブリテン島南部が、このころには耕作地と化していた。この地を訪れた人びとは、耕作地ばかりがつづく景観について書いた。前五五年にブリテン島南部を訪れたユリウス・カエサルは、人口は「きわめて多く、家屋敷がびっしりと建ち並んでいる」、と記した。テムズ川やセヴァーン川などの、水はけのいい川砂利や氾濫原には、大勢の人が住む定住地が密集していた。ローマ人は土着の人びとの基本的な土地利用形態にとくに干渉はしなかった。例外は、北方の地で、ハドリアヌスの長城を建設するために大量のオーク材が消費されたさいに、大規模な森林伐採が行なわれたことだけだ。西暦一〇八六年にウィリアム征服王の命で作成されたドゥームズデイ・ブックには、森林地と非森林地の分布状況、およびほとんどの地所と小教区の区分けが記録されている。こうした利用形態は当時すでに少なくとも一〇〇〇年間は確立していたものであり、ことによるとそれ以上昔からかもしれない。ブリテン島はヨーロッパの移行帯の変わりやすい境界線の北に位置しており、長期にわたって同じような農耕生活がつづいていた。

農耕と戦争

鉄とともに新しい社会秩序も生まれた。それはもはや平等主義ではなく、もっと階級性の強いものになり、忠誠をつくす行為は部族的なものですらあった。土地の人口が増え、境界線が明確に引かれるにつれ、より多くの武器が登場したことがわかっている。剣と盾、青銅の兜のほか、鎧までがこのころ出現した。襲撃と戦争は当時、日々の生活の一部と化していた。場所によっては、戦争は慢性化し、族長たちは丘の上や湖の岬、および湖のなかの島にも、要塞化した強固な居住地を建設するようになった。前六〇〇年になると、ヨーロッパの温帯地域は、丘の上に砦が点在する土地になった。その多くは自給自足の共同体のものだった。

これらの丘の上の砦が環境におよぼしたツケがいかに大きなものか、私はポーランドのビスクピンにある要塞化された村の再建現場を訪れたとき、まざまざと感じた。そこは湖のなかに延びた半島につくられた広さ二ヘクタールの居住地で、周囲は砂と土を詰めた木製の塁壁で囲まれていた。水浸しの土壌のなかは保存状態がきわめて良好で、木製や骨製の多数の人工遺物だけでなく、織物の断片まで残っており、とがり杭や家屋に使われた木材も保存されていた。村の大きさからして、これだけの規模の要塞をつくったのは外部からの脅威に強迫観念をいだいていたとしか考えられない。まさに要塞心理である。入口は南西側に一ヵ所しかなく、監視塔と二重の門を備えており、一方、塁壁の内側にはぐるりと道路が通っていて、丸太を横に並べた一一本以上の通りからなる一つの地区を囲っている。通り沿いには、丸太を横に積み重ね、木釘で補強して建てられた家が一〇〇軒以上並んでいた。各戸は人間と家畜がともに暮らせるほどの大きさがある。

ビスクピンはこのあたり一帯のオークの木を使いつくした。当初の居住地はほぼ完全にオーク材だけで建設されていた。前四五〇年には、オークの森が丸裸になったため、住民は松材で住宅をつくった。ビスクピンでは、それぞれの建設時期に八〇〇〇立方メートル以上の材木が使用されており、周囲の環境はきわめて大きな影響をこうむった。そのうえさらに、住民は薪を必要とした。二五〇〇年前のヨーロッパで、急速に拡大する農耕と、部族間の強欲な争いゆえに、どれだけ短期間に森林地が失われたのか、私はここへきてようやく理解しはじめていた。

この時代は緊張が高まり、戦争が頻発するようになった時代であり、そのため数世紀にわたってとりつかれたように要塞化が進んでいた。各要塞は自給自足の経済制度の中心地であり、自給農業を営んで周期的に訪れる食糧不足に備え、大量の余剰食糧を獲得および保存することで成り立っていた。高級な贈り物も確かに交換されていたが、人びとの暮らしは長距離の交易を中心にめぐっていたわけではなく、むしろ、農耕と戦争、そして牛の牧畜がその中心にあった。

なぜこのように急激に農耕生活の進路が変わったのだろう？　なぜ突如として、戦争が舞台の中央に押しあげられたのか？　思うに、新しい思想と自給農業の過酷な現実が合わさったためではないだろうか。

限定された境界線内で食糧不足に遭遇したら、人はどうするだろう？　自給農民であれば、領域内で狩りをし、食べられる植物を採って食いつなぐだろう。多くの土地が耕作され、放牧に使用されるようになり、そういったものが不足しはじめれば、人びとは移動しようとする。ところが、前四〇〇年にもなると、世界の多くの場所で移動という選択肢はなくなっていた。となれば飢えを防ぐには、隣人の穀物と家畜を頂戴（ちょうだい）するしかない。人口が増えつづけ、食糧不足が慢性化すれば、散発的な襲撃が日常化した戦争にまで発展するのはわずかな道のりだ。当然のことながら、社会の価値観は根本的に変わった。このころには戦争至上主義と個人の武勇が前面に打ちだされた。こうした風潮が生まれたのは、身近な場所で政治・社会的状況が変わったためだけでなく、はるか東の大草原で干ばつが起きたためでもあった。そこでは再び、大昔から砂漠がはたしてきたポンプ効果が発揮されていた。

ヨーロッパの東端から中央アジアを越えてはるか彼方（かなた）まで広がるステップの南には砂漠があり、北には北方林が広がっていた。その境界線は氷河時代からつねに変動しつづけ、何千年ものあいだに降雨パターンが変わるたびに南北へ拡大したり縮小したりしてきた。二万年前のサハラ砂漠やユーラシアのステップ・ツンドラと同様、この時代のステップもポンプの役目をはたし、降水量の多い時代には遊牧民を吸い込み、干ばつがやってくると彼らを周辺地や近隣の土地へ押しだした。前九世紀には、ステップは急激に気温が下がり、乾燥しだした。干ばつは長年つづいてきた羊や牛の群れの季節ごとの移動に大混乱を引き起こした。

最初に被害を受けたのはモンゴルのステップだったようだ。湿潤な時代には、ここは牧畜民にとってすばらしいオアシスだった。家畜の群れは増大し、人口も増えた。やがて干ばつが訪れるようになり、遊牧民は別の場所へ移動し、定住地を侵略せざるをえなくなった。前八世紀には、ステップの干ばつを受けて、遊牧民が中国へなだれこんだ。撃退された彼らは人口移動のドミノ効果を引き起こし、その結果、ドナウ盆地とケルトの世界の東端に馬を使う遊牧民がやってきた。

馬はヨーロッパで大歓迎された。新しい思想と芸術様式も複雑に絡み合いながら同様に流行し、まもなくヨーロッパ中部をブルゴーニュからボヘミアまで結びつけた。数世代もすると、北部の農村地帯は強大な族長の率いる騎馬の貴族社会が支配するようになった。このころようやく、ケルト社会の片鱗（へんりん）がローマの書物のなかにかいま見られるようになる――好戦的な族長が、血縁関係や名声、武勇を軸に忠実な従者の一団を率いている社会として。彼らはたびたび祝宴を開き、贈り物を交換し、人前でこれ見よがしの行動をとって権力を誇示した。消費に次ぐ消費の悪循環であるこの文化は、西ヨーロッパ、ブリテン島南部、アイルランド一帯に広まった。その特徴は、きらびやかな金属細工と生き生きとした芸術、そして人口の急増に見ることができる。

ケルトの祝宴は、蛮勇がものを言う不安定な世界において社会の均衡を保つのに役立った。ギリシャの著述家ポシドニウスは前一世紀にガリアへ旅をし、大盤振る舞いで知られたケルト人の祝宴に呼ばれた。ポシドニウスによれば、「後半身が運ばれてくると、最も勇敢な英雄が腿（もも）の部分をとり、そこで誰（だれ）かがその肉は自分のものだと主張すれば、彼らは立ちあがり、死ぬまで決闘し合うのだった」。ケルトの族長は吟遊詩人を優遇し、勇敢な行為の伝説や物語を広めさせた。彼らは「歌のなかで賛辞を伝える」詩人だった。充分な報酬を受けた彼らは、雇い主の族長をたたえる歌をうたった。チップをはずまれたある吟遊詩人はルエルニウス族長についてこう歌った。「彼の戦車が地面に残した轍（わだち）ですら、人びとに金や贈り物を授けた」

彼らの世界は伝説的な英雄と戦士の世界であり、その価値観は、何世紀も昔にはるか東方で起こった気候の変化の影響をいくらか受けていた。ヨーロッパはちょっとした驚異の地から、不安に満ちた大陸に変わり、谷間の人口が増えすぎ耕作地が不足するにつれて、部族の移動が絶えない土地となった。こうした動きは、前四世紀のケルト民族の大移動で頂点に達し、それはヨーロッパの歴史の進路を変えるものとなった。

ケルト人との交流

北部のきらびやかなケルト族は、急速に変わりつつある地中海世界の辺境地域にとどまっていたが、彼らの指導者は地中海の贅沢品（ぜいたくひん）に飢えていた。大移動が始まる二世紀前、マッシリア（今日のマルセイユ）からきたギリシャの商人が、アンフォラ壺（つぼ）に入れた赤ワインと上等な酒杯を積んでローヌ川とソーヌ川の流域を抜け、ヨーロッパの中心部まで旅をした。彼らを迎えた族長たちは、ワインを大歓迎した。祝宴は豪華な混酒器（クラテル）でワインと水を混ぜ、南方からの上等な酒杯で飲む手の込んだ儀式になった。そこでは酩酊（めいてい）することが威信と社会的卓越性のしるしとされた。ワインに関連した工芸品はきわめて重要な儀式用の贈り物となり、族長が近隣の弱い部族に自らの権力を誇示するための手段となった。族長が死去すると、酒杯やクラテルとともに葬られ、金で装飾した葬儀用の車の上に美装を凝らして寝かせられ、ときには鉄の薄板金でおおって埋葬された。すべてのものが個人の威信を高めるためのものであり、家同士は贈り物の交換によって結ばれ、従者は世代ごとに代わった。異国からのワインの供給がつづくかぎり、微妙な力の均衡状態はそのまま保たれた。冒険心のあるエトルリアの商人がギリシャの通商路を迂回して、マルヌやモーゼルなど北部のケルト指導者と直接取引するようになると、政治的な中心地は北部へと移っていった。そこでは人口が急速に伸び、不安定な収穫が多くの集団を脅かしていた。

前五世紀の中ごろには、北ヨーロッパの部族間の政治情勢は爆発寸前になった。農業の生産性は大いに高まっていた。領土の境界は厳重に管理され、耕作地がひしめき合う農地制度と、要塞化した村と、絶え間ない紛争の世界のなかで、諸部族はそれまで以上に接近して暮らすようになった。族長同士はモノポリーのゲームのように、相手を出し抜こうと張り合った。大西洋からライン川まで、部族間の争いは燃えあがっては沈静化し、血気にはやる若者がそのなかで捨て駒となった。このころには征服や武勇、戦争といった価値観が深く浸透していたが、その一方で近隣部族に封じ込められた共同体は、深刻な環境ストレスに悩まされていた。以前なら、農耕民は開拓されていない土地へ移動しただろう。もはや彼らの指導者にできることと言えば、若者を外の世界へ送りだし、新しい祖国を探させることだけだった。四世紀後に、ケルト生まれのローマの著述家ポンペイウス・トログスが、大移動について書き、ガリア人は自らの土地に収まりきれなくなったと記した。新しい祖国を求めて三〇万人もの戦士がでかけたと言われている。歴史家のティトゥス・リウィウスによると、マルヌやモーゼル付近にいたビトゥリージュ族が当時ケルトで最も有力な部族だった。農耕民として大いに成功していた彼らのあいだでは、人口が爆発し、暇をもてあました落ち着きのない若者が法や秩序を脅かすようになっていた。族長のアンビガトゥスは「自らの王国からわずらわしい連中を厄介払いしたいと考え」、親族のなかから二人を選び、それぞれに移住者の集団を率いさせ、一人は東方へ、もう一人は南のイタリアへと向かわせた。何千人もの若者が農地を求め、略奪行為をはたらきながらヨーロッパを横断した。年老いた者や奴隷、女性や子供が故郷に残って土地を耕し、家畜の世話をしているあいだに、戦士たちは自由に流浪し、祝宴で地位や戦争での手柄をたたえ合いながら、秩序を保った。彼らの蛮勇ぶりは伝説的なものになった。ギリシャの地理学者ストラボンはこう記している。「民族全体が恐ろしく戦争好きで、威勢がよく、すぐに戦いを始める」

北方の部族は、前四世紀末になると波になって南へ押し寄せた。このころには家族全員がポー川の南へ移住し、あちこちに小さい共同体を築いていた。前三九〇年ごろ、ローマが近隣のエトルリア人を征服しているあいだに、ケルトの戦士集団はアペニン山脈を抜けて南進し、ローマの市門まで迫ってきた。戦士らはローマ市の大半を焼き、略奪のかぎりをつくしたが、首都は七ヵ月間もちこたえ、やがてケルト族は移動していった。この侵略は何世紀ものあいだローマ人の記憶に残った。

ケルト族はイタリアにとどまるかと思われたが、気候変動の容赦ない力が彼らに不利にはたらいた。前三〇〇年には、大陸性と地中海性の気候帯の境目である移行帯は北へと移動しており、少なくとも現代のブルゴーニュあたりまで北上していた。この変化によって、ケルト族が支配する領域の南部まで地中海性の気候が広がり、暖かく乾燥した夏と、湿潤な冬が訪れるようになった。ローマの農業は、都市の大量の人口のために、小麦やキビなど少数の穀物を大量に生産する方法にもとづいており、雨の少ない南ヨーロッパの環境にはるかに適していた。移行帯が急に北へ移動すると、ローマは急速に勢力を増した。前二世紀半ばには、それまでギリシャの植民地の支配下にあった西地中海の海運業を、ローマが占有するようになった。ローマは、もう一つの海運ライバル国である北アフリカのカルタゴを征服し、その過程で強大な帝国にのしあがっていった。ローマの本国と南ヨーロッパが気候に恵まれていたことが、当時、彼らに有利にはたらいていた。ローマの平和（パックス・ロマーナ）は、北へと移動する移行帯のあとにつづいて、じりじりとケルトの土地にも浸透していった。前二世紀半ばには、現在のフランス南部にあったケルトの土地は、ローマの属州になっていた。

それでも、ケルト族の存在はローマ人の意識のなかに、北方の野蛮人にたいする深い恐怖心をかきたてた。こうした懸念は前二世紀末になると何倍にも膨れあがった。前一一三年に、北方の部族の連合が北海沿岸から南および東へと移動してきた。初めドナウ川に達した彼らは、さらにイタリアまであと数日の行程というところまでやってきた。幸い、この集団は西のガリアへ移動し、南に向かってくることはなかったが、彼らの略奪行為が食い止められたのは、前一〇二年に現在のエクサン・プロヴァンスの近くでテウトネス族にローマ軍が勝利してからのことだった。

拡大をつづける帝国の辺境近くに暮らすガリアの部族は、ローマの影響を強く受けるようになった。政治的な情勢も変わった。前二世紀の後半には、フランス西部からセルビアにいたるまで、ヨーロッパのあちこちに防御を固めたケルト族の大型定住地が出現した。家と作業場が所狭しと並ぶ周囲には、頑丈な土塁と柵が張りめぐらされていた。ガラスのビーズや、ろくろを使った陶器、鉄製品などは産業と言えるほどの規模に近いものだった。これらのオッピダ（ラテン語で「町」の意味）は、それ以前の移住者集団を安定した状態にまとめ、穀物の余剰にたいする中央集権的な管理を確立した。

前五九年、ガリアで不穏な状況がつづいたことから、ユリウス・カエサルはローマ人がケルト族にいだいていた深い恐怖心を利用する機会を得た。彼はゲルマン民族の南方への進出に対抗する軍の指揮を任された――あるいは一任してくれるよう主張した。前五一年、ガリアを征服し終えたカエサルは、海を越えてしばらくブリテン島に滞在し、それからライン川に沿ってドイツへと向かった。ガリアを征服されたこととその余波でケルト人の社会は根底から崩れた。ローマ人がこの新たな属州を再編成する必要を感じたのは数世代後のことだった。再編成が進んだこの時代には、地中海性の温暖な気候が広がっていたため、帝国の理想に合わせて再建された属州では、ローマ式の農業が大いに発展した。

五世紀間に、西ヨーロッパにおけるローマの支配地域はブリテン島の奥地まで拡大され、スカンディナヴィアの辺境、そしてライン川にも達していた。

移動しつづける移行帯

温暖な気候はローマ帝国の全盛期を通じてつづいた。地中海気候帯の北端は、このころにはかなり北方に位置していた。おかげで、ローマの駐屯地や都市を養うための穀類の生育期間は長くなり、新たにこの地へやってきた部族も大いにその恩恵にあずかった。ガリア北部のローマ化とは、何にも増して、農業に新しい方向づけをし、単に生活するためのものだった農業を、駐屯軍と都心の双方をまかなえるほど大規模な生産に変えたことだった。農民はまた、自分たちで必要とする以上の食糧を生産し、納税義務をはたさなければならなかった。農産物は換金商品となった。ケルト時代には土地は共同所有され、毎年、再配分されるものだったが、このころには私有地制度がそれに取って代わった。

だが、ケルト人はローマの効率的な戦争マシンに抵抗しうるほど充分な専門知識を吸収することはできなかった。また、政治機構を開発して広大な領土を征服し、植民することもなかった。徹底した個人主義で好戦的なケルト族は、派閥主義と内輪もめで分裂していた。彼らの文化は口承文化であり、文字に書きとめておくことは好まれていなかったので、ケルト人がローマの慣習にどこまで抵抗したのか確かめることはできない。

ただし、ガリア北部とブリテン島が完全に平定されることはなかった。大陸気候帯に位置する辺境の地で暮らしていた部族はつねに境界域をうろつき、相手が隙を見せればすかさず飛びかかり、弱みに付け込もうと身構えていた。それでも、ローマには有利な点が三つあった。よく組織された軍隊、道路と航路によるみごとな基盤、および領土全域をきちんと組織化し、軍隊と都市の住民を養っていた農業生産である。エジプトや北アフリカなどのすべての属州がローマの大衆の食糧を供給していた。要するに、すべてが大量の余剰穀物を生産するローマの能力に依存していたのだ。

ローマ帝国はかつてないほど大規模で複雑な組織だった。経済組織としては、ローマはこれまでになく統合された強力なやり方で富を築いていた。領土のいたるところで汚職がはびこり、政略が弄されていたが、ローマの皇帝は一般に、武力と効率的な行政機関、および厳格な法の支配によって、よく管理された帝国を支配していた。帝国はケルトの襲撃や、頻発する反乱にさらされており、中心部を守るために周辺部が犠牲になることもときおりあった。だが、壮大な国家と広大な領地の陰に、気候にたいして驚くほど脆弱な一面があった。政治的な安定も、辺境の地の管理も、最終的には地中海気候帯における穀物の生育期間がどれだけあるかにかかっていた。温暖な気候型がはるか北方まで広がっているかぎり、食糧はそれなりに安定供給され、ローマの支配は健全な経済基盤にもとづいていた。組織だっていない文明ならば被害をだしたような気候ストレスも、ローマ帝国ならくぐり抜けることができた。通常の寒波や干ばつであれば、ほとんど影響はなかった。大規模なＥＮＳＯ現象でも同様だった。だが、ヨーロッパの気候帯の大変動と、それにともなう気温と降水量の変化は、ローマの支配を根底から揺るがした。北部での生育期間が短くなり、不作の年がつづけば、ガリアと西部の治安が危うくなった。

紀元三世紀はローマ世界の各地で危機が勃発（ぼっぱつ）した時代だった。ヨーロッパにおける激しい政治闘争、ローマの中央集権的な権力の衰退、および政治と外交問題における軍部の役割の増強といったものが、いずれも帝国を苦境におとしいれた。ゲルマン民族は東部の辺境に迫っており、ときには境界線を越えてくることもあった。何世代にもわたる侵略は、その多くが平和的なものであり、ローマの属州とゲルマンの文化を複雑に結びつけることになった。だが、五世紀になると、西ローマ帝国は深刻な問題をかかえるようになった。ゲルマン民族もこの時代になると隣国から学び、しっかりと組織されていた。折しも気候が変わり、地中海気候帯が大きく南へと後退したころ、フランク族とゴート族がガリア各地を侵略した。西暦五〇〇年には、西ヨーロッパ一帯が冷涼で湿潤な気候に変わっており、ガリアのほぼ全域で穀物の大規模な栽培は、どんなかたちにせよ困難になっていた。大陸気候帯と地中海気候帯の境界は、再び北アフリカ上に位置するようになった。西暦八二九年の冬には、ナイル川に氷すら張った。

ローマの勢力が衰えるにつれて何が起きたかについて、学者の見解は一致しない。ある学派は、農業が混乱状態におちいったのだと考える。都市の市場と軍隊は消滅し、農地は作物もなく荒れはて、困窮した農民は自給農業に逆戻りした、というものだ。別の学派は、大変動は起こらず同じ状況がつづいたと考え、ただより自給自足の生活に戻っただけだ、と主張する。たとえばイングランドでは、ローマ時代のあと糧食を供給すべき軍隊も都市の人口もなくなったため、農業はさほど集約的ではなくなった。農民はローマ以前の土地利用形態に逆戻りするにつれ、粘土質の重い土よりも軽い土を耕作することが多くなった。同時に、西ヨーロッパ各地で牛の肩高が低くなった。これはおそらく交雑育種するローマの慣習が廃れたからだろう。重い粘土質の土壌を耕作する集約農業は、八世紀まで再開しなかった。そのころになると町が重要性をおび、修道院が大規模な農業生産の再編成を監督するようになり、こうした共同体の食糧は、実際、それによってまかなわれるようになった。

ローマのガリア地方は確固とした農業基盤もなく弱体化し、侵略に抵抗できる望みはなかった。穀物で忠誠心を買えなくなったこの時代にはなおさらだ。ローマが崩壊すると、西ヨーロッパはたちまち軍閥が台頭し、部族同士が激しく争う土地になった。ケルトの指導層とキリスト教会は、ラテン語をはじめ、彼らにとって重要なローマ文化の要素は維持した。キリスト教は四世紀と五世紀にローマ化したガリア地方に広まったが、それはまだ、ケルトのドルイド教や、のちのイスラム教を含め、ヨーロッパで競い合う多数の宗教の一つにすぎなかった。五世紀の初め、ローマの支配下にあったブリテン島で、パトリキウスという少年が海賊に囚われ、奴隷としてアイルランドに送られた。後年、彼は布教のためにアイルランドに戻り、司教となって、西暦四三二年にこの国をキリスト教に改宗させた〔アイルランドの守護聖人、聖パトリック〕。ヨーロッパの他の国々が混乱と戦争に巻き込まれるなかで、アイルランドは黄金時代とも呼ばれる時代を謳歌した。キリスト教が「暗闇を衝いて明るく燃えた」時代、とウィンストン・チャーチルはそれを言いあらわした。最終的に、キリスト教はブリテン島とフランス全土に確実に定着し、古代の戦士崇拝は消滅した。

世界各地の大干ばつ

六世紀の移行帯の変動は、自然の大災害と時を同じくして起こったものだった。西暦五三五年、おそらくは巨大な火山の噴火によって、有史以来、最も濃厚かつ執拗な乾いた霧がヨーロッパや南西アジア、および中国にまで立ちこめた。前の年の豊富な余剰分を消費しつくしたあとには、広範囲にわたって飢饉や食糧不足、腺ペストがつづいた。歴史家のプロコピウスはカルタゴでこう書いた。「太陽はこの年ずっと、明るさを欠いた月のごとき光を放った。その様子はまるで日食の太陽のようだった。太陽からの光はぼんやりとしており、これまでのように降り注ぐこともなかった」。メソポタミアでは雪が降った。イタリア全土でもイラク南部でも作物は実らなかった。ブリテン島は一世紀ぶりの悪天候に見舞われた。中国では大干ばつになって、「雪のように黄砂が降り」、翌年の八月には雪が降って作物が台無しになった。スカンディナヴィアと西ヨーロッパの樹木年輪は、五三六年から五四五年のあいだに木の生長が突如として遅くなったことを示している。干ばつの痕跡は五三六年および五四二年から五四三年にかけて、北アメリカ西部で顕著に見られる。アンデス山脈からの氷冠コアを調べると、ペルー北部の海岸沿いに栄えたモチェ文明も深刻な乾燥状態に見舞われたことがわかる。

五三五年から五三六年に起きた現象は、過去二〇〇〇年間で気候が最も唐突に変動した事件であり、一八一五年のタンボラ山の噴火よりも大規模な火山の大爆発が起きたせいだと考えられている。

グリーンランドと南極の氷床コアはいずれも、紀元六世紀に火山性の硫酸の層が堆積したことを記録しており、これがおそらく数年間はつづいた現象だったことを示している。しかし、硫黄成分を大量に含む層は、樹木年輪ほど正確な年代を示すものではない。硫酸は何百万トンもの細かい火山灰を大気中に放出する火山の大爆発――ヘクラ山やタンボラ山のように――から発生したかもしれないし、一部の科学者が考えるように、彗星が世界の大洋のどれかに命中したせいかもしれず、地球が星間塵の雲を通過した可能性すらある。最近の科学界は大爆発説を支持しているが、いまのところ誰もその発生源を突き止めることに成功してはいない。一つの候補はメキシコのチアパス州にあるエル・チチョン山だ。もう一つ考えうる候補は、太平洋から東南アジアにかけて、サモア島からスマトラ島まで長く鎖状につづく火山群のいずれかだろう。

急激な寒さの原因がなんであれ、ヨーロッパとユーラシアではほとんどの地域で、木の生長が急激に遅くなったことを示す幅広い証拠が見つかっている。低温になると同時に、グリーンランド以北の上空は高気圧でおおわれ、大西洋中部のアゾレス諸島の上には低気圧が居座る時代になった。偏西風は弱まり、ヨーロッパ一帯が乾燥した厳しい気候になった。それにつづいて広い地域が干ばつになり、ユーラシアの奥地にも広がった。

西暦五三六年から五三八年にかけて大干ばつは中国北部も襲い、さらにモンゴルとシベリアにまで拡大した。この地域の樹木年輪は、この時期の寒さが過去一五〇〇年間で稀に見るものだったことを示している。ステップの植生は短根で乾燥化にはきわめて弱い。干ばつはステップも襲った。ステップの遊牧民とその馬たちは、過去にたびたび大被害を受けたように、このときも悲惨な状況になった。アヴァールの遊牧民は西方のヨーロッパへ移動し、カスピ海の北岸をまわって、カフカス山脈の北にある肥沃な草原に向かった。最終的に、彼らは現在のハンガリーまで戦いながら進み、新しい帝国を建国した。西はドイツまで、東はヴォルガ川まで広がり、バルト海から、東ローマ帝国のバルカン半島の辺境にまでいたる大帝国だった。

アヴァール人の移動を引き起こしたこの干ばつは、ローマの属州のブルガリアとスキタイにも深刻な被害をおよぼした。飢饉はポーランドとウクライナ西部にいたスラヴ系の農民にも広がった。これらの農民はすぐさま隣国のローマを襲撃するという行動にでた。その後、スラヴ人の侵略は頻繁につづいた。アヴァール人はローマの領土を侵害しはじめ、スラヴ人や他民族と同盟を築き、しばしば同盟国にも攻撃を仕掛けた。五七〇年代にはアヴァール帝国はバルト海からウクライナまで二五〇万平方キロを制するようになった。それぞれの土地の支配者は、帝国を襲撃しないことを条件に、「平和の支払い」をすることで生き延びた。状況はさらに悪化した。保護料として多額の金を搾り取られたうえ、たび重なるペストの流行に苦しみ、絶え間ない戦争に悩まされたアヴァール帝国は、窮境におちいった。税基盤となっていた市民の数は、スラヴまたはアヴァール側の土地占領とペストによって六〇パーセントに落ち込んだ。八一三年ごろ書かれた『テオファネス年代記』によると、「野蛮人がヨーロッパを砂漠に変え、一方、ペルシャ人はアジア全域で略奪のかぎりをつくし、都市を丸ごと占領したり、ローマ軍を全滅させたりすることもしばしばだった」。

ヨーロッパの反対側でも、とくに五三五年から五五五年にかけて、寒さがいちじるしく厳しい時代となり、それと同時にペストが大流行した。アイルランドでは五三八年に「パンが欠如」した。五五四年には、「氷と雪に閉ざされた厳しい冬となったため、鳥も野生動物もすっかり弱り、素手でも捕まえられるようになった」。ウェールズとの境界近くにあったローマの都市ロクセターは、全長三キロメートルにおよぶ土塁ととがり杭の柵で防御された七九ヘクタールの土地だったが、この時代にわずか一〇ヘクタールに縮小した。新しい町では、かつて誰の土地だったかもお構いなしに、家が建てられた。

六世紀の混乱状態が、中世ヨーロッパの基礎の多くを築いた。それから三世紀後、中世はキリスト教の信仰によってのみ結びついた軍閥と、封建国家の寄せ集めのなかで最盛期を迎えた。こうして、数多くの征服や冒険が試みられたが、ヨーロッパはそれでも

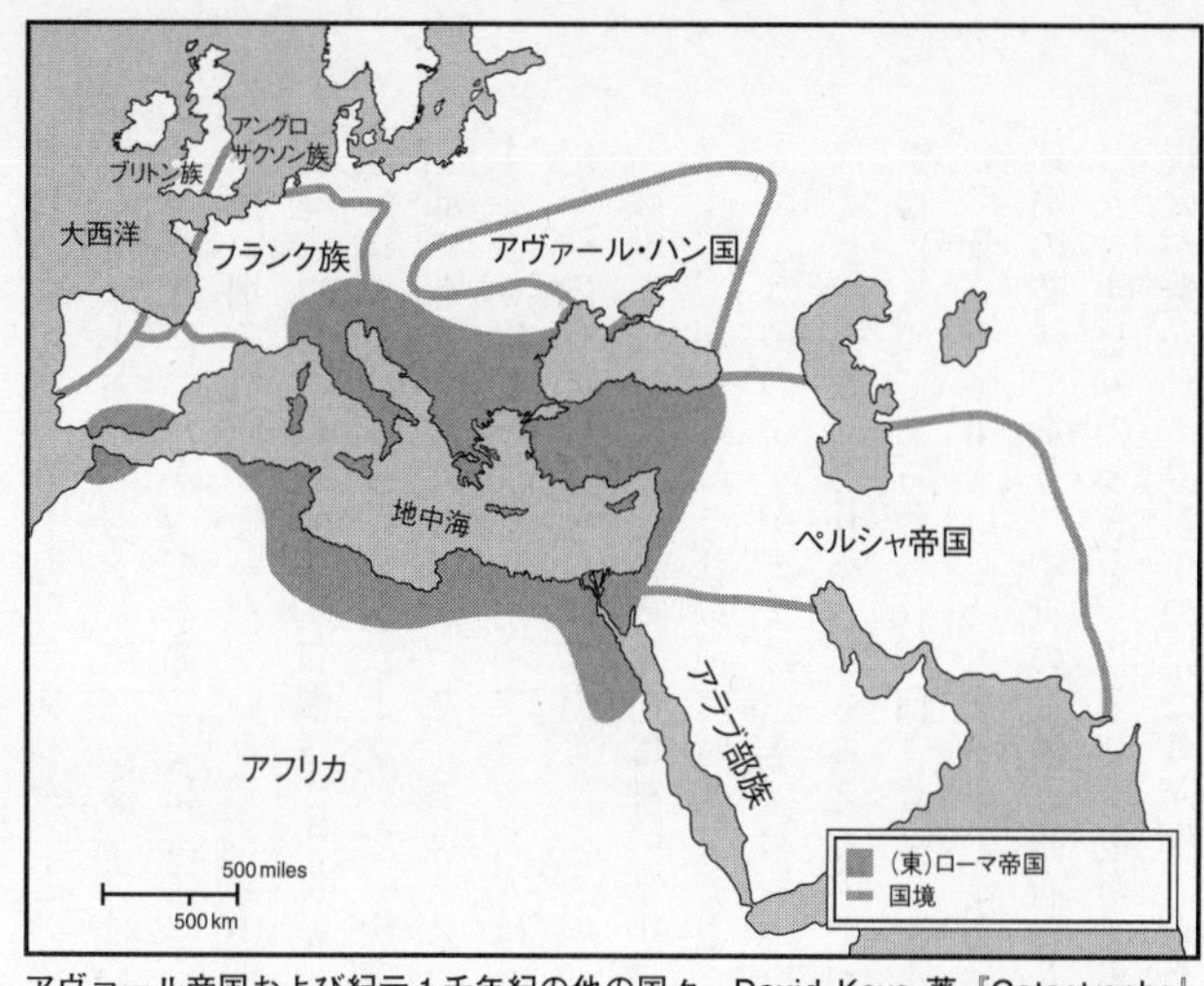

アヴァール帝国および紀元１千年紀の他の国々。David Keys 著『Catastrophe』Century Books 刊より。The Random House Group Ltd. の許可を得て掲載

農民の大陸だった。洪水や干ばつ、厳冬による猛威は、君主や貴族から職人や小作農にいたるまで、あらゆる人の経済運に影響をおよぼした。雨の多い春や冷夏が何年もつづき、大西洋からの冬の嵐（あらし）が立てつづけに襲い、二年連続の干ばつに見舞われる――こうした短期の気候変動は、人びとの命を危機におとしいれるのに充分なものだった。

運命は神の掌中

西暦九〇〇年になると、地中海の移行帯が再び北へと移動した。当時は、それまで数世紀間つづいた戦争と政治的混乱がいくらか落ち着き、修道院がより手の込んだ農法を導入し、町やそれぞれの共同体を養っていた時代だった。つづく四世紀間は、夏は豊作に恵

まれ、食べるものも充分にあった。どの年も夏になると、六月から安定した暖かい天候になり、七月、八月を過ぎても気温の高い日がつづいた。ヨーロッパの農民は昔から伝わる農法にしたがって季節ごとに決まった作業を繰り返し、たいがいは細長く分割された狭い畑を耕作していた。いみじくも中世温暖期と名づけられたこの四世紀のあいだ、西ヨーロッパの夏の平均気温は二十世紀の平均より〇・七度から一・〇度は高く、中央ヨーロッパはさらに気温が上がった。生育期間は長くなり、イングランドの南部および中部にもブドウ園が広がった。フランスの荘園領主はイングランドの高級ワインを痛飲するようになり、そのためフランス人はそうした高級ワインを大陸から締めだす貿易協定を結ぼうと画策したほどだ。

　敬虔なこの時代、人の運命は神の掌中に握られていた。それは古代エジプトやメソポタミア、あるいはそれ以前の時代までさかのぼる神々のなかで、最も新しい神だった。人びとは神のなすがままに生きており、祈りとモルタルを通じて敬虔さをあらわすことによってのみ、とりなしてもらえるのだった。神への謝意は聖歌や祈りや、惜しみない供物によってあらわされ、何よりも、次々に建設される大聖堂によって表明された。教会の分立や戦争をはじめとする争いごとは見られたけれども、この数世紀間はゴシック建築の時代であり、中世の生活の磁石としての大聖堂の時代だった。ここでは喜ばしいときも悲しみのときも、祝賀でも危機でも、鐘が鳴らされた。毎年、復活祭がくると、祝火が焚かれ、農耕年の始まりが告げられた。そして秋になると、収穫物を積んだ荷車が神への捧げ物をもち寄った。それ以前の時代、およびこの先の時代とくらべ、これらの数世紀は気候的には黄金時代だった。むろん、地方の食糧不足は知られていないわけではないし、人びとの寿命は短く、骨の折れる日々の作業が終わることはなかった。それでも、不作の年はさほど多くはなく、小作農も領主も等しく、神は彼らに微笑んでいるのだと信じていた。そして、神は確かに微笑んでいたのだが、その間にも、西半球では大干ばつが国を没落させ、考えうるあらゆる環境において、人間社会をむしばんでいた。

第11章　大干ばつ

西暦一年〜一二〇〇年

人びとが喉の渇きに苦しむときは、私を思いださせるがいい。私には太陽の顔を雨雲でおおい、毎日、雨をもたらす風を吹かせる力があるからだ。人が乾いた土に種をまくときは、私を思いださせるがいい。私の名を呼び、私を見れば、四日か五日のあいだ雨が降り、種を植えることができるだろう。

ユマ・インディアンの創造主の息子クマスタムクソ
創造の神話より

一一〇〇年前、五月の熱気のもとで揺らめいているカリフォルニアの乾燥した光景を想像してみよう。草の生えた丘の斜面は茶色い。鹿（しか）は干上がった渓流のそばに生えているオークの木陰に座り込み、じっと動かない。頭上には、雲一つない青空が高く弧を描き、あまりにも晴れ渡っているため、はるか沖の島々が白いもやの上に浮かんでいるように見える。太平洋は微風に波立つこともなく真っ青で、なめらかなうねりが砂浜にのんびりと打ち寄せている。高潮線より上のほうに、カヌーが一列に並んでいる。湾の奥の村からは腐った魚と下水、それに淀（よど）んだ水のにおいが漂ってくる。カタクチイワシを干している台から発する異臭も混じって、さらに強烈なにおいとなる。近くにある小さ

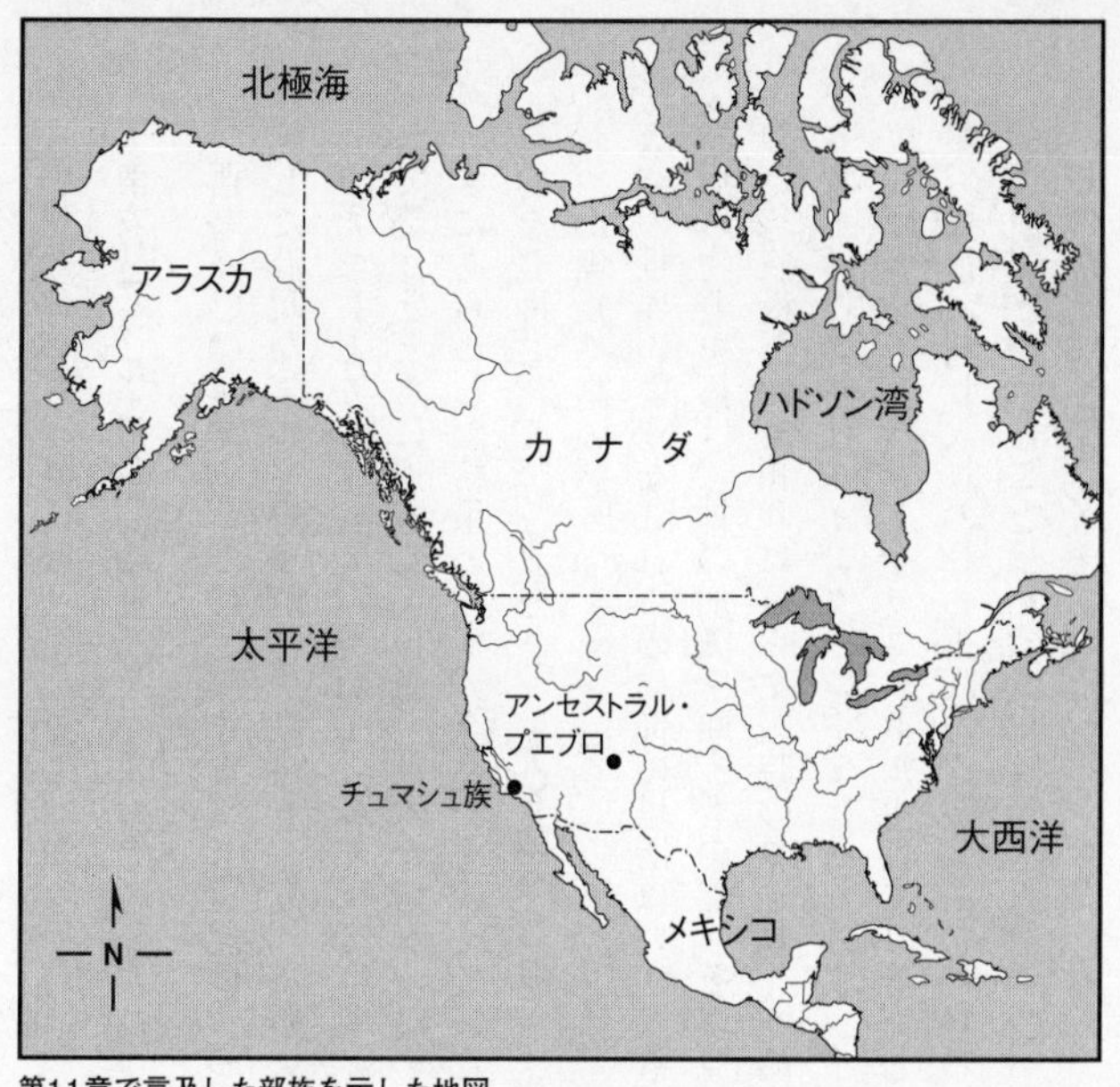

第11章で言及した部族を示した地図

い泉も、この村に住む家族のためにわずかな水を湧きださせているばかりだ。熱波は何日もつづいており、どんぐりの貯蔵庫はほとんど空だ。毎年、期待して待っている雨季は、決してこない。

村の人びとは痩せおとろえており、一目瞭然で栄養不良とわかるが、少なくとも彼らには沿岸で獲れる魚がある。内陸部にいる親戚は、通常なら決して手をださない、かろうじて食べられるような植物を頼りに暮らしている。干ばつは誰もが覚えているかぎりずっとつづいている。ところが、そのころ地球の反対側では、農民がよい暮らしを送り、壮大な記念碑を建てて神に捧げていた。

南カリフォルニアでの調査

西暦八〇〇年から一三〇〇年まで、五世紀間つづいた中世温暖期に、ヨーロッパは安定した温暖な気候に恵まれた。厳冬や冷夏、あるいは忘れられない嵐に見舞われることは、たまにしかなかった。夏はくる年もくる年も、夢のような日々と黄金の日の光、そして豊作とともに過ぎていった。巨大なゴシックの大聖堂は、神への愛を金に糸目をつけずにあらわした結果として、空高くそびえていた。建築家も石工も大工も天才的な創造力を発揮し、「技巧を凝らし、光を取り入れ……鮮やかなステンドグラスで一面をおおった細長く高い窓」（ノーマン・デイヴィス『ヨーロッパ』）のある建造物をつくりだした。石と天空の世界のようなこれらの信仰の場所はいずれも、犠牲を象徴するものだった。有形の物質を捧げ、神の加護を願うものだ。その見返りに人びとが期待したのは豊作だった。収穫だけを頼りに暮らす当時のヨーロッパの自給農民にとっては、何よりもの贈り物だ。この時代、イングランドではさかんにブドウ園がつくられ、スカンディナヴィア人はグリーンランドやラブラドル半島まで航海した。食糧不足とは無縁ではなく、開墾、播種、刈り入れの骨の折れる作業は決して終わることがなかった。それでも、本格的な飢饉が訪れることはめったになかった。領主も小作人も、神は彼らに微笑みかけているのだと信心深く考えていた。

同じ五世紀間に、南北アメリカ大陸は深刻な干ばつと飢えに見舞われ、北部では戦争が起こり、南部では二つの大文明が崩壊した。

干ばつのような短期の気候現象は、明確な痕跡を残さないことが多い。だが、中世温暖期（あるいは中世気候異変ともしばしば呼ばれる）はアメリカの西部一帯に巨大な足跡を残し、深海コア、花粉試料、樹木年輪、およびアンデス山脈の氷冠コアにそれらを刻んだ。カリフォルニアの海岸からマヤの低地、あるいはチチカカ湖にいたるまで、五世紀にわたってつづいた突然の乾燥化は、それでなくてもほとんど危機的な環境で暮らしていた人間社会に大混乱をもたらした。中世温暖期の大干ばつの痕跡は、新世界にじつによく残されており、古代のアメリカ先住民の社会が、狩猟採集民にしろ自給農耕民にしろ、あるいは高度な文明にしろ、環境からの圧力にどう対処したかを洞察する貴重な機会をわれわれに与えてくれる。

物語は南カリフォルニアから始まる。ここでは幸運にも、過去三〇〇〇年間に北米のあらゆるところで起きた短期の気候変動のきわめて正確な記録が手に入る。このデータはサンタ・バーバラ海峡の海盆から採取した長さ一九八メートルの深海コアから得られたデータであり、そのうち完新世のものは一七メートル分あった。大量の有孔虫を含む堆積物は、一〇〇〇年ごとに約一・五メートル分ずつたまる。考古学者のダグラス・ケネットと、その父で海洋学者のジェームズ・ケネットは、過去三〇〇〇年間にわたるこの地域の海辺の気候変動に関して、海にいる有孔虫とＡＭＳ法による放射性炭素年代測定の双方を使って、二五年ごとの高解像度の画像を手に入れた。これほどの正確さをもつ古代の記録はまずない。

サンタ・バーバラ海峡では、卓越風が海岸線に平行して西から東へ吹く。地球の自転がこうした風に作用し、沖合の海水を風の向きと直角の方向へ動かす。コリオリの力として知られる現象だ。表層水が海へと押し流されると、深層からの冷たい水が代わりに上昇してくる。湧昇水は栄養分が豊富であり、海藻と植物プランクトンの生育を促進する。魚、海獣、および海鳥は、世界有数の豊かな生態系のなかで、植物プランクトンを餌にしている。海岸沿いにあるこうした湧昇海域は海洋表面のわずか一パーセントに過ぎないが、全体として見ると、そこで獲れる魚は今日の世界の漁獲高のおよそ五〇パーセントにものぼる。

春と夏には、養分に富む冷たい水がコンセプション岬の南の沖合に勢いよく湧き上がり、チャンネル諸島の西端沖まで運ばれていく。そのため、かつて先住民のチュマシュ族が暮らしていた場所の目と鼻の先に、驚くほど多様な海洋生物が生息している。残念ながら、漁場の生産力は、風速、ＥＮＳＯ現象の影響など、いくつかの理由から変わってしまい、サンタ・バーバラ海峡には異なった海洋学的状況がもたらされた。

こうしたことがケネット親子の深海コア調査の背景にあった。彼らはそこで、氷河時代の終わりから前二〇〇〇年くらいまでは、気候が比較的安定していたことを発見した。それ以降、気候はかなり不安定になった。コアのなかに保存されていた、ごく小さな浮

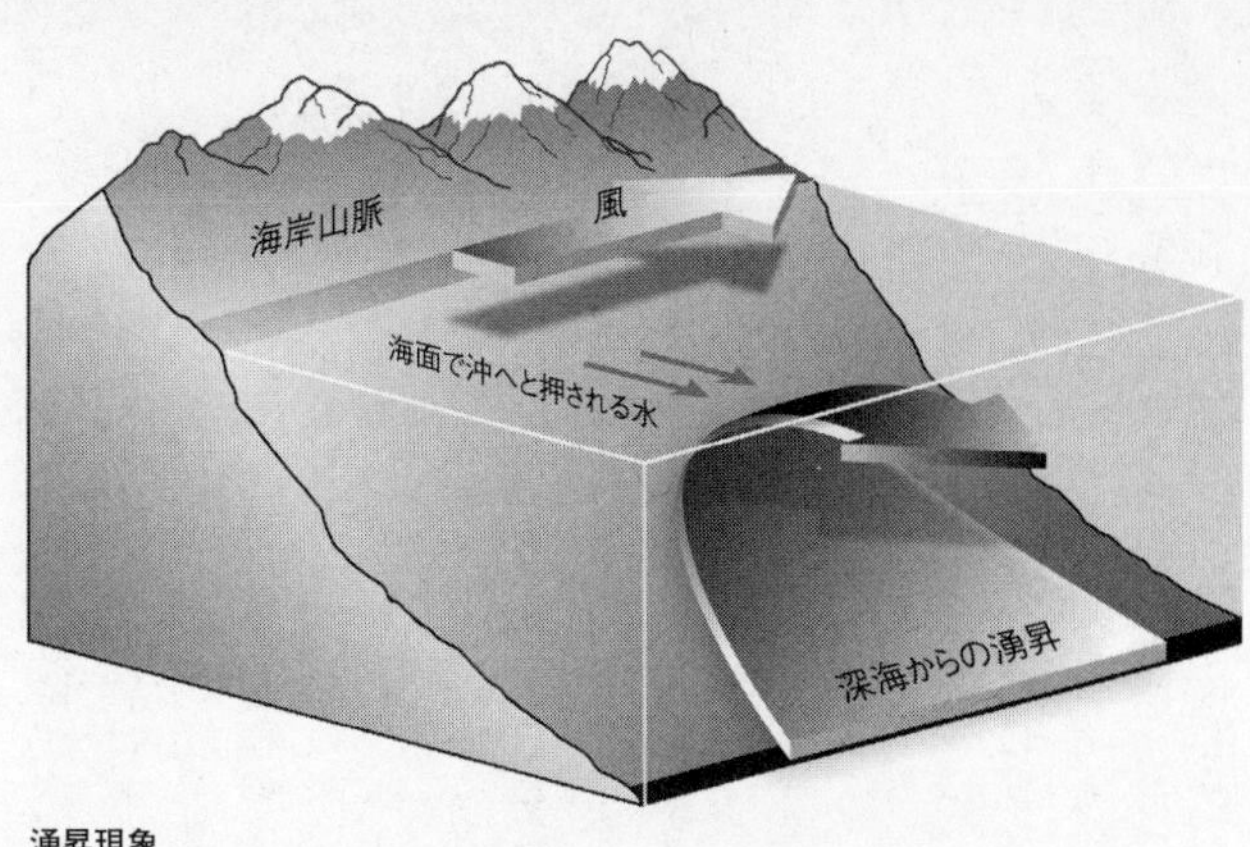

湧昇現象

遊性有孔虫と底生有孔虫の酸素同位体比をそれぞれ検出することによって、彼らは栄養分に富む冷たい水が自然に海面まで湧き上がる勢いを計測した。さらに有孔虫を放射性炭素年代測定して、湧昇に変動が見られた年代を突き止めれば、そこから寒く乾燥した時代がわかる。

彼らは、カリフォルニア南部のさまざまな場所から得た樹木年輪の記録とも、その年代を比較した。ケネット親子は、前一〇〇〇年以降、サンタ・バーバラ海峡で起きた気候変動と、中世温暖期にこの地域を襲った干ばつを驚くほど正確に描写してみせたのだ。

西暦四五〇年から一三〇〇年にかけて海水温度が急激に下がり、完新世を通じてのサンタ・バーバラ海峡の海面の平均水温より一・五度ほど低くなったことも判明した。九五〇年から一三〇〇年までの三世紀半のあいだに海水の湧昇はとりわけ勢いを増し、この付近の漁場はいちじるしく豊かになった。一三〇〇年以降、水温は安定して温かくなった。二世紀後には湧昇の勢いはいくらか衰え、海の生産性は減少した。

海面水温の低下と湧昇の活発化は、カリフォルニア南部の山地から得た樹木年輪に記録されているさまざまな規模の干ばつと通常、同時に起こっている。

四五〇年から一三〇〇年の寒い時代には気候はしばしば変動し、とりわけ九五〇年から一五〇〇年にかけては長いあいだ干ばつがつづいた。最も厳しい干ばつに見舞われたのは、五〇〇年から八〇〇年、九八〇年から一二五〇年、そして一六五〇年から一七五〇年にかけてだ。興味深いことに、同じ樹木年輪から、一〇〇〇年におよぶこの年輪記録のなかで、二十世紀半ばほど合計雨量が高い値を示した時期は三度しかないことがわかる。水の配分をめぐって議論がつづいている州にとって、これは頭を冷やさせられるニュースだ。

チュマシュ族

ポルトガルの探検家ジョアン・ロドリゲス・カブリリョ（一般にはカブリヨとして知られている）が一五四二年にサンタ・バーバラ海峡を航海したとき、海岸線沿いに密集して暮らす、一見、豊かそうな漁民に出会った。「一二人から一三人の先住民を乗せたみごとなカヌーが何艘（そう）も船に近づいてきた」と、カブリリョは書いた。「彼らは地面までしっかりとおおった円形住居で暮らしている。獣皮をまとい、トウモロコシくらいの大きさの白い種子とどんぐりを食べている」

　この海岸沿いと沖のチャンネル諸島には、一万五〇〇〇人ほどのチュマシュ族の狩猟採集者が暮らしており、その多くは人口数百人ほどの恒久的な村に住んでいた。彼らの社会は北米に存在した狩猟採集者社会のなかでもきわめて高度なものだった。スペイン人はチュマシュ族に感銘を受け、彼らは「穏やかな気性で、愛想がよく、偏見がない」と書いている。大きな村には、少なくとも一人以上の世襲の族長がいて、「クマの毛皮でできた、ダブレットのような腰までの短いケープを」着ていた。厚板を使って巧みに建造された太平洋岸特有のカヌーを使い、食糧をたっぷりと蓄えているらしいチュマシュ族は、海岸沿いのエデンの園に暮らしているかのようだった。スペインの旅行者ペドロ・ファヘスはこう記した。「彼らにとって、一日は延々とつづく食事のようなものだと言えるかもしれない」。実際には、絶えず飢えにおびえながら暮らしていたと言うほうが、より正確だろう。彼らの繁栄ぶりは見せかけのものだったからだ。チュマシュ族は中世温暖期に干ばつの大被害を受け、それ以来、社会を根底から変えたのだった。チュマシュ族がいつこの一帯に定住しはじめたのかは誰にもわからないが、彼らのルーツは遠い過去までさかのぼる。

　考古学遺跡がまばらにしかないことから考えて、前二〇〇〇年以前の、降水量が現代よりもかなり少なかった時代には、海岸沿いに住む人はかなり少なかっただろう。そのころの数千年間は「気候最適期」となり、ヨーロッパでは恵まれた気候条件になった。

だが、この時代、別の場所では最適とは言えなかった。むしろ、中世温暖期と同様に、ヨーロッパは雨が多かったのに、アメリカの西部は厳しい干ばつに見舞われた。この数千年間は太平洋の水温が高く、自然の湧昇が抑えられ、海の生産性は低いままだった。

前三〇〇〇年ごろ、ちょうどエジプトとメソポタミアで最初の都市文明が出現し、中央アメリカでは採集生活をつづける若干の狩猟採集集団がトウモロコシを栽培していたころ、何かが変わった。西部の採集民の人口は何千年ものあいだ、最も水利のいい場所でも多くはなかった。前三〇〇〇年以降、西部の気候は今日の気候によく似てきた。降水はやはり予測不能であり、気温はそれ以前の四〇〇〇年間よりいくらか低くなった。気候最適期を生き抜いてきた人びとは、以前にも増して乾燥してきた状況にうまく適応し、土地の最大環境収容力に近い水準で暮らしを送っていた。しかし、このころにはよい時代が戻り、もともと食べていかれた土地で、より多くの食糧が手に入るようになり、内陸でも海岸沿いでも人口が急増した。

人口の増加とともに、食糧不足になる可能性も増えた。カリフォルニアでは、何千年間も主食にしてきたものが、増えつづける人口を養うには充分でなくなる時代がきた。彼らは南西アジアにいるごく遠い親戚が何千年も昔にやったように、どんぐりなどの、より労働集約的な食糧に頼るようになり、また魚介類や海獣をさらに利用するようになった。

チュマシュ族の知恵

キリストが生誕したころには、チュマシュ族は問題をかかえていた。何世紀も暖かい時代がつづいたために、沖合の湧昇が弱まり、拡大しつづける村の共同体を維持していたカタクチイワシが不足してきたのだ。漁場はどこも全般的に、以前よりも漁獲高が落ちた。ところが、チャンネル諸島と本土の人口はそれでも着実に増えつづけた。当然ながら、隣り合う共同体との境界線には、より厳しい目が向けられるようになった。雨が充分に降り、大漁に恵まれ、食用の野草やどんぐりが豊富にあるよい年が連続しても、多くの共同体では余剰分の食糧がほとんどない状態がつづいた。

やがて、状況は悪化した。ケネット親子の深海コアを見ると、西暦四五〇年以降、海水の温度が下がって湧昇が活発になったことがわかる。沿岸の漁場は劇的に回復した。だが、気温の低下とともに干ばつが襲ったうえ、そのころには養わなければならない口の数も増えていた。その結果、今日のように、一部の海域では間違いなく乱獲が行なわれた。八〇〇年のあいだに気候が予測不能になるにつれて、干ばつは激しさを増していった。周期的に襲うエルニーニョは激しい嵐と洪水をもたらし、湧昇を抑制し、さらに魚が豊富にいた沿岸のケルプの森を根こそぎにした。だが、考古学的な証拠を見るかぎり、沿岸の共同体への影響は比較的小さかったと思われる。

深刻な問題は内陸部で発生した。干ばつは、木の実の収穫や野草、獲物に頼っていた集団に多大な被害をおよぼした。内陸部の集団はどこでも、干ばつによる食糧不足の脅威につねにさらされていた。このころにはより多くの人間がいて、領土の境界線はより固定され、オークの森をめぐる争いは熾烈さを増していた。族長は領土と資源の支配権を争った。彼らがたがいに争うあいだも、飢えと栄養不良は村に忍び寄った。同時に、恒久的な水源もどんどん枯渇していった。

何千年ものあいだ、海岸と内陸の共同体は文化的な連続体をなしており、内陸の人びとは、海岸に住む人びとの盛衰に否応なしに左右されていた。大昔からつづく相互依存網のなかで、同族間のつながりと社会的な義務感が、遠く隔てられた共同体同士をも一つにまとめていたのだ。したがって、食糧不足とグループ間の競争は、内陸部でも、海岸沿いでも、チャンネル諸島でも、すべての人に影響をおよぼした。干ばつは新たな社会的現実を生みだした。敵と味方が明確に分けられた緊張した世界だ。

カリフォルニアの民は、はるか昔から干ばつや洪水、食糧不足に見舞われたとき、あるいはどんぐりが収穫できなかった場合には、いつも移動をつづけてきた。チュマシュ族にもはやその選択肢はなかった。どこへ行ってもあまりにも多くの人がいたからだ。考古学者のジーン・アーノルドによれば、沖合にある最大の島、サンタ・クルス島に住んでいた多くの共同体は、紀元後一〇〇〇年間の乾燥した時代に、おそらく地表水の不足から廃墟になった。自然人類学者のパトリシア・ランバートとフィリップ・ウォーカーは、明らかに栄養不良からくる病理学的な症状を発見している。たとえば、鉄欠乏性貧血によって眼窩が特徴的に陥没する眼窩篩などである。だが、社会の変化を何よりも如実に物語るのは、戦闘犠牲者とわかる遺骸が示す証拠だ。

　暴力沙汰が頂点に達したのは、一一五〇年直前のことだったようだ。その後は、急激に沈静化した。その理由はまだ部分的にしか解明されていないが、チュマシュ族は暴力手段に訴えるのをやめ、まったく新しい社会を築くようになった。彼らは急に賢くなったのだろうか。むろん、こう言いきるのは大胆すぎるが、まんざら誇張でもなさそうだ。増える一方の暴力沙汰や、慢性的な飢え、そしておそらくは共同体内の人間同士の衝突にも直面し、彼らの指導者は誰もが同じ状況にあることに気づき、生き延びられるかどうかは競争ではなく、むしろ相互依存を促進できるか否かにかかっていると悟ったようだ。相互の協力関係が何世紀ものあいだ、沿岸の共同体と本土の共同体を支えてきた。だが、そうした古代のネットワークは、不信感がつのり、食糧をめぐる競争が激化するなかで部分的に崩れてしまったようだ。同じ時期に、社会の構造も変わった。この時代にはかなり大きい定住地で、多くの人が密集して暮らしていた。各集団の土地は狭く、込み合っており、いずれも説得力があり、戦いの腕前ゆえに地位を得た指導者によって率いられていた。紀元前三〇〇〇年から紀元後八五〇年までも乾燥気味で不安定な気候がつづいたが、それがいよいよ恒久的な干ばつに取って代わられると、チュマシュ族の指導者に残された道は、より密接に協力し合うことだけだった。誰ももっていない資源をめぐって戦うことには、もはや意味がなかった。

　唯一残された資源は海だった。こうした変化は中世温暖期と同時に起こり、太平洋沿岸では、海面水温の低い時代だった。西暦九五〇年から一三〇〇年にかけては、沖合で自然の湧昇が活発になったため、海の生産性は急激に上がった。それを受けて社会が変化した徴候は見間違いようがない。考古学遺跡の数は爆発的に増え、沿岸には以前よりずっと大きな定住地が出現し、本土でもチャンネル諸島でも、貝殻ビーズなどのエキゾチックな工芸品の数が驚くほど増える。少数の裕福な人びとが頭角を現わすようになり、その多くは厚板張りのカヌーの持ち主だった。こうした舟はチュマシュ族特有のもので、流木をつなぎ合わせて、サンタ・バーバラ海峡にも漕ぎだせる丈夫なカヌーに仕立てたものだった。チュマシュ族の指導者はこれらの舟を使って、島々と本土のあいだで行なわれたどんぐりの粉と装飾用の貝殻の交易を支配した。それぞれの族長は独立を保っていたが、かつてないほど、経済的には相互依存するようになっていた。食糧の供給は安定し、より均等に配分されるようになった。厳しい干ばつの時代はよく記録に残っており、ときには栄養不良に見舞われたにもかかわらず、島でも本土でも、人びとの健康状態はいちじるしく改善した。このころ、すべての族長とその家族は「アンタップ」に属するようになった。これは踊りや儀式を監督する正式な組織であり、新しい社会秩序はそこで承認され、シャーマンによって世界の連続性が保証された。

　創意工夫と長年の実利主義のおかげで、チュマシュ族は大干ばつと折り合いをつけるようになった。彼らの救い主はきわめて豊かな沿岸の漁場だった。この漁場があったため、陸地が乾燥しきった時代も、ある程度は食糧を補うことができた。とはいえ、突き詰めれば、世襲性の族長制度と族長一族同士の絆、手の込んだ儀式、そして交易関係の厳しい管理があってこそ、チュマシュ族は危機を乗り切り、地球上で最も高度な狩猟採集者社会を維持しえたのだった。固定した社会的階級も、戦士も、奴隷もいないこの文化は、ときには凄まじいまでに極端な気候に見舞われた予測不能な世界に対処するための、みごとな解決方法だった。

アンセストラル・プエブロ

黄昏のチャコ・キャニオンの薄明かりのなかを、私は歩いていた。両側には、無限に広がる丸い天空を背景に断崖が黒々とそびえている。深い静寂が私を包んでおり、まわりでは、アンセストラル・プエブロの巨大な家々の影が夜の闇に溶け込んでいた。その静寂のなかで、私は薪を燃やした煙のにおいや、犬の吼え声、そして夕暮れの会話のささやきを想像した。人間の暮らしのなかの下生えだ。夜風がすっと吹いて頭を冷やすと、過去は消えた。気まぐれな干ばつに追いやられるまで、かつてここで五〇〇〇人以上の人間が暮らしていたのだと想起するのは難しかった。

カリフォルニアのチュマシュ族は中世温暖期に、儀式活動を活発化させ、新たな指導体制を築くことによって危機に適応した。はるか内陸で、同じ干ばつがアンセストラル・プエブロの土地を襲ったとき、そこでとられた対応はかなり異なるものだった。

以前はアナサジ族、つまり南西部の「昔の人たち」と呼ばれていたアンセストラル・プエブロは、およそ一〇〇〇年前、古代の北アメリカ大陸では最大級の町を建設した人びとだ。彼らはいつの時代にも自給農業を営み、大きなアパート式集合住宅（プエブロ）で暮らしながら、世帯ごとに生活し、畑を耕していた。アンセストラル・プエブロの農耕民はサンファン高原の乾燥した土地にも、耕作地を慎重に選ぶことで適応していた。北向きまたは東向きの、直射日光が当たらない斜面で、保湿力のある土壌を選んだのである。農耕民はみな、土壌が自然に灌漑（かんがい）される川の氾濫原（はんらんげん）や涸れ谷（アロヨ）の河口に作物を植えた。彼らは小川や泉から水を引き、表面流去水を一滴残らず利用した。不作のリスクを減らすために、あらゆる手がつくされた。農民は慣習的に、畑を広い範囲に分散させ、局地的な日照りや洪水の危険を最小限に抑えた。通常は一三〇日から一四〇日はかかる生育期間をどうすれば短縮できるかも、日陰の斜面で栽培を試み、標高を変え、異なった土壌で試すことによって学んだ。彼らはアメリカ先住民のなかで、ひときわ高度な技術をもつ農耕民だった。

アンセストラル・プエブロの共同体は何世紀ものあいだ、過酷な環境にたいして同じ基本的な対応をとりつづけ、年ごとの降水の変化も、一〇年間つづく干ばつも、季節ごとの変化も切り抜けてきた。エルニーニョによる大雨や、その他の一般の気候現象にさいしては、一時的に柔軟な対応が求められた。より多くの土地を耕し、野草の食物にいっそう依存するだけでなく、とりわけ各地へ移動することによって彼らは難を逃れた。

周囲の環境収容力内で行動するかぎり、人びとには多くの道があった。

この移動戦略は何世紀ものあいだ奏功していた。人びとは自給自足の共同体に暮らしていたが、どんなに小さい村や集落であっても、同族間の絆や個人的な友情を通じて、近くや遠くの隣人たちとのつながりを保っていた。こうしたつながりの多くは、降雨形態がまるで異なる遠方の地域にまでおよんでいた。不作のときは他者を当てにし、逆に頼られることにも慣れていた人びとにとって、こうした関係は予備の保険となった。アンセストラル・プエブロの家族や共同体は、雨に恵まれた年も、恵まれない年もつねにそれに適応してきた。

西暦八〇〇年には、アンセストラル・プエブロは大きな定住地に住むようになっていた。小さかった集落は、居室と貯蔵庫が寄せ集まった一棟の建造物になり、かつての集落よりもはるかに大きい共同体を形成するようになった。ニューメキシコ州チャコ・キャニオンや、もっと北のコロラド南部にあるフォー・コーナーズのモクテスマ谷とメサ・ヴェルデでは、人口密度も上がった。九世紀初めは、北部の降水状態が平均よりも良好だったことが樹木年輪からわかる。八四〇年から八六〇年まで、北部のドロレス谷地域にあるアンセストラル・プエブロの共同体には数十世帯が暮らしていた。やがて、雨季がこなくなり、昔からの移動主義が復活した。住民は大きな村を去って、あちこちに離散した。

南部では事情は異なった。チャコ・キャニオンの住民は湧水や染みでた地下水を利用して、条件のいい場所でトウモロコシを栽培した。七五〇年代には、当初あった村の多くは、小さいプエブロに変わっていた。九世紀および十世紀になると、夏の降雨はかなり気まぐれになったが、チャコの人びとは離散することなく、その代わりに、理由は定かではないが、主要な河川の合流地点に三つの「巨大な家」を建てた。最大のものはプエブロ・ボニートと呼ばれ、後部の壁から見ると五階建ての高さにもなる建造物で、二世紀以上にわたって使われつづけた。

一〇五〇年から一一〇〇年にかけては、充分な降雨に恵まれた。チャコとその周辺の集落は栄え、おそらく乾燥していた時代には考えられなかったほど長く繁栄した。冬の降水が農地をうるおしてくれるかぎり、人口が着実に増加しても問題にはならなかった。やがて、一一三〇年から、渓谷に五〇年におよぶ厳しい干ばつが訪れた。チャコの人びとがとるべき道は一つしかなかった。彼らの脳裏に奥深く刻まれた手段――移動である。数世代のうちに、巨大な家は人気がなくなった。チャコの人口の半数以上は、渓谷から遠く離れた村や集落やプエブロに散っていった。まもなく、ほぼすべての人が姿を消した。

アリゾナ大学にある樹木年輪研究所は、一二七六年にフォー・コーナーズ地域の北西端がまず干ばつに見舞われたときから、被害が広がった経緯を追跡調査した。その後の一〇年間に、きわめて乾燥した状況が南西部全体に広がり、一二九九年までつづいた。干ばつはむろん、降水量の極端な現象となって現われたが、北部と南部ではいちじるし

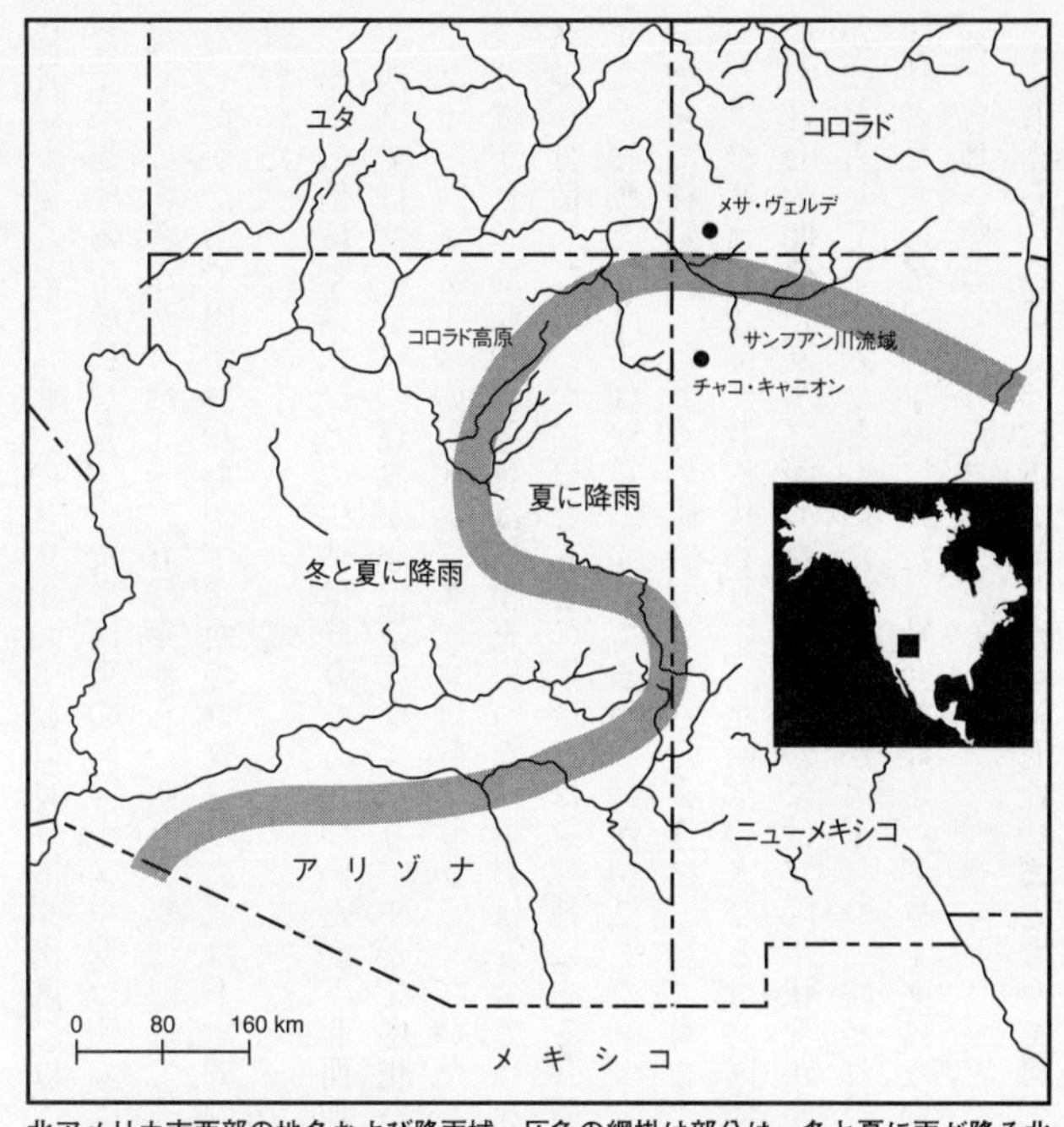

北アメリカ南西部の地名および降雨域。灰色の網掛け部分は、冬と夏に雨が降る北西部域と、夏により確実に雨が降る南東部域との境目をあらわす

い違いが見られた。北西のユタ州およびコロラド州南部では、降水量が六〇パーセント以上不足する事態になり、かたや南東のニューメキシコ州ではわずか一〇パーセント不足したにすぎなかった。一二五〇年から一四五〇年にかけて、南東の地域は夏にほぼ安定したかたちで雨が降ったが、北西のコロラド高原は不定期の降雨と厳しい干ばつに見舞われた。

南東の地域では人びとの生活は滞りなくつづいたが、北西地域は大きな被害を受けた。北西部ではプエブロの建設が急に進まなくなり、やがて中止された。一三〇〇年には、フォー・コーナーズの巨大なプエブロは静まりかえっていた。神々の失敗は口から口へ語り継がれ、部族の指導者は信頼を失った。世界は安全ではなくなったのだ。人びとは各地へ分散していった。ほとんどの人びとは遠隔地にある共同体に加わった。こうしてまた、移動という古代からつづいてきた伝統が復活した。

彼らの移動は、数多くの飢饉で見られたように、当てもなく食べ物を探す旅ではなかった。漫然と周辺部に散る代わりに、北西部の人びとは共同体同士を複雑に結びつけていた社会的関係や友情に頼った。そのなかには、降水状況がまったく異なる遠隔地で豊かに暮らしている人びともいた。北西部が大干ばつに襲われたとき、巨大なプエブロの居住者たちは最後の手段にでた。社会的なネットワークにたいする人びとの義務感に訴え、各地へ離散したのだ。

それから一〇〇〇年に近い歳月が経過したいまとなっては、移動と気候現象の複雑な因果関係を再現する手段はない。メサ・ヴェルデ北西部のサンド・キャニオン・プエブロでの発掘調査から、多くの家で、擦り台など大きくて持ち運べないものが後に残されていたことがわかっている。これは、彼らが長旅にでる心積もりでいただけでなく、行った先での援助を当てにしていたことをにおわせる。彼らはどこへ行ったのだろう？唯一の手がかりは多彩色土器の分布研究から得られるものだ。考古学者のアリソン・ラウトマンは、プエブロの世界の最東端で見られた社会的ネットワークの精密なモデルを、古い土器の様式と近代の気候データを利用してつくりあげた。彼女は交易用のさまざまな壺（つぼ）の分布をもとに、異なった気候帯にある村との定期的な交流がどう発展したかを示した。ジョン・ローニーは別の研究で、リオグランデ流域のソコロの南南東、サンファン北部でつくられた十三世紀の土器の様式にも、驚くほどの類似点が見られることを指摘している。これらの研究結果がなんらかの手がかりになるとすれば、北西部のプエブロの住民は南東のリトル・コロラド川の流域と、モゴヨン高原、およびリオグランデ流域に移動したのだろう。ラウトマンは樹木年輪データを使って、北西部が厳しい干ばつに見舞われた危機の時代にも、これらの地域ではほとんど気候の変化が見られなかったことを証明している。

受け入れ側の共同体は、移住者に土地と水を割り当てるだけでなく、社会的に意味のある役割を与えられるだけの柔軟性も必要とされた。移住先の共同体は、物事がきちんと行なわれ、神々が正しく信仰され、人びとが戦争からも魔女からも守られていると考えられた場所だった。一三〇〇年以降、新しい宗教思想がみごとに開花した。古い信仰から派生した有名なカチーナ〔雨の神〕崇拝などもその一つである。こうしたものの多くは疑いなく、新参者が既存の共同体に統合されたことから生まれたものだった。

プエブロが放棄された波紋は一世紀以上にわたって広がった。だが、アンセストラル・プエブロは巨大なうねりの上を渡る小船のように、乾燥した気候を乗り切った。彼らは二度と、自分たちの社会を複雑な大型船につくり直そうとはしなかった。技術革新も行なわなければ、新しい作物を試すこともなかった。チュマシュ族とは異なり、アンセストラル・プエブロは、以前と変わらない暮らしをその後もつづけた。新しい社会制度に合わせて新しい信仰は生まれたものの、昔ながらの交流ルートと移動生活に大きな影響はおよぼさなかった。テワ族の古老の言葉にあるように、「彼らはあるときやってきはじめ、移動してきた。そのうちに腰を落ち着けたかと思うと、また立ち上がり、それから再び移動しはじめた」。

第12章　壮大な遺跡　西暦一年〜一二〇〇年

コニラヤ・ビラコチャ……万物の創造主は彼らの領土一帯で……命令を下し、峡谷の険しい斜面に段々畑や耕作地を出現させ、それらを支える壁を高くそびえさせた。創造主のおかげで灌漑（かんがい）用水路にも水が流れた。

インカの伝説　ガルシラソ・デ・ラ・ベガ『インカ皇統記』

マヤ族は古代エジプト人と同様、考古学者だけでなく一般人をも魅了してやまない。ティカルのグレート・プラザで四方に広がる遺跡のあいだに立ち、ピラミッドに迫る多雨林に囲まれると、そうした魔力を感じるだろう。私がこの前そこを訪れたときは、木々のあいだに灰色のもやが垂れこめ、高い神殿もやわらかい巻きひげに包まれていた。静かな夜明け、足元にある丁寧に刈られた広場の芝は濡（ぬ）れており、なめらかで、ごみ一つ落ちていない。密林の静寂は、かつては活気にあふれていた都市のうえに灰色の毛布のごとくのしかかっていた。この場所で、大君主たちは贅（ぜい）をつくした公共の儀式のなかで血を流し、神がかり的な状態になって別世界に入っていった。ここには、おびただしい数の群衆が集まり、煙をあげる祭壇から立ち昇る濃厚な香のにおいに包まれながら、戦の前に軍隊が集結した。十九世紀の旅行者ジョン・ロイド・スティーヴンズが、マヤのもう一つの都市コパンの廃墟を眺めながら記した言葉を私は思いだした。「エジプトでは、大神殿の巨大な残骸が乾ききった砂漠の、何一つない荒涼とした光景のなかでたたずんでいる。しかし、ここでは広大な密林が廃墟を包み、人目に触れないように隠しており、印象を強め、好奇心を激しく、熱狂的なまでに高める……。私には「これらの建造物を」建設した人びとに関して、いまのところなんの推測もできない。また、「この場所から」人びとがいなくなり、荒涼とした廃墟になったのがいつの時代で、どんな方法によったのかもわからない。それが剣で倒されたのか、飢饉なのか、疫病なのかも見当がつかない」。考古学者は昔から、マヤ文明が突如として崩壊した理由についていろいろと考えてきた。

　驚くほど最近まで、古代マヤ文明は何も解明されていないも同然の謎の文明であり、彼らの指導者は時を計り、天体の動きを計測することに心を奪われていた平和な天文学者であり神官だったと考えられていた。マヤ族に関するわれわれの知識は、神殿の壁に書かれたヒエログリフすら読めなかった十九世紀のエジプト学者のそれと変わらないものだった。一九八〇年代にマヤ文字がついに解読されたおかげで、われわれの認識は完全に変わった。マヤの絵文字は確かに天文学的事象や暦を扱っていたが、そのほかにも大きな事件や、大君主の即位や死去について触れ、複雑な王室の系譜を語り、王朝の興亡を記録にとどめていたのだ。今日では古代のマヤ文明が、血統の維持や巧妙な計略、軍事征服にとりつかれ、たがいに競い合う都市国家の寄せ集めであったことがわかって

第12章で言及したマヤ文明の地名

いる。ティカルはそうした都市の一つで、前一世紀に台頭してきた。西暦二一九年に、シャク・モチ・ショウという君主がティカルに壮大な王朝を創始した。九代目の支配者「大いなるヒョウの手」は、近隣のライバル国、ワシャクトゥンを征服した。巧みな交易と政略結婚によって、ティカルの領土はさらに拡大した。五〇〇年ごろには、ティカルは二五〇〇平方キロほどの領土と、三六万人ほどの運命を支配していた。マヤの水準からすれば、これは大きな王国だった。もっとも、古代エジプトやアッシリア帝国とくらべれば、取るに足らない規模ではあったが。

マヤ文明の繁栄

西暦六〇〇年には、マヤの低地は王国が迷路のように乱立するようになった。これらの国の支配者は戦争と軍国主義的な宗教に夢中になった。つづく三〇〇年のあいだ、軍事力と政治力の力関係は、異なった都市国家間で揺れ動き、カラコルからティカルへ、そしてドス・ピラスへと勢力は移り変わり、またティカルへと戻った。とくに有能な支配者は征服したいくつかの都市を国家につくりかえたが、創始者が死去するか戦争で君主が負けると、それらの国は崩壊した。マヤの社会を統一させていたのは王による統治制度だった。マヤの王はそれぞれの都市の中心にある公共の建物に、自らの生涯を歴史として刻ませた。貴族は階層制社会のなかで王の下に位置し、君主によって彼ら自身の人生を定義づけていた。何千もの一般庶民は貴族階級に仕えるためにのみ存在しており、国家の上部構造全体を支えていた。マヤの君主はシャーマン兼支配者であり、複雑な公共儀式のなかで恍惚(こうこつ)状態になって民衆の前に現われ、超自然の強大な勢力とのあいだの仲介者になった。彼らと王家の祖先との関係は、人間が脈々と存在しつづけることを保証するもの――というより、その証拠そのものだった。有無を言わせぬイデオロギーと暗黙の強力な社会契約が、貴族と庶民を君主に縛りつけ、それはまた都市や儀式の中心地を建設する根拠にもなっていた。こうした建造物は神話の世界を象徴的に再現したものだったからだ。

　キリスト生誕以前から西暦九〇〇年まで、十世紀以上にわたって、マヤ族は中央アメリカの低地で繁栄した。そしてあるとき突然、彼らの都市国家は崩壊した。コパン、パレンケ、ティカルをはじめとする大都市もみな内部から崩れた。住民は死滅するか、耕作地ばかりがつづく土地に点在する小村へ離散した。マヤ文明はユカタン半島北部では、十六世紀初頭にスペインの遠征(エントラーダ)が始まるまで栄えたが、南部の大都市は密林のなかで消滅し、のちにジョン・ロイド・スティーヴンズによって再発見されて世界を驚かすことになった。

　なぜマヤ文明はこれほど急速に滅びたのだろう？　二万五〇〇〇人はいたティカルの人口は、なぜ数世代のうちにおそらくその三分の一ほどにまで縮小したのか？　崩壊を招いた要因は多数あったが、最近の気候学の研究からすると、元凶の一つは干ばつだったようだ。

マヤ文明を滅ぼしたもの

　古代のマヤ族はペテン低地およびユカタン半島を耕作していた。ここは海洋から隆起した広大な石灰岩の大陸棚であり、大きく口を開いたメキシコ湾の南側の唇を形成している。多孔質の石灰岩は、岩の多い南部の低地から、北のユカタン半島へ向かうにつれて平らになり、空から見ると一面緑色の絨毯(じゅうたん)のようだ。単調に見えるが、実際にはそうではない。ここでは密林が驚くほど多様な環境を覆い隠しており、そのすべてがマヤの農民に特殊な難題を突きつけていた。

マヤ族の土地は過酷な環境にあり、ペテン低地の一部と大きな河川の流域以外は、肥沃(ひよく)な土地はないも同然だった。マヤの農民は環境の脆弱(ぜいじゃく)さは充分に承知していた。森林を伐採すれば地面は激しい雨と熱帯の強い日差しにさらされた。地表はたちまち煉瓦(れんが)のように固くなり、開墾された土地における耕作を不可能にした。そのような厄介な土地で森林を伐採して焼き払い、そこに作物を植えて農業を営むには、多くの忍耐力と経験が必要だった。石器時代のヨーロッパやナイル流域とはきわめて対照的であり、想像するのは難しい。

マヤの農民は環境から絶えず脅かされながら暮らしていた。何年間も干ばつと凶作がつづいたかと思うと、土砂降りの雨と土壌浸食のあと、肝心な生育期間に雨の降らない日々が何ヵ月もつづき、やがてまた嵐(あらし)が戻ってきて生き残ったトウモロコシを水浸しにするといった具合だった。それでも彼らの社会は生き延びただけでなく、一五〇〇年にわたって繁栄し、大都市を建設して、好戦的な大君主が支配する高度な都市国家を発展させた。マヤ文明はメソポタミアのシュメール文明よりもはるかに長く存続し、エジプトの古王国や、現在のパキスタンのインダス川流域にあったハラッパーの都市よりも長期にわたって繁栄した。

アメリカ大陸の熱帯地方の農民はどこでもみなそうだが、マヤ族も焼畑農業によってトウモロコシと豆を栽培していた。毎年秋に、彼らは水はけのよい土地で森林の一画を伐採し、木や低木を焼き払った。火が鎮まると、灰や炭が地面に落ちる。農民は家族総出でこの自然の肥料を地面にすきこみ、それから最初の雨に合わせて作物を植えた。こうした焼畑はミルパと呼ばれ、一年か二年しか肥沃さが持続しない。農民はそこで新たな区画へ移動し、また同じことを繰り返し、もとの土地は四年から七年間休ませておく。何世紀ものあいだ、マヤの農民は村で暮らしていた。彼らの村は、新たに開墾した農地と休耕地が入り組んだなかにあり、周囲には密林が立ちはだかり、近隣の村とのあいだを隔てていた。

焼畑農業は、農民の数が少なかった時代は充分に機能した。だが、大きな居住地を支えられるだけの収穫があったためしはなく、余剰分の穀類で養える農民以外の人びと――たとえば石斧（せきふ）職人など――の数もごく限られていた。それでも、紀元前一、二世紀までは、この単純な農耕制度が複雑になりつつある村社会の中心を占めていた。こうした自給自足の農耕は、気候による圧力に直面してもかなりの回復力があった。森には食糧の乏しい年に頼れる植物性食物が豊富にあったからだ。

前四〇〇年以降、低地に最初の大きな儀式の中心地が出現した。前一五〇年から前五〇年のあいだにはエル・ミラドル市が発展し、雨季になると一部が冠水する起伏の多い低地を、広さ一六平方キロにわたって都市に変えた。エル・ミラドルはピラミッドと広場が迷路のように入り組んだ場所で、土手道、神殿、および君主の館を含め、二〇〇以上の堂々とした建造物が建ち並んでいた。このころには、マヤ族は大型の貯水池も建設するようになった。こうした入念な管理体制は、干ばつの年に備える必要性を充分に感じていた社会を反映していた。この戦略は功を奏したようだ。マヤ文明は急速に都市国家の複雑な集合体へと発展していったからだ。

西暦二〇〇年から八〇〇年までのマヤ文明の古典時代には、低地の厳しい環境への新たな適応が見られた。このころには多くの共同体は小高い丘の頂上や尾根につくられ、ピラミッドや神殿などの建造物を建てるのに使われた麓（ふもと）の石切り場が大きな貯水池となっていた。貯水池は盛り土と集水用に舗装した広場で囲まれており、水はそこへ流れ込む仕組みだった。マヤの建築家は発明の才を発揮して重力を利用した運河を建設し、高所にある中央の貯水池からタンクへ、そして周囲の灌漑設備まで水を流した。

これらの高度な給水管理システムは、貯水する必要に迫られて、何世紀ものあいだに発達してきたものだった。この土地には、エジプトやシュメールの灌漑設備で水の供給源となったような、季節的に氾濫（はんらん）する川どころか、大きな河川すらないからだ。マヤ族は考古学者のヴァーノン・スカーバラが「小規模流域」と呼ぶものを開発して、雨不足を補った。だが、そうしたシステムにもいくつかの制約があった。当然のことながら、それらは限られた範囲でしか役に立たなかった。雨は貯水池とタンクを満たしたが、雨量は年によって大きく増減し、メソポタミアの灌漑設備によく見られるように、氾濫時の出水をうまく調節して放水することは不可能だった。低地における水の管理や灌漑には、正確な地勢図と、きわめて柔軟な労働管理、およびかなりの試行錯誤が必要とされた。

長い年月のあいだに、マヤの農業は徐々に高度な社会的生産基盤をつくりだしていき、そのため時代とともに生産性は向上していった。熱帯の脆弱な環境の現実に合わせた社会・政治的な背景のなかでは、すべてのことがゆっくりと慎重に行なわれた。マヤ族が成功したのは、何世紀もかけてこの環境で農業を営むすべを学んだからだ。彼らは苦労して学んだ環境の限界のなかで上手にやりくりし、村と村の距離を置き、相互依存の度合いを高めた。それはこの一帯における土壌や食糧資源の分布の不均等さを反映したものだった。この制度がうまく機能するかぎり、人びとは気候によるストレスから比較的守られていた。マヤ文明が、それぞれ極小分水界を中心とする小規模な都市国家の寄せ集めとして発達したのは、偶然ではない。それによってこの文明は、短期の気候現象にたいする柔軟性と回復力を備えるようになり、その状態は何世紀ものあいだつづいた。

人口がとくに都市の周辺部で増加すると、マヤ族は農地の範囲を拡大した。紀元一世紀には早くも、彼らは沼地を干拓して運河をつくり、それまで耕作不能だった土地を碁盤目になった盛り土耕地に変えていた。こうした土地は、季節によって水浸しになる河川沿いの低地よりも高台にしてあった。これらの区画は、メキシコの高地のアステカ族が何世紀ものちに利用し、大首都テノチティトランに食糧を供給していたことで知られている沼の耕作地に似ていた。人口がさらに増えるにつれ、マヤ族は険しい山腹に段丘をつくりはじめ、激しい暴風雨のさいに押し流される大量の泥土をせき止めるようになった。

崩壊する直前の西暦八〇〇年には、おそらく八〇〇万から一〇〇〇万人のマヤ族が低地に暮らしており、自然の収容力の低い熱帯の環境にしては信じがたいほど高い人口密度になっていた。アリゾナ大学のパトリック・カルバートによれば、南部の低地の人口密度は一平方キロ当たり二〇〇人にまで増加し、それがきわめて広い地域におよんでいた。こうなると、苦しい時代になっても、少し先の未開拓の新しい土地に移動して適応するわけにはいかなくなる。農民は自分たちの食べる分を生産するだけでなく、非生産的な貴族階級をはじめ、急速に増える都市の人口をも養っていた。都市の人口が増加し、野心的な君主がそれまで以上に過酷な要求を農民に課すにつれ、マヤ族は土地を食いつぶして最後の一線を越え、もともと彼らの世界にはつきものだった干ばつに脆弱さをさらすようになった。マヤ文明の規模は環境の限界を超え、大災害を招きうる不確実な領域に足を踏み入れたのだ。

新しい証拠

最近まで、干ばつ説は度外視されていた。それはおもに気候学的な証拠がほとんど存在しなかったからだ。現在は低地の湖やカリブ海の深海コアから、干ばつの威力が文明を滅ぼしうるものだったことを示す劇的な証拠が見つかっている。

湖のコアは海底から採取されるものと似ているが、長さはずっと短い。突然の洪水や浸食が起こらなければ、湖底の泥や泥土がゆっくりと均等に堆積し、そこから得られる気候の記録はきわめて細かい粒子のものとなる。

気候学者のデイヴィッド・ホーデルと同僚は、気候データを探すために、ユカタン半島にある塩湖、チチャンカナブ湖の堆積物からコアを採取した。一九九三年に掘削された最初のコアでは、何世紀ものあいだ湖底の堆積物に保存されていた貝の炭酸塩に含まれる酸素同位体比の変化が計測された。この数値と、細かい泥土に含まれていた酸素と石膏の割合から、科学者たちは過去に見られた蒸発と降雨の割合の変化を再現することができた。乾燥した気候の時代には方解石よりも石膏のほうが高い比率で含まれ、湿潤な時期にはその逆になる、と彼らは考えた。当初のコアは過去九〇〇〇年にわたり、約二〇年の誤差範囲で気候変動の過程を示していた。ホーデルはその後また湖に戻り、最も深い部分からさらに二本のコアを並行して掘りだし、過去二〇〇〇年にわたる変化が記録された高解像度の試料を得た。今回、ホールデンは種や木の破片など、コアのなかに保存されていた陸上の細かい屑についてAMS法で放射性炭素年代を測定した。干ばつに見舞われたことを示す石膏含有レベルが高い部分を、いまでは正確に年代測定できるようになったのだ。

ホーデルはこうして、二〇〇〇年間にユカタン半島が三度の大干ばつに見舞われたことを発見した。最初の干ばつは、マヤ文明がまだ形成期にあった前四七五年から前二五〇年にかけて襲った。二度目は紀元前一二五年から紀元後二一〇年までつづき、これは初期のマヤ文明最大の都市エル・ミラドルの最盛期と重なっていた。紀元後一五〇年ごろにエル・ミラドルが放棄されたのは、少なくとも一部には、干ばつがつづいた結果だったとホーデルは考える。興味深いことに、グアテマラ南部の低地にあるペテン・イッツァ湖から採取したコアは、紀元前一三〇年から紀元後一八〇年までつづいた干ばつを記録しており、それはマヤの大規模な居住地が各地で放棄された時代と同時期に起こっていた。だが、なかでも厳しい干ばつは七五〇年から一〇二五年にかけて起こり、これは南部の低地でマヤ文明が大崩壊した時期と一致していた。

繰り返し干ばつに見舞われた背景に、マヤ文明の歴史を当てはめてみると、驚くような時代的一致が見られる。ホーデルが発見した三度の乾燥した時代の一度目は、マヤの農業が乾燥期に対応できるだけの充分な柔軟性を備えていた時代に起こった。マヤ族が二度目に襲われたのは、低地に都市と文明が初めて開花したころだった。エル・ミラドルのような都市は、集水および貯水が可能な低地にあった。当初、このシステムは機能していたが、やがて都市が拡大しすぎて、脆弱な世界へ足を踏み入れ、エル・ミラドルの支配者は環境災害を前にして超自然的な威信を失い、人びとは離散した。それでもまだ、離散しうるだけの充分な余地があった。

干ばつが終わると、再び発展が始まり、マヤ文明は驚異的な勢いで拡大の一途をたどった。最大の干ばつが低地を襲ったころには、耕作可能な土地は、基本的にすべて農地として利用されていた。マヤの農業は瀬戸際までできており、収穫がわずかに落ちても深刻な事態を意味するようになっていた。ほぼ三世紀にわたって深刻な干ばつがつづくと、地下水面は下がり、雨も充分に降らず、それでなくても増えつづける貴族階級の要求を満たすのに苦慮していた農業経済は荒廃した。

ホーデルの湖コアは、マヤ時代に干ばつが起こったことを証明する最初の確たる証拠となった。最近では、カリブ海南東部にあるベネズエラ沖のカリアコ海盆から採取された深海コアが、気候に関して考えうるかぎり最も明白な証拠を提供している。全長一七〇メートルにおよぶカリアコの試料のうち、最上部の五・五メートルが過去一万四〇〇〇年分のもので、およそ一〇〇〇年で三〇センチの割合で堆積している。カリアコの堆積物はきわめて鮮明であり、蛍光X線スキャナーを使えば二ミリごとの間隔でチタン濃度が測定できる。これならわずか四年ごとの間隔だ。チタン濃度はカリアコ海盆に流れ込んだ陸上の堆積物の量を示しており、したがって川の流れの変化や、時代ごとの降雨量の変化をあらわす。濃度が高ければ降雨があったことを示し、低ければ乾燥した気候を意味する。南アメリカ北部の乾燥した気候はおもにENSO現象によって起こるので、チタンの増減は干ばつだけでなくエルニーニョの発生年も正確にあらわしている。

雨はほとんど夏のあいだに降り、そのころ熱帯収束帯は北のほうのユカタン半島あたりにある。冬の乾燥した季節には、熱帯収束帯はマヤの低地の南へ移動する。ということは、マヤ族の祖国はカリアコ海盆と同じ気候型にあって、いずれも熱帯収束帯の季節ごとの移動の最北端近くに位置することになる。その結果、きわめて鮮明なカリアコの試料は、湖底から掘削したもの以上に、マヤ時代の干ばつの状況を詳細に映しだすことになる。

カリアコの試料は、一般的に乾燥した状況であったうえに、たびたび干ばつの層が出現したことを示している。このことは、マヤの崩壊が地方ごとに異なった影響を受けながら、徐々に進んだ理由の説明となるかもしれない。ジェラルド・ハウグと同僚は西暦七六〇年、八一〇年、八六〇年、九一〇年（最後の回は六年ほど継続）ごろに四度の大干ばつがあったことを突き止めた。それぞれ四〇年から四七年の周期であり、これは湖コアから得られたおよそ五〇年ごとの周期とも一致する。

まず崩壊したのは低地の中部と南部だった。この地域は地下水が手に入りにくく、農民は降雨に大きく依存していた。北部のユカタン半島にはセノーテと呼ばれる落ち込み穴があり、地下水が湧きでていたので、ここでの暮らしはまだ楽だった。

考古学者のリチャードソン・ベネディクト・ギルは、スウェーデンの樹木年輪に記録された厳寒の時代と、廃墟となった都市の石碑に最後に記された年月を利用して、崩壊は三度にわたって起こったという説を唱えた。まず西暦八一〇年に始まり、パレンケやヤシュチランのような都市が被害を受けた。八六〇年には、別の干ばつがカラコルとコパンの大都市を崩壊させた。最後に、八九〇年から九一〇年に、ティカル、ワシャクトゥンなどの中心地が陥落した、というものだ。このときのティカルの惨状は明らかで、考古学者のピーター・ハリソンはこの時代の家庭のごみ山から、焼かれたり、齧られたりした痕跡のある人間の遺骸を発見している。生き残るために共食いをしたとしか考えられないものだ。絶望した人びとは、同胞を食べるしかなかったのだ。当初、ギルの説は議論の的となったが、やがてカリアコのコアから、彼が調べた銘文や樹木年輪データと驚くほど合致する結果が得られた。

となると、マヤ文明が崩壊した根本的な原因は、少なくとも三度の大干ばつによって飢えと社会的大惨事がもたらされたためだったのである。どの都市でも、大君主は雨を降らせることに失敗した。こうしておそらく社会不安が噴出したのだろう。考古学者によれば、これらの都市の住民は死滅したか、小さい集落に離散していった。不運なマヤ族は極限まで達してしまったのであり、彼らの文明は完全に崩れ落ちた。はるか南でも、別の輝かしい国家が同じ運命をたどっていた。

プレ・インカの都市、ティワナク

「建物のそばには、石造りの巨大な土台の上に人の手でつくられた丘がある」と、スペインの征服者シエサ・デ・レオンは書いた。ボリビアのチチカカ湖南岸近くにある壮大な遺跡を、短期で訪れたあとのことだった。「私が驚いたのは石でつくられた巨大な門で、なかには一枚岩でできているのもあった」。地元の伝説によれば、この都市はタイピ・カラ、「中心にある石」と名づけられていた。考古学者はここがティワナクと呼ばれ、紀元一千年紀のあいだ人口五万人の国家として栄えた場所であると確信している。

ティワナクは、チチカカ湖の東方一五キロほどにある川岸の要衝に位置する。ここに農耕民が最初に住みついたのは前四〇〇年ごろのことだった。当初の村はたちまち町になり、やがて都市へと発展した。西暦六五〇年ごろ、ここを訪れた人がいたら、宮殿や広場、鮮やかに彩色された神殿、そこにある金箔でおおわれた光り輝く浅浮彫りを見て驚嘆したことだろう。ティワナクは建築の宝庫であり、多数の門と壮大な石造りの建造物があることで知られている。市の中心には、アカパナと呼ばれる、周囲二〇〇メートル、高さ一五メートルの巨大な人工の高台がある。ティワナクの最盛期には、アカパナは砂岩と安山岩を巨大な階段状に積みあげて擁壁にしたひな壇式の高台だった。高台の上には一段低くなった中庭があり、その周囲は石造りの建物に囲まれていた。雨季になると、水が中庭から階段状の部分にあふれ、最終的には轟音とともに大きな濠のなかへ流れ込んだ。シカゴ大学の考古学者アラン・コラータは、ティワナクとその後背地について長年研究してきた。この儀式用の一画は象徴的な島だった、とコラータは考える。チチカカ湖のまわりに住む人びとが昔から崇めてきた聖所、太陽の島のようなものだ。マヤのピラミッドや広場と同様、アカパナは技巧を凝らした公共儀式のための背景に使われた。ここでティワナクの指導者は金の装飾品をまとい、彫刻に描かれたような手の込んだ頭飾りをつけ、神々あるいはコンドルやピューマのような装いで登場した。

この都市の儀式的な世界では、人身御供が重要な役割をはたしていた。おそらく全能

ベネズエラ
ガイアナ
スリナム
フランス領ギアナ
太平洋
コロンビア
エクアドル
ペルー
ブラジル
パラグアイ
ケルカヤ
氷冠
ボリビア
ティワナク
ティワナク国の境界線
アルゼンチン
ウルグアイ
チリ
大西洋
N
ティワナク近郊

の太陽の神をなだめ、人間の暮らしの連続性を保証するためだろう。この神が、今日も残る有名な太陽の門に描かれた「門の神」だ。この神は日光のような頭飾りをかぶっており、放射線状に伸びる一九本の光の先端は円形およびピューマの頭部になっている。神の横には頭部が人間または鳥で、翼をもった僕が三列に並び、それぞれが官杖をもっている。ティワナクの図像と信仰はわれわれには見当のつかないものだが、日光と水が儀式的な世界で重要な役割をはたしていたことはまず間違いない。この都市は、その双方の豊かな恵みに依存していたからだ。

ティワナクはおよそ六〇〇年間、ペルー南部とボリビア北西部の高原アルティプラーノで繁栄した。アルティプラーノは海抜三八〇〇メートルから四二〇〇メートルまでの地域にまたがり、季節ごとに大きな変化の見られる場所だ。農耕の専門家は長年、この高原はどんな耕作にも適さないと考えてきたが、ティワナクの農民は何世紀ものあいだ大量の余剰食糧を生産してきた。ティワナクの複雑な社会景観は、強大な国家の中心となった。この国家は、征服と植民の双方によって築きあげられ、高地および太平洋岸にあるほかの社会との交易をつねに厳重に管理しつづけていた。アンデス地方の水準からすれば、ティワナクは長命の王国だった。だが、西暦一一〇〇年ごろ、この国の農業は中世温暖期によって大打撃をこうむった。

この国は、チチカカ湖のそばにあるティワナク川とカタリ川の流域を中心に広がっていた。これらの流域はアルティプラーノと高台の中間的な地帯にあり、それぞれの低地部分は一年中、湿地になっており、十二月から三月までの雨季には洪水に見舞われた。チチカカ湖の水位は毎年増減し、降雨量の違いによってその変化の度合いも変わる。最も高水位になるのは、おそらく大型のＥＮＳＯ現象のときだろう。ティワナクの人びとが盛り土耕地を基本にした複雑な農業生産基盤を発展させたのは、こうした流域においてだった。これらの耕地はじつに効率よく稼動し、五〇〇年以上にわたって密集した人口を支えつづけた。

ティワナクの豊富な食糧は、職人や神官、商人、軍隊、および神殿建設などの公共事業で働く村人の集団を支えた。風に吹きさらされた寒い環境で、降雨もまったく当てにならず、耐寒性の作物しか育たないような高地に、これほど高度な都市が存在したというのは奇跡のように思われる。庶民はジャガイモとこの地方原産の二種類の塊茎、オカとウルコを食べて暮らしていた。トウモロコシは上層階級のための贅沢品だった。人口が急増していたため、いずれの作物も毎年、膨大な量が必要となった。

独創的な盛り土耕地制度は、低い土地と高い地下水面を利用して、一年に数回の収穫を可能にしたものだった。山の薄い空気のなかでは、夜間の気温が夏でも氷点下になるが、地下水が熱シンクの役目をはたし、作物の根系を温めて保護する。さらに、運河に自生する水草をさらったものは堆肥となって栄養分になり、熱も発生させた。霜の降りる夜には、低地の耕地一帯を薄いもやがおおった。日が昇って白い毛布を消散させると、ジャガイモの茎や葉は少しも被害を受けずに青々と茂っていた。そのころ、ほんの数キロ先では、霜にやられた作物が山腹の畑で枯れていた。

耕地そのものが、農業工学の優れた見本だった。農民はまず、丸い小石を土台にぎっしりと敷き詰めた。それからこの土台をきめ細かい粘土の層で密封し、チチカカ湖のやや塩分を含む水が植物の根に触れるのを防いだ。粘土は近くの湧水（ゆうすい）や、季節的に流れる細流からの淡水を、つねに一定レベルに保つ役目もはたした。次に、砂利と砂をきちんと分けて敷き、それから周囲の運河からの泥で栄養分の高い表土でおおった。農民は有機物を含む土と粘土で定期的に畑の土を入れ替え、人糞（じんぷん）を肥料にした。

ティワナクの増えつづける人口は、あたりの景観をこうした畑で文字どおり埋めつくした。たとえば、カタリ川で行なわれた考古学調査では二一四ヵ所の耕地が見つかっており、そのうち四八ヵ所はティワナク最盛期のものだった。ルクルマータという第二の重要な都市は一四五ヘクタールという巨大な規模に発展し、パンパ・コアニの上方にある河岸段丘沿いに住宅やその他の建物が広がっていた。町の中心地区とその背後の急斜面とのあいだに、住民は三日月形をした盛り土耕地の一画をつくった。春になると、山腹から盛り土耕地のある低い土地に雨裂を伝って真水が流れる。当時の農業工学者たちは、この雨裂に丸石を敷き、一種の水道をつくって水を耕作地まで運んだ。もっとも、ルクルマータ地区では六・五ヘクタールしか農地に割かれていず、住民全員を養うにはとうてい充分な土地とは言えなかった。

この町の食糧の大半は、近くに密集する多数の小さい農地で生産されたものだった。

人手によって築かれた農業生産用の土地はほぼ切れ目なくつづき、多数の独立した地下水源と灌漑用水路を備えていた。ティワナク渓谷のその他の場所では、盛り土耕地は各地に点在したおおむね自給自足の谷間から成り立っていた。コラータが「人間の重要な居住地」と呼ぶものと直接関係する土地だ。一方、カタリ川の流域では、盛り土耕地全体が一つのまとまりとしてつくられ、入念に計画され、都市の中心街や、小さい町、多数の集落から集められた労働力を使って耕作されていたようだ。カタリ川流域は農業生産に特化した場所で、おそらくはティワナク国の直接の指揮下に置かれ、ほとんどの国民や行政の中心地からは隔離されていたのだろう。こうした居住形態は、強力な中央統制下にあり、きわめて組織的で、官僚的ですらある国家を示唆する。

盛り土耕地はティワナクの存続問題を解決するすばらしく生産的な方法であり、その管理を各地の共同体の手に任せられるという利点もあった。それが成功するかどうかは地下水面の高さと、よい湧水や小川があるかどうかにかかっていた。人口密度が比較的低いまま推移し、平均的な雨量が望めるかぎり、すべての人を養っても余りあるほど食糧があった。しかし、都市の指導者が野心をいだき、国家が拡大するにつれて、さらに収穫を増やす必要性が高まった。農業の生産規模は容赦なく拡大した。ある段階で、ティワナクは限界を超え、長期の干ばつには抗しきれない危機的な状況におちいった。それはきわめて短命の世代ごとの記憶しかない農民の理解を超えた気候現象だった。

チチカカ湖の湖底から掘削されたコアは、ギリシャ悲劇のごとき破壊力をもつ一連の気候現象が起きたことを明らかにしている。前五七〇〇年から前一五〇〇年まで、アルティプラーノは非常に乾燥しており、当時のチチカカ湖は現代より五〇メートルも水位が低かった。厳しい干ばつのつづいたこの長い時代、この土地では農耕共同体がそれなりの規模に達したことは一度もなかった。ほとんどの村は湖岸に集まっていたが、そこですら水不足のために農耕は困難であり、人は必然的につかの間しか居住できなかった。多くの人びとは各地に点在した小さい居住地に住み、アルパカを飼って食いつないでいた。それ以外の集団は毎年、長距離を移動し、アルティプラーノからアマゾンの湿度の高い多雨林や、チリまたはペルーの海岸沿いの砂漠にまで向かったことが、人工遺物から判明している。前一五〇〇年以前には、この地域ではどの村も一〇年以上、存続することはなかった。

前一五〇〇年ごろ、雨量が大幅に増加した。湖は二〇〇年から四〇〇年のあいだに二〇メートル以上水位が上昇した。そうなるとたちまち、湖岸に定住性の村が出現する。雨がさらに降ると、アルティプラーノの耕作にともなうリスクもいくらか軽減した。農耕民は乾いた土地を耕した。季節的な降雨に全面的に頼っていたので、収穫量はそれに応じて少なかったが、彼らは盛り土耕地を使った農耕も実験していた。

湖の水位はこのころには一〇年おきくらいに大きく変動していたが、以前のきわめて乾燥した状態に戻ることはなかった。湖コアを調べると、低水位の時代が短い間隔で訪れたことがわかり、それとともに、渓流から細かい堆積物が流れてきて湖底に積もる時代が長くつづいたことも判明した。一〇〇〇年間、アルティプラーノは農耕民と牧畜民を支えてきたが、彼らの数が増え、技術が向上するにつれ、盛り土耕地による耕作が農業経済の中心になった。西暦六〇〇年以降、大規模な盛り土耕地制度が湿地帯全体に広がり、八〇〇年から九〇〇年には、およそ一九〇平方キロにおよぶようになった。カタリ川流域で一五〇平方キロの地域の堆積物を入念に調査したところ、八〇パーセントもの土地がその二世紀間に耕作地と化していた。この拡大は、降雨量が増加して湖の水位が大幅に上がった数世紀間と同時に起こった。西暦三五〇年から五〇〇年のあいだ、チチカカ湖の水位は今日よりも高かった。八〇〇年から九〇〇年のあいだは、ほぼ現代と同じレベルだった。

氷雪コアの研究も、チチカカ湖の湖底から採取された堆積物から判明した情報を裏づける。ケルカヤの氷冠はチチカカ湖から二〇〇キロほど北のアンデス山脈の高所にある。この氷冠からのきめ細かい氷雪コアには、西暦六一〇年から六五〇年と、七六〇年から一〇四〇年の二度にわたり、湿潤な時代があったことが記録されている。乾燥した時代は、西暦五四〇年から六一〇年、六五〇年から七六〇年、および一〇四〇年から一四五〇年と三回訪れた。最後の乾燥期は中世温暖期とほぼ同時に起こって四世紀間つづき、その間にアンデス山脈の積雪はいちじるしく減った。

この乾燥した時代は湖コアにもよく記録されている。西暦一一〇〇年ごろ、大量の降雨によって形成された細かい有機物の層がにわかに消滅した。陸地では、カタリ川流域の盛り土耕地制度が、半世紀のあいだにほぼすっかり姿を消した。このころには、そうした耕地は、地下水の水位が局地的に高い場所で存続するのみとなった。

盛り土耕地からの残留物の放射性炭素年代を測定して年表を作成し、チチカカ湖の水位の増減と、ケルカヤの積雪を同じグラフに書き込めば、驚くほどの共通点が見られるだろう。アンデス山脈の積雪量は一〇四〇年ごろ以後、急速に減少した。干ばつは一三〇〇年ごろにピークに達し、一四五〇年ごろまで、厳しさはいくらか緩和されながらもつづいた。チチカカ湖のコアは、水位が一二メートルから一七メートルも下がったことを反映して、ほぼすべての試料に有機物の堆積が完全に中断された状態が見られる。チチカカ湖の一部であるウィニャイマルカ湖は、完全に干上がってしまったようだ。較正した放射性炭素年代によると、湖は一〇三〇年から一二八〇年のあいだに縮小しており、これはアンデス山脈で積雪が少なかった時代とちょうど重なる。双方の気候指標は長期にわたって厳しい干ばつに見舞われたことを示しており、おそらく降雨量は現代の平均より、一〇パーセントから一五パーセントは少なかっただろう。盛り土耕地から得た証拠も同じくらい明白だ。耕地は単純に放棄されていた。

このシナリオには説得力がある。長引く干ばつは、年間降水量が一〇パーセントから一五パーセント減少するとともに始まり、それが一年間だけでなく、長期にわたってつづいた。降水量が減ると、すぐに湧水の水量が減り、やがて地下水面が下がってきた。

そして、帯水層が再び満たされることはなかった。アラン・コラータが述べるように、「水不足のために、盛り土耕地の複雑な物理学的および生物学的機能は、まったく作用しなくなった」。さらに乾燥した気候になると、ティワナクは絶望の淵(ふち)まで追いやられ、やがてその限界も超えた。

カタリ川近辺では、一一五〇年以降、居住形態が様変わりした。それ以前の時代の、

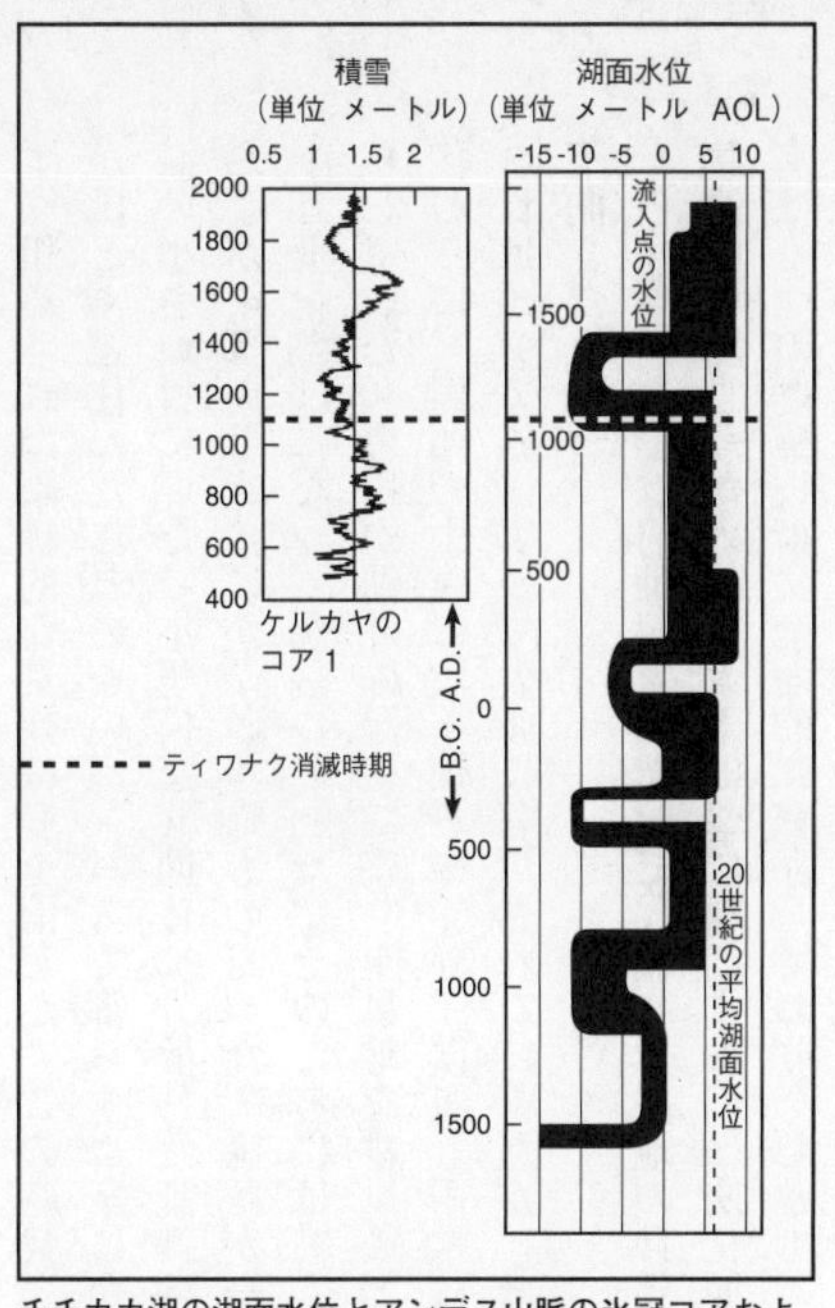

チチカカ湖の湖面水位とアンデス山脈の氷冠コアおよび放射性炭素年代との相関関係。資料提供：アルバカーキのニューメキシコ博物館

よく組織された階級的な景観は姿を消した。この時代になると人びとは、それまで人類がほとんど住んだことのないパンパスで暮らすようになり、その多くが一ヘクタール未満の小さい村にいた。小規模な共同体に分散した証拠は劇的かつ唐突であり、三世紀におよぶ干ばつと直接にかかわったものだった。降雨が一一〇〇年以前の水準に戻るのは、十五世紀半ばになってからのことだ。そのころには、人びとはインカ帝国の支配下で暮らしていた。農民が湖畔の湿地で盛り土耕地を耕すことはもはやなかった。彼らはその代わりに、周囲の山腹に段々畑をつくり、灌漑と雨水による農業を営むようになった。これはインカ族によって大いに利用された技術だが、密集した人口を養うにはまったく不向きだった。

ティワナクでは何世紀ものあいだ、盛り土耕地の目覚しい生産性に支えられて人口が急速に増加したために、大干ばつに順応するには文化面が欠けていた。ティワナクの経済は一つの農業技術に全面的に依存しており、しかも、その農法は豊富な水を当てにしたものだった。水がなくなると、制度全体が崩壊した。

ティワナクが危険な領域に足を踏み入れるまでの道のりは、残酷なまでに一直線だった。もっとも、崩壊そのものは、気候変動と農業の内部崩壊、さらにきわめて脆弱な単一の産業技術にもとづいた政治および宗教制度の柔軟性のなさが、複雑に絡み合った結果だった。こうしてみると、遠隔地からの穀物に頼っていたヒッタイト人を思いださずにはいられない。ヒッタイト人は神殿や贅沢な供物をささげて神々をなだめたが、雨が気まぐれにしか降らない地域でおもに生産されていた食糧が、膨れあがった都市を支えるにはとうてい足りなくなると、彼らの文明は驚くほど急速に崩壊した。ティワナクの場合は、大干ばつによって国の指導者や神々の威信が損なわれた。中世の干ばつに見舞われると、気候的大災害に直面した彼らは、脆弱さを露呈させられた。ティワナクの崩壊から一世紀後には、廃墟と化した偉大な都市の記憶は、おぼろげにしか残っていなかった。インカの皇室の神話はのちに、偉大な太陽神であり最高神のビラコチャについて語り、この神はティワナクからやってきて、湖の柔らかい粘土で世の中を創造したと伝えた。この古代の都市は限界に達し崩壊したが、アンデス地方の神話上の歴史のなかで、輝かしい正統性を主張したのだった。

エピローグ　西暦一二〇〇年〜現代

人類の歴史は、変わりつづける世界のなかで繰り広げられてきた。変化はときには遅く、ときには速くなる。長期におよぶ変化の本質は、それぞれの年を特徴づけるより大きな揺れにいつも覆い隠されてしまう。環境はこれからも変化しつづける。それは一つには人間が意図して、また意図せずに行なう活動に影響されるからであり、また自然によって引き起こされる場合もある。この世界には、いずれは生活水準が安定する、あるいは上昇しつづけると期待できる保証はまったくない。

ヒューバート・ラム『気候、歴史、そして現代世界』（一九八二年）

ディエス・イレ、ディエス・イッラ、ソルヴェット・セクルム・イン・ファヴィッラ……この日、怒りの日がこの世を灰と化すだろう……。モーツァルトの『レクイエム』のカデンツがセント・ポール大聖堂のドームで天に向けて響き、やがて消えていった。演奏会はすばらしく、音響効果も申し分なかった。大聖堂からロンドン市内の喧騒（けんそう）のなかに繰りだしたとき、暑い夏の空に雷鳴がとどろき、私たちは西の地平線に嵐雲（あらしぐも）が立ちこめていることに気づいた。私の連れは、これは神の怒りを折よく思い起こさせてくれたのだと言った。
気まぐれで無慈悲な神の怒りという観念は、文明が芽生える以前から、人間の行動を左右してきた。氷河時代の洞窟で、部族のシャーマンが唱えた歌は、超自然界の勢力とのあいだをとりなすものだった。エリコやチャタルホユックでは、祀られた先祖が家族の土地と収穫を見守っていた。ウルでは、神なる王が神々のために土地を管理する役目をはたしていた。マヤのティカルの君主や、チチカカ湖のそばのティワナクの支配者は、超自然的な力を使って未知の世界と対話した。気候学や科学的な記録方法が登場する以前は、人間の記憶の限られた範囲のなかで、気候の変化は神々の仕業なのだと考えられていた。人間にできることは、祈りと犠牲と神殿建設を通じて神をなだめることだけだった。

西暦一三一五年の復活祭から七週間後、濡れそぼったヨーロッパ一帯に豪雨が降り、耕したばかりの農地を湖と沼地に変えた。大雨は六月、七月に入ってもつづき、さらに八月、九月になっても止まなかった。牧草は農地で横倒しになり、小麦と大麦は収穫する前に腐った。『マームズベリー年代記』を書いた無名の著者は、天罰が地上に下ったのだろうかと考えた。「だからこそ、主は民に激しくお怒りになり、御手を伸ばして彼らを打たれたのだ」（イザヤ書五章二五節）。結束の固い農耕共同体は一三一五年の食糧不足はおおむね乗り切り、翌年にはよい収穫があることを願った。だが、一三一六年の春は豪雨で、播種（はしゅ）もままならなかった。イギリス海峡と北海は強風で荒れた。羊や牛は弱り、作物は実らず、物価は上がり、人びとは再び神の怒りについて考えた。一三二一年に雨の猛威が収まったころには、村人も都市の住民も、一五〇万人以上が飢えと飢饉（ききん）に関連した感染症で死亡していた。現代のベルギーにあるサン・マルタン・ド・トゥルネの大修道院長、ジル・ド・ミュイジはこう書いた。「有力者や中間層から身分の低い者まで、男も女も、老いも若きも、金持ちも貧乏人も、毎日とてつもない人数が死んでいったので、あたりには悪臭が漂った」。人びとはどこでも絶望していた。ギルドや修道会は通りに繰りだし、人びとは裸のまま、聖人の亡骸（なきがら）と聖遺物を担いだ。よい時代が何十年もつづいたあと、戦争やつまらない争いで分裂していたヨーロッパに天罰が下されたのだと、人びとは考えた。

一三一五年の大雨は、気候学者が小氷河時代（リトル・アイスエイジ）と呼ぶものの始まりを告げていた。これは六世紀にわたって気候が絶えず変わりつづけた時代であり、現在も進行中かもしれないし、そうでないかもしれない。この名称そのものは誤解を招くものである。確かに、バルト海は凍結したし、氷の張ったテムズ川に何ヵ月ものあいだ冬の市が立ち、氷河が前進してアルプス地方の村をのみ込むなど、記憶に残る厳しい冬もあった。しかし、新しい気候学によれば、小氷河時代は気候がジグザグに変化した時代であり、四半世紀以上、同じ状態がつづくことはめったになかった。多くの科学者はこれらの変動は一八六〇年ごろ終息し、それ以来、現在の温暖化の傾向が始まったと考えている。

　気候による圧力は、それが完全な崩壊をもたらさない場合は、往々にして社会を再編成し、技術革新をうながす役目をはたす。十四世紀のヨーロッパは、道路、港、地元の粉ひき場というごく基本的な社会基盤しかない農業大陸だった。王国には王や女王が君臨し、込み合った都市はつねに食糧不足におびえていた。働き手の一〇人中九人までが食糧生産にたずさわっていたが、それでも大陸中どこでも人びとは毎年、かろうじて生活していた。だが、小氷河時代の苦境をきっかけに農業革命が引き起こされた。農業革命は十五世紀および十六世紀に北海沿岸低地帯で始まり、一〇〇年後にイングランドにも波及した。イングランドの土地所有者の多くは新しい農業を歓迎し、囲い込んだ大規模な農場が景観を変えた。カブやクローバーなどの革新的な作物が、家畜と人間が冬に飢えずにすむための保険となった。十八世紀末に産業革命が始まったころには、イギリス、フランドル、そしてオランダは穀物と家畜を自国内でまかなえるようになっていた。新たな規模の農業生産は、かつてより効率的になった社会基盤とあいまって、急速に発展する都市と、増えつづける農村および都会の人びとを支えた。西ヨーロッパでは、気候の悪化によって不作の年が多くなったこの時代に、フランスだけが農業面で立ち遅れていた。完新世を通じてそうであったように、飢えの蔓延（まんえん）は社会を崩壊させ、支配者の正統性を失わせた。ここではさらに市民の混乱に啓蒙（けいもう）思想が加わってフランス革命に発展し、ひいてはそれがアメリカの民主主義の理想と、経済および産業大国としての合衆国の興隆にも影響をおよぼした。

小氷河時代の気候変動は一八四〇年代までつづいた。一八一五年に東南アジアで起きたタンボラ山の大爆発は、一八一六年に有名な「夏が来ない年」をもたらした。一八二〇年代、三〇年代には春と秋の気温が上がり、一八二六年は一六七六年から一九七六年までの三〇〇年間で最も暑い夏になった。一八二九年の八月はきわめて低温で雨が多かった。洪水で橋が流され、作物が台無しになり、川の流れが変わった。同じ年、スイスのボーデン湖は一七四〇年以来初めて氷が張った。この湖が再び凍ったのは、厳寒に見舞われた一九六三年のことだった。一八三七年から三八年は、スカンディナヴィアでは厳しい冬になり、ノルウェー南部からデンマーク北部の先端にあるスカーゲン港まで氷が張り、西のほうも見渡すかぎり氷がつづいていた。この予測のつかない動きは一八四〇年代になっても継続し、たびたび厳冬と冷夏に見舞われた。だが、一八五〇年以降は、気候は徐々(じょじょ)に、ほぼ連続して温暖化し、その状態は今日もつづいている。近代の計測機器と膨大なコンピューター・データベースのおかげで、全球平均地上気温が一八六〇年以降、〇・四度から〇・八度上昇し、世界の一部では一九〇〇年以降、〇・二度から〇・三度上昇していることがわかっている。夏の気温は現在では中世温暖期の平均示度と同じになっている。こうした事態は、化石燃料と人間による他の汚染物質がもたらした結果であって、気候変動による自然の動きの一環ではないと考える人は大勢いる。おそらく彼らは正しいだろう。たとえば、コンピューターによる気候の再現実験によると、一六〇〇年から現在までで、太陽放射の変動の結果、引き起こされたと考えられる地表温度の上昇は、わずか〇・四五度だ。一九〇〇年から一九九〇年までの期間に限定すれば、上昇分は〇・二五度未満のはずだが、実際には地表温度は〇・六度上昇した。太陽放射の変化は二十世紀の温暖化を引き起こした原因の半分にもならないようであり、それ以前の世紀とくらべると、これはかなり少ない。

つまるところ、温暖化の原因を探るのは付随的な議論でしかない。われわれはグローバル経済のカプセルのなかで暮らしている。ところが、人口が爆発し、都市が人間の居住形態の中心となった時代には何千人もの死者をだす可能性のある気候現象のことは忘れてしまっているらしい。産業革命とともに、人類は潜在的な大災害に恐ろしいほどさらされた時代に大きく足を踏みだした。地球を温暖化して極端な気候現象が起きる可能性を増すという、われわれ自身がもっているらしい能力によって、危険はいっそう高まっている。起こりうる大惨事の規模は、歴史的な観点からは考えられないほどのものだ。十九世紀にはＥＮＳＯと干ばつによって生じた飢え、および飢饉に関連した感染症から、少なくとも二〇〇〇万人が死亡した。今日では、ブラジル北東部やサハラのサヘル地域、エチオピア、アジアの多くの地域など、農業がほとんど成り立たない土地に、二億を超える人びとが暮らしている。毎年、アリゾナ州ほどの広さの土地が、森林伐採によって丸裸になっている。何百万もの人間が高層ビルや、都市郊外の住宅や、工業化の進んだ都市のスラム街で生活しており、こうした場所はハリケーンの大嵐にはきわめて脆弱だ。

クロマニョン人やチュマシュ族とは異なり、あるいはマヤ族とすら違い、われわれにはほかの場所へ移動するという選択肢はない。今日では、近隣の土地には、隣人が暮らしているのだ。

たとえば、グリーンランドの氷床が大量の融解水を北大西洋に放出し、メキシコ湾流が急に停止したら、ちょうどヤンガー・ドライアス期のような状態になったら、どうなるだろう？ ヨーロッパは三〇年も経たないうちに、極地に近い気候になるのだろうか？ 現在、スカンディナヴィア、ドイツ、フランス、オランダ、ポーランド、バルト三国、ロシアに住む人びとはどこへ行き、何を食べるのだろう？ そのような気候変動は、確かに起こりうると考える科学者もいるのだ。

楽観的に考えれば、われわれはこの新しい、脆弱な世界にも適応するかもしれない。われわれ人類は、変わりゆく環境にたいし、確かに驚くほどの適応能力をもっている。だが、楽観主義も、人口統計学上の現実を前にすれば色あせる。現在、地球に暮らす六〇億の人間のうち、何億もの人びとはいまなお収穫を頼りに、雨季を当てにしながら生計を立てている。石器時代や青銅器時代のヨーロッパの農耕民が、五〇〇〇年前にやっていたように。ヨーロッパや北アメリカには、工業並みの規模の農業と、食品を長距離移動させるための高度な社会基盤があるので、飢饉は対岸の火事でしかない。しかし、その他の大陸に住む自給農民や都市の住民たちは、現在もつねに飢えの脅威にさらされながら暮らしている。

毎年、メディアは飢饉や洪水のニュースを報道し、世界の人びとが忘れているあいだも、アフリカ北東部やバングラデシュで何千人もの人びとが静かに息絶えていることを伝える。災害など起こりそうにもない豊かな欧米諸国にいるわれわれには、こうした人数はなかなか実感できない。地球の気温が現在の水準よりもさらに上がり、海面が上昇して人口密度の高い海岸平野を水浸しにし、何百万もの人びとを内陸部に再定住させるような事態になれば、さらに理解しがたい事態になるだろう。あるいは、サヘル地域をはじめとする水事情の悪い地域がいっそう深刻な干ばつに襲われた場合も同様だろう。われわれに想像しうるのは、人間が大気に干渉することによって、将来、気候がさらに急激に、極端に変化し、まるで予測のつかない事態になった場合の死者の数しかない。そうなれば、一八四〇年代にアイルランドのジャガイモ飢饉で何百万人もが死亡したことも、十九世紀末にインドでモンスーンが不順で何千万もの死者がでたことも、重大性を失うだろう。

気候は文明を形成する一助となってきたが、それは快適であるがためではない。完新世の予測のつかない気まぐれな気候は、人間社会に負担を強いて、適応するか、滅亡するかを迫った。本書は適応に成功した事例——前一万年ごろのヤンガー・ドライアス期に南西アジアで農耕に転換した例など——も、ティワナクのような国の滅亡についても検討してきた。いずれも干ばつの時代のことである。王の無謬（むびゅうせい）性を信じ、融通の利かない力のイデオロギーを信奉する支配者やエリートにとって、崩壊はしばしばまったく予期せずに訪れた。

われわれはすでに、気候によるこうした形成過程をどうにか免れた、と判断する理由はどこにもない。農業は今日ではますます目に見えないものになっている。食糧を生産する人の数は、五〇〇年前のヨーロッパでは労働力の九〇パーセントを占めていたが、今日のアメリカでは三パーセント未満になった。それでも、われわれはまだ食べなければならない。そして今日では、われわれの脆弱さは食糧生産面だけにとどまらない。人口が密集し、高層ビルやアパートが建ち並ぶ海岸線も、われわれの通信と輸送の制度も、金融、学問、および娯楽の抽象的な世界も、地球の気候の恩恵を直接的にも間接的にもこうむっている。かつて存在した多くの文明と同様、われわれも単に規模において取引したにすぎず、短期の干ばつや特別な豪雨の年のような、より頻繁に起こる小さい災害にうまく対処する能力を得る代わりに、めったに起こらない大災害にたいする脆弱さは受け入れたのである。

だが、われわれが人間社会のなかのスーパータンカーになったのだとすれば、これは妙に不注意な船だ。乗組員のうち、機関室に目を配っている者は一握りしかいない。ほかの人は物を売り買いしたり、もてなし合ったり、船体の流体力学や天空について学んだりしている。操船指令室にいる人は誰一人、海図も天気図ももっておらず、それが必要だということにすら賛成しない。それどころか、彼らのなかで最も権力のある者は、嵐など存在しないという説に与(くみ)している。たとえ存在しても、その影響はしごく穏やかなものであり、うねりが険しくなるのも、アホウドリが避難するのも、神の寵愛(ちょうあい)のしるしとしか解釈しえないと考えている。指揮権を握る者のうち、立ち込める雲が自分たちの運命となにかしら関係があると考えたり、乗客一〇人につき一人分しか救命ボートがないことを案じたりする人はわずかしかいない。そして、舵手(だしゅ)の耳に、方向転換を考えたほうがいいとあえて耳打ちする人は誰もいない。

謝辞

『古代文明と気候大変動——人類の運命を変えた二万年史』は、過去の気候変動について書いた二冊の前著をもとに生まれた。『洪水と飢饉と皇帝（*Floods, Famines, and Emperors*）』では、エルニーニョの役割と、古代社会に起こった関連の現象を検討した。『歴史を変えた気候大変動（*The Little Ice Age*）』は、西暦一三〇〇年から一八六〇年にかけて、ヨーロッパの中世から産業革命までのあいだに、気候が不順になり、変動しつづけた時代を描写した。今回の本は、氷河時代末期から中世温暖期の終わりまでという、より長い気候のキャンバスを使って描いたものだ。したがって本書は、いろいろな意味で前著の続編であり、このためにさまざまな対談を重ねたほか、戸惑うほど多岐にわたる問題に関して、研究所や図書館や現地で調査活動を行なうことになった。たとえば、深海コアや、原始的な弓の特性、デンマークのウナギ、どんぐり、マヤの図像学、干ばつに関するアッシリアの文書といったものである。

これだけ広い分野にまたがる本なので、必然的に多くの学者の専門知識に頼ることになったが、それぞれの方に感謝するには、その数があまりにも多い。このような本を執筆する楽しみの一つは、人から学べることであり、それもしばしば自分の専門以外の分野の人びとから教えてもらえることだ。私のEメールのやりとりは、ときにはおもしろいほど難解なものとなった。コンピューターを通じて、私を適切な専門家のもとへ導いてくれた多くの同僚や友人に感謝している。とりわけ、以下の各氏には恩義を感じている。リチャード・アリー、デイヴィッド・アンダーソン、デイヴィッド・ブラウン、ウィリアム・カルヴィン、バリー・カンリフィ、ジェフリー・ディーン、カレン・グリア、ドン・グレンダ、ジェラルド・ハウグ、ジョン・ホッフェカー、ダグ・ケネット、スタート・マニング、ジョージ・マイケルズ、アンドリュー・ムーア、パトリック・ナン、ニール・ロバーツ、アリソン・ラウトマン、アンドリュー・ロビンソン、ピーター・ローリー゠コンウィ、イヴォンヌ・サリス、クリス・スカール、およびスチュアート・スミス。ここにお名前をあげなかった方には、お詫びを申しあげるとともに、助言していただいたことを心より感謝したい。

思いやりがあって、熟練した編集者と仕事をする栄誉を味わった人間にしか、ベーシックス・ブックスのビル・フラットが本書にどれだけ貢献してくれたかはわからないだろう。彼の黒いペンには優れた理解力があり、洞察力と励ましは何よりも貴重だった。私は言葉にあらわせないほど、彼との長年の親交と友情を大切にしている。同じことは、『古代文明と気候大変動――人類の運命を変えた二万年史』の構想を練った期間を通じて、私のそばにいてくれたシェリー・ローウェンコフにも言える。彼の熱意は限りなく、洞察力はかけがえがなく、彼との付き合いや友情はきわめて重要なものだ。私のエージェント、スーザン・レイビナーは、当初よりずっと頼れる人だ。パーシアスの制作スタッフにも感謝する。彼らは私の複雑な原稿を、美しい本に仕上げてくれた。

最後に、長年私の執筆活動に耐えてくれたレスリーとアナに感謝と愛を捧げる。それからいつも邪魔をしてくれた猫のコペルニクスにも。彼ら（猫も人間も）が私の本を決して読まないのは無理もない！

本書に関連した旅行で、カリフォルニア大学サンタ・バーバラ校のアカデミック・セネット財団に費用を一部負担していただいた。

ブライアン・フェイガン

訳者あとがき

一九九七年十二月に採択された京都議定書が、七年余りの歳月を経て、二〇〇五年二月にようやく発効した。人間活動に起因する地球の温暖化が現実に起きていることは、今日ではおおむね誰（だれ）もが認めるところとなったが、温室効果ガスの六割を占める二酸化炭素の最大排出国、アメリカは議定書から離脱し、中国、インド、ブラジルをはじめとする途上国には削減義務がない。

地球温暖化に関する、こうした認識および危機意識の違いはどこからくるものなのだろう。気候の変動は、おもに地球の軌道離心率や地軸の傾き、太陽活動の変化といった天文学的要因に、大気と海洋のバランス、氷床の発達と融解、火山の噴火などが複雑に絡み合って引き起こされる。氷河時代末期の一万八〇〇〇年前ごろから、地球は徐々（じょじょ）に温暖化し、それとともに人類は繁栄してきた。問題は、この温暖化の速度が過去一五〇年間に、自然の温暖化レベルをはるかに超えて加速していることにある。その原因として、温室効果ガスの濃度が急激に上がっていることが注目され、二酸化炭素、メタンなど六種類のガスが削減対象となった。ところが、とくに二酸化炭素は経済活動に直結するだけに、メタンにくらべて赤外線吸収率が低いことなどを理由に、規制の効果を疑問視する声も根強い。

「『地球温暖化』という言葉は、それを口にするやいなや、地球の気温の上昇に人類が関与したのかという議論に結びつく」と本書『古代文明と気候大変動――人類の運命を変えた二万年史』(原題：*The Long Summer: How Climate Changed Civilization*) の著者ブライアン・フェイガンは嘆く。カリフォルニア大学サンタ・バーバラ校の人類学の名誉教授であり、考古学者でもあるフェイガンは、これまでに二〇冊を超える書を執筆しており、彼の著作は日本でも『古代世界70の不思議――過去の文明の謎を解く』(東京書籍)、『歴史を変えた気候大変動』(河出書房新社)、『現代人の起源論争――人類二度目の旅路』(どうぶつ社) をはじめ、数多く翻訳されている。本書では、著者は地球温暖化をめぐるこうした議論には直接かかわらない。その代わりに、氷河時代末期から近代にいたるまで、人類が歩んできたさまざまな歴史が、実際、いかに気候の影響を受けたものだったかを、気候学や古気候学の分野でここ一〇年ほどのあいだに新たにわかった科学的事実をもとに、何百年、何千年という時を超えて鮮やかに描いてみせる。

南極ヴォストーク基地から得た氷床コアは、過去四二万年に地球で起こった出来事を記録している。人類の起源は二〇〇万年以上前、地球の誕生にいたっては四六億年前と言われているので、それを考えればごく一部にすぎないが、人類によるなんらかの史料が残っている数千年前までとくらべれば、相当な年月だ。そのほかにも、深海や湖底からの柱状試料、花粉、種子、有孔虫、樹木年輪など、さまざまな手段を使って、過去を知る試みはつづけられている。地球の気候が寒暖、乾湿を繰り返して大きく変化してきたあいだも、人類はどこかで生き抜いてきた。その間ほぼずっと、気候が悪化すれば、住みやすい場所を求めて移動し、よい時代が戻って人口が増えれば、新たな場所を探し求めて移っていくという暮らしがつづいた。

しかし、完新世になって気候が急速に温暖化しはじめると、環境の変化への対策として、人間はそれまでの狩猟生活から採集生活へ切り替え、やがて一つの土地に定住して農耕を始めた。その後、灌漑設備や都市を築くようになり、気候が少しばかり悪化しても、乗り切れるようになった。こうして文明が始まったのだが、生物の宿命のように、あるとき増えつづけた人口がその土地の環境収容力を超える日がやってくる。そこで気候が大きく変動すると、もはや対応しきれず、多くの人は死に絶え、生き残った者は各地へ離散していった。

本書のなかで著者が最も危惧するのは、じつはこの点なのだ。気候の変動は、どれだけ科学技術を駆使しても防げないほど大きな被害を人類にもたらしうる。短期の小さい災害なら人間の知恵で対処できても、たとえば、一〇〇〇年にわたる干ばつに広範な地域が襲われたら、その一帯を放棄する以外にすべはない。ところが現在、地球上には六〇億を超える人間が住んでおり、そのうち二億はすでに限界耕作地でかろうじて暮らしている。われわれには、もはや移動という手段は残されていない、と著者は警告する。カリフォルニア南部の樹木年輪を調べると、過去一〇〇〇年間に、二十世紀半ばほど降水量が多かった時期が三度しかないことがわかる。この地域で山火事が多発したのは、記憶に新しい。グリーンランドの氷床が解けて、大量の融解水が北大西洋に流れ込めば、海のベルトコンベヤーと呼ばれる巨大な海流が停止し、ヨーロッパは極地に近い気候になるとも予想されている。

遠い過去を知ることは、先行きの見えない未来を予測することなのだ。長い時間の尺度で見ると、私たちがよく知っている二十世紀が、地球の歴史のなかでも稀に見る気候に恵まれた一世紀だったことがわかる。その間に、膨大な数にふくれあがった人類が、このまま開発・拡大をつづけたら、どうなるのだろう？　北アメリカ南西部の峡谷に、数世紀間だけ大集落を築いたプエブロ文化と同じ運命をたどりはしないのか？　彼らにしてもおそらく、先祖代々この土地にこうして住みつづけているのだ、このやり方のどこが悪い、と思っていたことだろう。近視眼的になりがちな人間に、もっと長い目で、それも数千年、数万年単位で、物事を見ることの大切さを、著者は訴えたいのである。

気候の変動は、人類が温室効果ガスを増やそうと、増やすまいと、いずれかならず起こる。人類には地軸の傾きを直すことすらできないからだ。それではただ手をこまぬいて、悲劇が訪れるのを待つしかないのだろうか？　とりあえず、いま私たちにできる最大限の努力を傾け、現状を少しでも長く維持し、その間に次の手立てを考えようというのが、京都議定書の趣旨だろう。すでに温室効果ガスがかなり累積した一九九〇年のレベルに戻すことが、どれほどの効果をもたらすのか甚だ疑問であっても、その目標すら達成が難しいのが現状だ。人間は自然とともに生きるしかないことを、より多くの人間が自覚することがまず大切だ。本書がいくらかでもその役に立てば、訳者としてもうれしい。

末筆ながら、『歴史を変えた気候大変動』につづいて、フェイガンの著書を再び訳す機会を与えてくださり、いたらぬ点を補ってくださった河出書房新社の編集部にお礼を申し上げたい。

二〇〇五年三月

東郷えりか

文庫版追記

フェイガンの著書に、私が初めて出会ってから八年ほどの年月が流れた。地球温暖化の問題はとかく論議を呼びやすく、新たな発見や学説や、それにたいする反論がだされるたびに世論は揺れ動いてきた。しかし、考古学や人類学の観点から気候変動の問題を扱い、さまざまな角度から、長いスパンでものごとを見るフェイガンの考え方は始終一貫している。

三年前に単行本として刊行された本書は幅広い読者層から高い評価を得て、いまなお入門書として読みつづけられている。このたび文庫化され、通勤・通学の電車のなかでも読める手軽な本となったので、これを機にますます多くの方が本書を手にとり、気候変動の問題に関心をもってくださるよう願っている。

なお、文庫化にさいして、本文中で専門的と思われる箇所の一部と巻末の原注を削除したことを、ここにお断りしておく。

フェイガンの最新作『*The Great Warming*』も近日、河出書房新社より刊行の予定だ。現在の温暖化と何かにつけて比較される中世温暖期に的を絞りながら、一〇〇〇年前の温暖化が中国や太平洋諸島など、地球のさまざまな地域に何をもたらしたのかを探る興味深い一冊である。本書と併せて、ぜひご一読いただきたい。

二〇〇八年四月

東郷えりか

本書は二〇〇五年、河出書房新社より単行本として刊行された。

Brian Fagan ;
THE LONG SUMMER : How Climate Changed Civilization

First published in the United States by Basic Books,
a member of Perseus Books Group.
Japanese translation rights arranged with
Perseus Books, Inc., Cambridge, Massachusetts,
through Tuttle-Mori Agency, Inc., Tokyo.

古代文明と気候大変動
人類の運命を変えた二万年史

二〇〇八年　六 月二〇日　初版発行
二〇二三年　二 月一〇日　新装版初版印刷
二〇二三年　二 月二〇日　新装版初版発行

著　者　B・フェイガン
訳　者　東郷えりか
発行者　小野寺優
発行所　株式会社河出書房新社
〒一五一-〇〇五一
東京都渋谷区千駄ヶ谷二-三二-二
電話〇三-三四〇四-八六一一（編集）
〇三-三四〇四-一二〇一（営業）
https://www.kawade.co.jp/

ロゴ・表紙デザイン　粟津潔
本文フォーマット　佐々木暁
本文組版　KAWADE DTP WORKS
印刷・製本　凸版印刷株式会社

Printed in Japan　ISBN978-4-309-46774-0

海を渡った人類の遥かな歴史

ブライアン・フェイガン　東郷えりか〔訳〕　46464-0

かつて誰も書いたことのない画期的な野心作！　世界中の名もなき古代の海洋民たちは、いかに航海したのか？　祖先たちはなぜ舟をつくり、なぜ海に乗りだしたのかを解き明かす人類の物語。

この世界が消えたあとの　科学文明のつくりかた

ルイス・ダートネル　東郷えりか〔訳〕　46480-0

ゼロからどうすれば文明を再建できるのか？　穀物の栽培や紡績、製鉄、発電、電気通信など、生活を取り巻く科学技術について知り、「科学とは何か？」を考える、世界十五カ国で刊行のベストセラー！

人類が絶滅する6のシナリオ

フレッド・グテル　夏目大〔訳〕　46454-1

明日、人類はこうして絶滅する！　スーパーウイルス、気候変動、大量絶滅、食糧危機、バイオテロ、コンピュータの暴走……人類はどうすれば絶滅の危機から逃れられるのか？

この世界を知るための　人類と科学の400万年史

レナード・ムロディナウ　水谷淳〔訳〕　46720-7

人類はなぜ科学を生み出せたのか？　ヒトの誕生から言語の獲得、古代ギリシャの哲学者、ニュートンやアインシュタイン、量子の奇妙な世界の発見まで、世界を見る目を一変させる決定版科学史！

感染地図

スティーヴン・ジョンソン　矢野真千子〔訳〕　46458-9

150年前のロンドンを「見えない敵」が襲った！　大疫病禍の感染源究明に挑む壮大で壮絶な実験は、やがて独創的な「地図」に結実する。スリルあふれる医学＝歴史ノンフィクション。

21 Lessons

ユヴァル・ノア・ハラリ　柴田裕之〔訳〕　46745-0

私たちはどこにいるのか。そして、どう生きるべきか——。『サピエンス全史』『ホモ・デウス』で全世界に衝撃をあたえた新たなる知の巨人による、人類の「現在」を考えるための21の問い。待望の文庫化。

著訳者名の後の数字はISBNコードです。頭に「978-4-309」を付け、お近くの書店にてご注文下さい。